"十二五"普通高等教育本科国家级规划教材
普通高等教育"十一五"国家级规划教材
教育部普通高等教育精品教材
材料科学与工程专业系列教材

材 料 分 析 方 法
Materials Characterization Methodology

（第2版）

杜希文　原续波　主编

天津大学出版社
TIANJIN UNIVERSITY PRESS

内容提要

本书将各种材料分析方法按材料研究方法的基本原理分为4篇,分别为组织形貌分析、晶体物相分析、成分和价键(电子)结构分析、分子结构分析,对每一类分析方法的共性进行分析和介绍。从每一类分析方法中精选最常规的分析方法,进行重点介绍,并采用大量典型研究成果作为范例,有利于学生对分析方法的掌握和实际运用。

本书为高等理工科院校材料科学与工程专业本科公共理论课教材,也适用于该专业研究生的教学与科研。本书还可供从事材料研究、应用和生产的专业技术人员参考。

图书在版编目(CIP)数据

材料分析方法/杜希文,原续波主编.—2 版.—天津:天津大学出版社,2014.8(2020.1 重印)

"十二五"普通高等教育本科国家级规划教材 普通高等教育"十一五"国家级规划教材 教育部普通高等教育精品教材 材料科学与工程专业系列教材

ISBN 978-7-5618-5171-5

Ⅰ.①材… Ⅱ.①杜… ②原… Ⅲ.①工程材料–分析方法–高等学校–教材 Ⅳ.TB3

中国版本图书馆 CIP 数据核字(2014)第 197519 号

出版发行	天津大学出版社
地 址	天津市卫津路 92 号天津大学内(邮编:300072)
电 话	发行部:022-27403647
网 址	publish.tju.edu.cn
印 刷	天津泰宇印务有限公司
经 销	全国各地新华书店
开 本	185mm×260mm
印 张	18
字 数	449 千
版 次	2006 年 9 月第 1 版 2014 年 8 月第 2 版
印 次	2020 年 1 月第 6 次
定 价	36.00 元

前　言

　　材料分析方法是关于材料分析测试理论及技术的一门课程,内容包括材料研究中的成分、结构及组织分析,是材料及相关工作者的必备知识。

　　本教材是面向材料学专业本科生的专业教材,是在教育部、天津市教委和天津大学三级教改项目支持下多年教学经验的总结,是材料科学与工程专业平台课程系列教材《材料科学基础》《材料物理性能》《材料力学性能》《无机材料化学》和《材料概论(双语)》的组成部分。

　　现代高等教育的发展方向是通才教育,本科教学越来越趋向于加强基础知识的学习和扩大学生的知识面。另一方面,随着现代研究水平的不断提高,各种新型的分析方法不断涌现,材料分析方法的教学也需要不断更新、提高。如何构建一个开放的材料分析方法的理论体系,使这门知识系统化,并能容纳不断出现的新型分析方法,是本课程教学必须解决的一个紧迫问题。

　　为了满足以上的要求,本教材在知识的系统化和全面性方面做了很大努力。编著者依照材料研究方法的基本原理,将材料分析方法分成四大类,即组织形貌分析、晶体物相分析、成分和价键(电子)结构分析、分子结构分析,每一类分析方法具有共同的原理。本教材对共同原理进行了深入的分析和介绍,并对其中的各种技术手段作了分析对比,便于学生理解基本原理的本质。

　　同时,本教材注重学以致用。首先精选出若干种最常规的分析方法,避免对仪器细节和公式推导的过多铺陈,着重介绍原理和实例,从而有助于学生抓住重点,同时对于分析方法产生直观的认识,有助于将来的实际运用。其次,本书力求呈现给读者不同分析方法在多种材料和材料多层次结构中的应用,使读者对各种分析方法的应用有更宽的认识。

　　全书共分4篇19章,其中绪论和第1、3、5、6、7、9、10章由杜希文编写,第2章的2.1－2.4由杜希文编写、2.5由美国标乐(Buehler)公司的 Wendy Wang(王波)、Allan Xie(谢轶伦)编写,第4章由姚琲编写,第8、11、12、14章由侯峰编写,第13章由杜海燕编写,第15章由李方、龚彩荣编写,第16、17由杨静编写,第18章由原续波、李朝阳编写,第19章由原续波、赵瑾编写。

　　本教材于2006年被列为教育部普通高等教育"十一五"国家级规划教材,

2007 年被评为教育部普通高等教育精品教材,2010 年采用本书为教材的天津大学"材料现代研究方法"课程入选国家级精品课程,2012 年被列为教育部第一批"十二五"普通高等教育本科国家级规划教材。

由于编著者的学术水平有限,书中难免存在不足之处,欢迎读者批评指正,以便再版时加以提高完善。

编者
2014 年 6 月

目　录

材料分析方法是关于材料分析测试理论及技术的一门课程。成分、结构、加工和性能是材料科学与工程的四个基本要素,成分和结构从根本上决定了材料的性能,对材料的成分和结构进行精确表征是材料研究的基本要求,也是实现性能控制的前提。为了深入理解材料的本质、提高材料研究水平,必须掌握先进的材料分析方法。

1. 材料分析的主要内容

材料分析不仅包括材料整体的成分、结构分析,也包括材料表面与界面分析、微区分析、形貌分析等诸多内容。材料分析已经成为材料科学的重要研究手段,广泛用于解决材料理论和工程实际问题。本教材将材料分析分为四部分。

(1) 表面和内部组织形貌　包括材料的外观形貌(如纳米线、断口、裂纹等)、晶粒大小与形态、界面(表面、相界、晶界)。

(2) 晶体的相结构　各种相的结构(即晶体结构类型和晶体常数)、相组成、各种相的尺寸与形态、含量与分布、位向关系(新相与母相、孪生相)、晶体缺陷(点缺陷、位错、层错)、夹杂物。

(3) 化学成分和价键(电子)结构　包括宏观和微区化学成分(不同相的成分、基体与析出相的成分)、同种元素的不同价键类型和化学环境。

(4) 有机物的分子结构　包括高分子链的局部结构(官能团、化学键)、构型序列分布、共聚物的组成等。

相应地,材料分析方法可以分为形貌分析、物相分析、成分与价键分析及分子结构分析四大类。此外,基于其他物理性质或电化学性质与材料的特征关系而建立的色谱分析、质谱分析、电化学分析及热分析等方法也是材料分析的重要方法。但相对而言,上述四大类方法在材料研究中的应用更为广泛,因此本教材重点介绍这四类常见的分析方法。

2. 材料分析方法的理论依据

尽管材料分析方法纷繁复杂,但它们也具有共同之处。除了个别研究方法(如扫描探针显微镜)以外,基本上都是利用入射电磁波或物质波(X射线、电子束、可见光、红外光)与材料作用,产生携带样品信息的各种出射电磁波或物质波(X射线、电子束、可见光、红外光),探测这些出射的信号,进行分析处理,即可获得材料的组织、结构、成分、价键信息。下面对四类主要的分析方法作简单介绍。

(1) 组织形貌分析　微观结构的观察和分析对于理解材料的本质至关重要,组织形貌分析借助各种显微技术,探索材料的微观结构。表面形貌分析技术经历了光学显微镜(OM)、电子显微镜(SEM)、扫描探针显微镜(SPM)的发展过程,现在已经可以直接观测到原子的图像。

(2) 晶体物相分析　晶体物相分析是指利用衍射的方法探测晶格类型和晶胞常数,确定物质的相结构。主要的晶体物相分析方法有三种:X 射线衍射(XRD)、电子衍射(ED)及中子衍射(ND),其共同的原理是:利用电磁波或运动电子束、中子束等与材料内部规则排列的原子作用产生相干散射,获得材料内部原子排列的信息,从而重组出物质的结构。

(3)成分和价键(电子)结构分析 大部分成分和价键(电子)结构分析方法都是基于同一个原理,即核外电子的能级分布反映了原子的特征信息。利用不同的入射波激发核外电子,使之发生层间跃迁,在此过程中产生元素的特征信息。按照出射信号的不同,成分分析方法可以分为两类:X 光谱和电子能谱,出射信号分别是 X 射线和电子。X 光谱包括 X 射线荧光光谱(XFS)和电子探针 X 射线显微分析(EPMA)两种,而电子能谱包括 X 射线光电子能谱(XPS)、俄歇电子能谱(AES)、电子能量损失谱(EELS)等。

(4)分子结构分析 其基本原理是利用电磁波与分子键、原子核的作用,获得分子结构信息。红外光谱(IR)、拉曼光谱(Raman)、荧光光谱(PL)等是利用电磁波与分子键作用时的吸收或发射效应,而核磁共振(NMR)则是利用原子核与电磁波的作用来获得分子结构信息。

随着科学研究和生产实践的水平不断提高,现代材料分析方法也获得了突飞猛进的发展,新型的材料研究手段日益精密、全面,并向综合化和大型化发展,比如一台新型的场发射透射电子显微镜,除了具备原子分辨水平的结构分析功能之外,通常配备成分分析附件(EDS)和电子结构分析附件(EELS),从而具备了全面的分析功能。同时,单一的分析方法已经不能满足人们对于材料分析的要求,在一个完整的研究工作中,常常需要综合利用组织形貌分析、晶体物相分析、成分和价键(电子)结构分析才能获得丰富而全面的信息。

3. 本教材的结构和特点

本教材分为四篇,分别为组织形貌分析、晶体物相分析、成分和价键(电子)结构分析、分子结构分析,每一篇中的材料分析方法具有共同的原理。在每一篇的开始,专门设一章概论来介绍该类分析的含义,介绍共同的理论基础,对各种技术手段作分析对比。

本教材的编著者来自科研和教学的第一线,具有丰富的材料分析和仪器使用经验,依照材料研究方法的基本原理,将各种分析手段按照材料研究的本质分类,使知识的系统性大大提高,这是本教材的第一个特点。

编著者通过自己的理解和分析,提炼出每一类分析方法共同的本质,对共同的原理进行深入分析和介绍,便于学生从本质上理解基本原理,这是本教材的第二个特点。

本教材的第三个特点是对分析方法进行有选择的介绍。材料分析方法纷繁复杂,很难也没有必要在一本教材里对每种方法进行详细的介绍。本教材首先精选出若干种最常规和广泛使用的分析方法,其次着重从每种分析方法的分析原理上介绍,避免对仪器细节和公式推导的过多铺陈,从而有助于学生抓住重点,获得明晰的认识。

本教材的另一个特点是使用大量典型研究成果作为范例,使学生对于仪器的使用效果产生直观的认识,有助于将来的实际运用。

第 1 篇　组织形貌分析

第 1 章　组织形貌分析概论

　　微观结构的观察和分析对于理解材料的本质至关重要。一部探索微观世界的历史,是建立在不断发展的显微技术之上的,从光学显微镜到电子显微镜,再到扫描探针显微镜,人们观测显微组织的能力不断提高,现在已经可以直接观测到原子的图像。

　　光学显微镜首先打开了人类的视野,使人们看到了神奇的微观世界,它的最高分辨率为 0.2 μm,比人眼的分辨率提高了 500 倍。光学显微镜最先用于医学及生物学方面,直接导致了细胞的发现,在此基础上形成了 19 世纪最伟大的发现之一——细胞学说。冶金及材料学工作者利用显微镜观察材料的显微结构,例如:经过抛光腐蚀后可以看到不同金属或合金的晶粒大小及特点,从而判断其性能及形成条件,使人们能够按照自己的意愿改变金属的性能,或合成新的合金。在失效分析过程中光学显微镜也是一种不可缺少的手段,由于加工工艺、方法和步骤不当造成的材料缺陷以及使用中条件和环境的变化导致的损坏,都能通过检验微观组织来识别。此外,光学显微镜在印刷电路板、半导体元件、生物、医学等领域都得到广泛的应用。

　　光在通过显微镜的时候要发生衍射,使物体上的一个点在成像的时候不会是一个点,而是一个衍射光斑。如果两个衍射光斑靠得太近,它们将无法被区分开来。所以使用可见光作为光源的显微镜的分辨率极限是 0.2 μm。分辨率与照明源的波长直接相关,若要提高显微镜的分辨本领,关键是要有短波长的照明源。紫外线的波长比可见光的短,在 130～390 nm 的范围。由于绝大多数样品物质都强烈地吸收短波长紫外线,因此,可供照明使用的紫外线限于波长 200～250 nm 的范围。这样,用紫外线作照明源,用石英玻璃透镜聚焦成像的紫外线显微镜分辨率可达 100 nm 左右,比用可见光作光源的显微镜提高了一倍。X 射线波长很短,在 0.05～10 nm 的范围,γ 射线的波长更短,但是由于它们直线传播且具有很强的穿透能力,不能直接被聚焦,不适于作显微镜的照明源。因此,必须寻找一种波长短,又能聚焦成像的新型照明源,才有可能突破光学显微镜的分辨率极限。

　　1924 年,德国物理学家 De Broglie 鉴于光的波粒二象性提出这样一个假设:运动的实物粒子(静止质量不为零的粒子:电子、质子、中子等)都具有波动性质。这个假设后来被电子衍射实验所证实。运动电子具有波动性使人们想到可以用电子作为显微镜的光源。1926年 Busch 提出用轴对称的电场和磁场聚焦电子线。在这两个理论的基础上,1931—1933 年 Ruska 等设计并制造了世界第一台透射电子显微镜。1952 年,英国工程师 Charles Oatley 发明了用于组织形貌分析的扫描电子显微镜(SEM)。

扫描电子显微镜是将电子枪发射出来的电子聚焦成很细的电子束,用此电子束在样品表面进行逐行扫描,电子束激发样品表面发射二次电子,二次电子被收集并转换成电信号,在荧光屏上同步扫描成像。由于样品表面形貌各异,发射的二次电子强度不同,对应地在屏幕上亮度不同,从而得到表面形貌像。目前扫描电子显微镜的分辨率已经达到了 2 nm 左右。扫描电镜与 X 射线能谱配合使用,能够在分析表面形貌的同时还能分析样品的元素成分及在相应视野内的元素分布。因此,扫描电镜不是对光学显微镜的简单延伸,而是一种能够同时实现形貌和成分分析的仪器。在研究物质的微观结构及性能方面,它已经成为必要的分析手段。在各类分析手段中,它使用率最高,是研究物质表面结构最有效的工具,不但可以用来检查金属或非金属的断口、磨损面、涂覆面、粉末、复合材料、切削表面、抛光以及蚀刻表面等,而且可对物体表面迅速进行定性与定量分析。其也广泛地应用于磁头、印刷电路板、半导体元件、材料、生物、医学、电子束微影等的研究、生产制造与分析检验中。

用电子代替光,已经是一个伟大的进步,但是创新永无止境。1983 年,IBM 公司的两位科学家 Gerd Binnig 和 Heinrich Rohrer(见图 1-1)发明了扫描隧道显微镜(STM)。这种显微镜比电子显微镜更新奇,它完全失去了传统显微镜的含义。扫描隧道显微镜依靠所谓的"隧道效应"工作。扫描隧道显微镜没有镜头,它使用一根探针,在探针和物体之间加上电压。如果探针距离物体表面很近——大约在纳米级的距离上——隧道效应就会起作用。电子会穿过物体与探针之间的空隙,形成一股微弱的电流。如果探针与物体的距离发生变化,这股电流也会相应地改变。这样,通过测量电流就可以探测物体表面的形状,其分辨率可以达到原子的级别。因为这项奇妙的发明,Binnig 和 Rohrer 获得了 1986 年的诺贝尔物理学奖。今天,这项技术已经被推广到许多方面,改变微探针的性能,可以测量样品表面的导电性、导磁性等,现在已经形成了庞大的扫描探针显微镜(SPM)家族。建立在 SPM 技术之上的纳米加工工艺研究、纳米结构理化性能表征、材料和器件纳米尺度形貌分析、高密度储存技术,是当今科学技术中最活跃的前沿领域。它已被用来探测各种表面力、纳米力学性能,对生物过程进行现场观察;还被用来将电荷定向沉积、对材料进行纳米加工等。

图 1-1　Ernst Ruska,Gerd Binnig 和 Heinrich Rohrer(从左至右)分别因为发明电子显微镜和扫描隧道显微镜而分享 1986 年的诺贝尔物理学奖

第 2 章 光学显微技术

2.1 光学显微镜的发展历程

显微镜(microscope)一词于 1625 年由法布尔首先提出,并一直沿用至今。早在 12 世纪初,阿拉伯人阿尔·海真就磨制了透镜。詹森父子约在 1590 年就制造出了第一台放大倍数约为 20 倍的显微镜。1610 年意大利物理学家伽利略制造了具有物镜、目镜及镜筒的复式显微镜。1611 年开普勒阐明了显微镜的基本原理。1628 年前后舒纳在开普勒设计的基础上制造出了近代显微镜。

英国物理学家罗伯特·胡克在 1665 年制造的复式显微镜(图 2-1(a))能放大 140 倍。他用这台显微镜观察软木塞,发现了小的蜂房状结构,称其为"细胞",由此引起了细胞研究的热潮,并由德国学者施旺和施莱登最终建立了细胞学说。

1684 年,荷兰物理学家惠更斯设计并制造出结构简单且效果较好的双透镜目镜——惠更斯目镜,其是多种现代目镜的原型。这时的光学显微镜(图 2-1(b))已初具现代显微镜的基本结构。

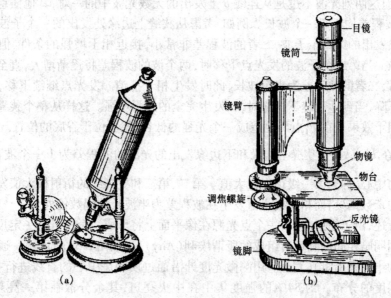

图 2-1 早期的光学显微镜

(a) 罗伯特·胡克用来发现细胞的光学显微镜 (b) 1684 年的显微镜

在显微镜的发展史中,贡献最为卓著的是德国的物理学家、数学家恩斯特·阿贝。他提出了完整的显微镜理论,阐明了成像原理、数值孔径等问题。他在 1870 年发表了有关放大理论的重要文章,两年后又发明了油浸物镜,在光学玻璃、显微镜的设计和改进等方面取得了很高的成就。

20 世纪中叶,人们采用短波长的光线作光源制造出荧光显微镜和紫外光显微镜,由于光源波长的缩短,显微镜的分辨本领提高了。

2.2 光学显微镜的成像原理

2.2.1 衍射的形成

物理光学把光视为一种电磁波,具有波粒二象性,即波动性和粒子性。由于光具有波动性质,使得光波相互之间发生干涉作用,产生衍射现象。

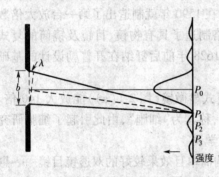

图 2-2 光波衍射示意

一个样品可看成是由许多物点所组成的,当用波长为 λ 的光波照射物体时,每一个物点都可看成一个"点光源"。图 2-2 中的狭缝代表一系列点光源,定性地演示了衍射发生的原因。

如果照明光线为平行光,在狭缝中间连线 b 上的每一点都可以看作一个光源,发射子波,由于这些子波相互之间的干涉作用,光的能量分布变得不再均匀。屏幕上的 P_1 点到狭缝上边缘的距离与到狭缝下边缘的距离之差为一个波长,因此从狭缝上边缘和从狭缝下边缘发出的两列光波在 P_1 点

相互增强,但这两列光波不过是从连线 b 上发出的无数光波中的一对,其他任意两列光波到达 P_1 点的波程差均小于一个波长。例如,考虑从狭缝上边缘处发出的一个子波和从它下方紧邻着的点发出的第二个子波,二者的波程差非常小,接近相干增强的条件,但并不严格遵循相干增强。当第二个子波的发光点下移时,两个波的波程差将逐渐增大,直至发光点位于狭缝中央时,二者的波程差为半个波长,此时发生相干抵消。发光点继续下移,相干抵消的程度逐渐下降,当到达狭缝下边缘时,又发生完全的相干增强。这样从整个狭缝内发出的光波的累计相干效果是在 P_1 点两侧造成一个光强的低谷,P_1 点位于谷底的位置。

相反,在 P_2 点处,从狭缝上边缘和下边缘发出的光波的波程差为 $1\frac{1}{2}$ 个波长,P_2 成为相干增强区的中心,称为第一级衍射极大值。第二、第三和更高级的衍射极大值发生在波程差为半波长的奇数倍处,而相干极小值发生在波程差为半波长的偶数倍处。

综上所述,由于衍射效应,一个点光源在像平面上将形成一个由具有一定尺寸的中央亮斑及其周围明暗相间的圆环所组成的所谓埃利(Airy)斑,如图 2-3(a)所示。通常以埃利斑第一暗环的半径来衡量其大小。用测微光度计沿通过埃利斑中心的直线进行扫描,可测得埃利斑光强度的分布。约 84% 的强度集中在中央亮斑,其余分散在第一亮环、第二亮环……由于周围亮环的光强度比较低,一般情况下肉眼不易分辨,只能看到中央亮斑。

根据衍射理论推导,点光源通过透镜产生的埃利斑第一暗环半径 R_0 的表达式为

$$R_0 = \frac{0.61\lambda M}{n\sin\alpha}$$

$$(2-1)$$

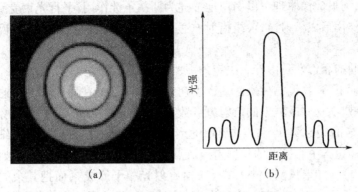

图 2-3　由于衍射效应而形成的埃利斑

（a）由斑点光源衍射形成的埃利斑　（b）光强分布

式中：n 为透镜物方介质折射率；λ 为照明光波长；α 为透镜孔径半角；M 为透镜放大倍数。习惯上把 $n\sin\alpha$ 叫作透镜数值孔径。

式（2-1）说明埃利斑半径与照明光波长成正比，与透镜数值孔径成反比。

2.2.2　阿贝成像原理

光学显微镜所观察的显微组织往往几何尺寸很小，小至可与光波的波长相比较。根据光的电磁波理论，此时不能把光线看成是直线传播，而是要考虑衍射效应；另一方面，显微镜中的光线总是部分相干的，因此显微镜的成像过程是个衍射相干过程。德国物理学家阿贝最先用光的衍射相干涉理论解释了透射光显微镜的成像过程，其与上述点光源衍射的区别在于，成像的过程包括很多点光源的干涉效应，简要介绍如下。

图 2-4 表示一个物镜成像系统，入射光是一束准平行相干光，物体是一个二维周期性组织（比如细的金属网格），图中仅显示一维的情况。光线通过细小的网孔时要发生衍射，衍射光线向各个方向传播，其中凡是光程差满足 $\delta=\dfrac{\lambda}{2}(2n+1)$，$n=0,1,2,\cdots$ 的，互相削弱；凡是光程差满足 $\delta=k\lambda$，$k=0,1,2,\cdots$ 的，互相加强。同一方向的衍射光成为平行光束，通过物镜在后焦面上会聚。这样在物镜的后焦面上就产生了一个衍射花样，在波动光学中称为夫朗和费衍射花样。当 $k=0$ 时，光程差为 0，这部分光未发生衍射偏转，称为直射光，其相干最大值称为 0 级衍射斑点。$k=1,2,3,\cdots$ 的相干图样分别称为 1 级、2 级、3 级⋯衍射斑点。衍射花样上的某个衍射斑点是由不同物点的同级衍射光相干加强形成的；同一物点上的光由于衍射分解，对许多衍射斑点有贡献。从同一物点发出的各级衍射光，在产生相应的衍射斑点后继续传播，在像平面上又相互干涉，形成图像，这个图像就是物像。

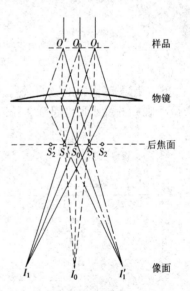

图 2-4　光线经过具有周期性结构的物体时的衍射现象

综上所述,阿贝成像原理可以简单地描述为两次干涉作用:平行光束受到具有周期性特征物体的散射作用形成衍射谱,各级衍射波通过干涉重新在像平面上形成反映物体特征的像。

物与像之间的相似性是由什么决定的呢?这可以从下述实验看出。一个细金属网在显微镜透射光照射下,在物镜的后焦面上产生初级干涉图像。在后焦面上用遮蔽的方法改变允许透光的区域,使这些区域上的衍射斑点数与方位都不一样,从而可以观察相应的最终图像。首先让所有的衍射斑点参与成像,最终的物像与物体相似,为一细密网格,见图2-5(a)。然后让包含中心斑点的一排衍射斑点参与成像,最终图像是一组彼此平行的线栅,见图2-5(b)、(c)。如果只留下中心斑点(由直射光相干形成),而把其余的衍射斑点全挡住,则最终图像是一个没有细节的均匀光场,见图2-5(d)。因此得出如下结论:物像是由直射光和衍射光互相干涉形成的,不让衍射光通过就不能成像,参与成像的衍射斑点越多,物像与物体的相似性越好。

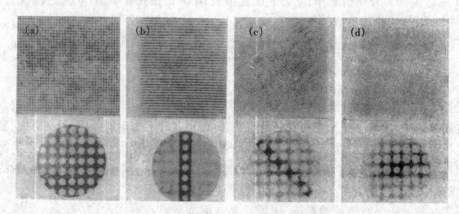

图2-5 初级干涉图像对最终图像的影响
(a)所有衍射斑点参与成像 (b)只用一竖排衍射斑点成像
(c)只用一斜行衍射斑点成像 (d)只用中心斑点成像

由于衍射等因素的影响,显微镜的分辨能力和放大能力都受到一定限制。目前金相显微镜可观察的最小尺寸是0.2 μm左右,有效放大率最大为1 500～1 600倍。

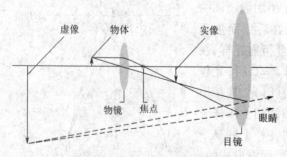

图2-6 光线直线传播的成像原理

虽然上述的衍射相干原理真实地反映了光学显微镜的成像过程,但对理解放大原因显得不够直观,有人用光线直线传播的作图方法来解释,虽不甚科学,但比较直观,如图2-6所示。物体位于物镜的前焦点外但很靠近焦点的位置,经过物镜形成一个倒立的放大实像,这个像位于目镜的物方焦距内但很靠近焦点的位置,作为目镜的物体。目镜将物镜放大的实像再放大成虚像。

2.3 光学显微镜的构造和光路图

光学显微镜的外形和光路图如图 2-7 所示。

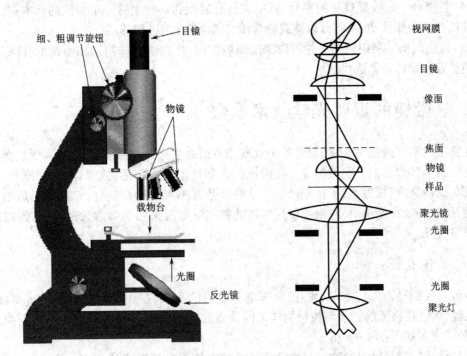

图 2-7 光学显微镜的外形和光路图示意

光学显微镜包括光学系统和机械装置两大部分,现分述如下。

2.3.1 光学系统

(1)目镜 它是插在目镜筒顶部的镜头,由一组透镜组成,可以将物镜所成的物像进一步放大。较高档的显微镜目镜上还装有视度调节机构,操作者可以方便快捷地对左右眼分别进行视度调整;此外,在目镜上可以加装测量分划板,用于测量显微像中的特征物体的尺寸。

(2)物镜 它安装在转换器的孔上,也是由一组透镜组成的,能够把物体清晰地放大。物镜上刻有放大倍数,主要有 10×、40×、60×、100× 等。高倍物镜多采用浸液物镜,即在物镜的下表面和标本片的上表面之间填充折射率为 1.5 左右的液体(如杉木油),它能显著地提高显微观察的分辨率。

(3)光源 有卤素灯、钨丝灯、汞灯、荧光灯、金属卤化物灯等。

(4)聚光器 包括聚光镜、孔径光阑。聚光镜由透镜组成,它可以集中透射过来的光线,使更多的光集中到被观察的部位。孔径光阑可控制聚光器的通光范围,用以调节光的强度。

2.3.2 机械装置

(1)机架 显微镜的主体部分,包括底座和弯臂。

（2）目镜筒　位于机架上方，靠圆形燕尾槽与机架固定，目镜插在其上。根据有无摄像功能，可分为双目镜筒和三目镜筒；根据瞳距的调节方式不同，可分为铰链式和平移式。

（3）物镜转换器　它是一个旋转圆盘，上有 3 ~ 5 个孔，分别装有低倍和高倍物镜镜头。转动物镜转换器就可让不同倍率的物镜进入工作光路。

（4）载物台　是放置玻片的平台，其中央具有通光孔。台上有一个弹性的标本夹，用来夹住载玻片。操作移动手柄，可以使载物台面在 XY 双方向进行移动。

（5）调焦机构　利用调焦手轮可以驱动调焦机构，使载物台作粗调和微调的升降运动，从而使被观察物体清晰成像。

2.4　显微镜的重要光学技术参数

在使用光学显微镜时，人们总是希望观察到清晰而明亮的理想图像，这就需要显微镜的各项光学技术参数达到一定的标准。显微镜的光学技术参数包括：数值孔径、分辨率、放大率、焦深、视场宽度、覆盖差、工作距离等。这些参数并不都是越高越好，它们之间是相互联系又相互制约的，在使用时，应根据使用的目的和实际情况来协调各参数的关系，但应以保证分辨率为准。

2.4.1　数值孔径

数值孔径简写为 NA，是表示物镜分辨细节能力的参数，是物镜性能高低的重要标志。数值孔径（NA）是物镜前透镜与被检物体之间介质的折射率（n）和孔径半角（α）的正弦之乘积，用公式表示如下：$NA = n\sin\alpha$。

孔径角是物镜光轴上的物点与物镜前透镜的有效直径所形成的角度。孔径角越大，进入物镜的光通量就越大，分辨率越高。孔径角与物镜的有效直径成正比，与焦点的距离成反比。

根据阿贝成像原理，衍射光线反映了物体形貌的细节，因此一个物镜要反映物体的细节，必须能够接收尽量多的高阶衍射光线。作为最低的要求，物镜必须能接收 0 级光（以 P_0 为中心）和部分一阶衍射极大值光线，如果能够接收全部一阶衍射光线，图像基本上不会失去细节，因为二阶和三阶衍射极大值的强度较低，对于图像细节的贡献很小。从图 2-2 中可以看出，样品的细节越微小（b 的值越小），P_1 离 P_0 越远，形成各级衍射极大值所需要的衍射角越大，越需要更大口径的物镜去接收衍射光线，过于细小的物体会形成超过物镜接收能力的一阶极大值衍射光线，将无法成像。

此外，物镜接收衍射光线的能力也极大地依赖于样品与镜头之间的介质，如空气、水、玻璃和油等。因此，数值孔径的概念能够更加有效地描述物镜的成像能力。

用显微镜观察时，孔径角是无法增大的，若想增大 NA 值，唯一的办法是增大介质的折射率 n 值。基于这一原理，就产生了水浸物镜和油浸物镜，因为介质的折射率 n 值大于 1，NA 值就能大于 1。

数值孔径与其他技术参数有着密切的关系，它几乎决定和影响着其他各项技术参数。它与分辨率成正比，与焦深成反比，NA 值增大，视场宽度与工作距离都会相应地变小。

2.4.2　分辨率

用透镜成像时，每一个物点作为点光源，都在透镜的像平面上形成各自的埃利斑像。如果两物点相距比较远,如图 2-8(a)所示,相应的埃利斑像彼此分开;当两物点彼此接近时,相应的埃利斑像彼此接近,直至部分重叠。瑞利(Lord Rayleigh)建议分辨两埃利斑像的判据是:两埃利斑中心间距等于第一暗环半径 R_0,如图 2-8(b)所示。此时,两埃利斑的强度叠加曲线表明,两中央峰之间叠加强度比中央峰最大强度低 19%,因此肉眼仍能分辨是两个物点的像。通常把两埃利斑中心间距等于第一暗环半径 R_0 样品上相应的两个物点间距离 Δr_0 定义为透镜能分辨的最小距离,也就是透镜的分辨本领。

$$\Delta r_0 = R_0 / M$$

所以

$$\Delta r_0 = \frac{0.61\lambda}{n\sin\alpha} \tag{2-2}$$

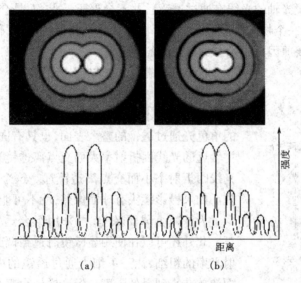

图 2-8　埃利斑像的强度分析
(a)两物点相距较远　(b)最小分辨距离

以上内容说明,透镜能分辨的两点间的最小距离即分辨本领是由物镜的 NA 值与照明光源的波长两个因素决定的,NA 值越大,照明光线波长越短,分辨率就越高。可见光的波长在 3 900 ~ 7 600 nm 之间,在最佳情况下,光学玻璃透镜分辨本领的理论极限可达 2 000 nm。

2.4.3　放大率和有效放大率

由于经过物镜和目镜两次放大,所以显微镜总的放大率 Γ 应该是物镜放大率 β 和目镜放大率 Γ_1 的乘积:$\Gamma = \beta\Gamma_1$。

放大率也是显微镜的重要参数,但不能盲目追求放大率。显微镜放大率的极限即为有效放大倍率。当选用的物镜数值孔径不够大,即分辨率不够高时,显微镜不能分清物体的微细结构,此时即使过度地增大放大倍率,得到的也只能是一个轮廓虽大但细节不清的图像,此时的放大率称为无效放大倍率。

反之,如果分辨率已满足要求而放大率不足,则显微镜虽已具备分辨的能力,但因图像太小而仍然不能被人眼清晰看见。因此光学显微镜必须提供足够的放大倍率,把它能分辨

的最小距离放大到人眼能分辨的程度。相应的放大倍数叫作有效放大倍率,它可由下式来确定:

$$M_{有效} = \Delta r / \Delta r_0 \qquad\qquad (2\text{-}3)$$

式中:Δr 为人眼的分辨本领。

人眼的分辨本领大约是 0.2 mm,光学显微镜分辨本领的极限大约是 0.2 μm(2 000 nm),相应的有效放大倍数为 1 000 倍。为了减轻人眼的负担,所选用的放大倍数应比有效放大倍数略高些,使人眼感到轻松,根据上述原则确定光学显微镜的最高放大倍数是 1 000 ~1 500 倍。

2.4.4 光学透镜的像差

通常平行于透镜光轴的光线在通过透镜后并不会聚于一点,而是会聚成一个模糊的斑点或弥散圈。同样,一个物体通过透镜也不可能形成完全相似的像,图像往往发生了变形。造成这些缺陷的主要原因是透镜本身存在的各种像差。

1. 球面像差(简称球差)

平行于主轴的光线通过凸透镜时发生折射,边缘与中心部分的折射光不能会聚于一点(图 2-9);即使是同一种波长的单色光通过透镜的整个表面,也具有同样的表现。离透镜主轴远的光线因折射率大而交点离透镜近;离透镜主轴近的光线因折射率小而交点离透镜远。这个位置差称为球面像差。如果摄影镜头有球面像差,就不可能形成清晰的影像。

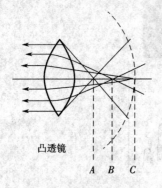

凸透镜

A　B　C

图 2-9　球面像差示意

为了减小球面像差,可采用组合透镜作为物镜进行校正。此外还可以在使用显微镜时适当调节孔径光阑,控制入射光束的粗细,让一束细光通过透镜的中心部位,从而把球面像差减小到最低限度。但这样做由于孔径角减小,会使分辨率降低。

2. 色像差

当用白光照射时,会形成一系列不同颜色的像。这是由于组成白光的各色光波长不同,折射率不同,因而成像的位置也不同,这就是色像差(图 2-10)。消除色像差比较困难,一般采用由不同的透镜组合制成的物镜进行校正。

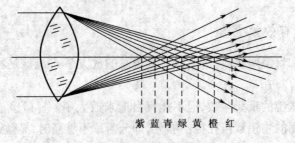

紫 蓝 青 绿 黄 橙 红

图 2-10　色像差示意

3. 像域弯曲

垂直于光轴的直立的物体经过透镜后会形成一个弯曲的像面,称为像域弯曲,如图 2-11

所示。像域弯曲是几种像差综合作用的结果,会造成难以在垂直放着的平胶片上得到全部清晰的成像。像域弯曲可以用特制的物镜校正。平面消色差物镜或平面复消色差物镜都可以用来校正像域弯曲,使成像平坦清晰。

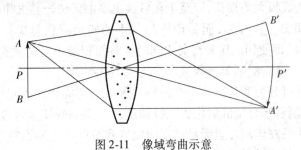

图 2-11　像域弯曲示意

2.5　样品制备

材料的显微组织与材料的物理性能和力学性能直接相关,因而对研究者来说极为重要。然而,如果用光学显微镜直接观察某个没有经过预先加工的表面,那么任何显微组织都不会显露出来,这是由于材料的表面状态使入射光发生漫射。因此,适当的样品制备是观测到材料的显微组织的前提。

传统的样品制备目标是获得一个光亮无划痕的抛光表面。现代制样的观点已经发生了很大的变化,更强调有效去除样品的表面损伤,并尽量减少新的制备缺陷,以显示真实的显微组织。光学显微镜图像如图 2-12 所示。

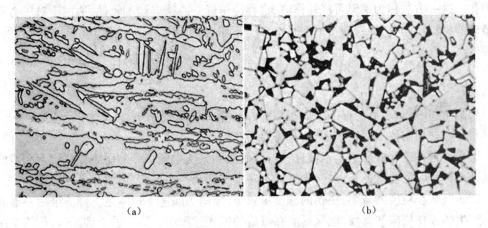

(a)　　　　　　　　　　　　　　　　(b)

图 2-12　光学显微镜图像

(a) 双相不锈钢组织,200×　　(b) WC-Co 切割工具钢显微组织,200×

按照步骤划分,可以将样品制备分成切割取样、镶样、磨光、抛光、腐蚀五个部分。每一部分都同样重要,直接影响着最终的制样效果。

2.5.1　切割取样

取样部位及检验面的选择取决于被分析材料或零件的特点、加工工艺过程及热处理过程,应选择有代表性的部位。通常,样品必须从较大的基体上切取下来,这个过程可能需要一种或几种样品切取方法。例如工厂的棒料,样品可能首先用锯床切取或无冷却剂冷却的砂轮切割机切取,然后送到实验室用带冷却的砂轮切割机切到更小的尺寸以便制备。

事实上所有的切割方法都会对样品造成损伤,有些方法如火焰切割或无冷却剂冷却的砂轮切割会对样品造成极大的损伤,以至于在后续工序中无法轻易去除。因此,切割这一步骤的目的不仅仅是切出一块样品,而是使样品留下的残余损伤最少。正确的切割应遵循"最小接触面积"原则,即使切割轮和样品之间的接触面积最小。这就意味着要对切割轮的类型和厚度、切割动作及润滑剂等参数进行优化。

切割用的砂轮片可分为磨耗型和非磨耗型两种。传统的切割砂轮片为磨耗型,主要有两种磨料:适用于切割铁基合金的氧化铝颗粒和适用于切割非铁基合金的碳化硅颗粒。新型的非磨耗型切割片是在切割片边缘黏结不同粒度和浓度的金刚石或立方氮化硼磨料,分别用于切割硬脆性和延性材料,使用寿命很长。

此外,现代技术的发展也逐步改进了切割方式和切割片的运动轨迹。新型的自动轨道式砂轮切割机和精密切割机可以实现低损伤的快速切割。

2.5.2　镶样

如果样品大小合适且便于把持,有时可不镶样,直接进行后续的步骤。但在样品尺寸过小或形状极不规则,样品易碎需要保护或进行自动化样品制备的情况下,就需要进行样品的镶嵌。

镶样可分为两大类。①采用专门的镶样机和树脂粉末,在合适的加热温度和压力下,将试样镶嵌在固化的树脂中。这一方法称为热压镶嵌,也称热镶嵌。②在室温下将混合好的树脂液体(由树脂和固化剂按一定比例配成)浇入不同尺寸的样品杯中,通过放热反应使树脂固化。这一方法称为室温可浇注镶嵌,也称冷镶嵌。冷镶嵌温度较低,适用于对压力和热量敏感的材料。同时,冷镶嵌可以在真空环境下实现树脂的渗透,有效填充样品中的裂纹、孔隙等。

2.5.3　磨光

切割（和镶嵌）之后的样品表面很粗糙,是一个布满划痕的非完美平面,而且表面以下的材料存在着切割留下的损伤层,这都需要后续的磨光过程加以改善。

磨光通常在碳化硅砂纸上水湿进行。有效的磨光要求每一步的研磨颗粒比上一步的小一或两个标号。需注意的是,每一步磨光工序本身都会产生损伤,但也都可去除上一步的损伤。随研磨颗粒粒度的减小,损伤的深度将减小,金属去除速率也随之下降。最后一道磨光工序产生的损伤层应非常浅,以保证能在以后的抛光过程中去除。手工磨光时,相邻工序间的磨痕应互相垂直,这是为了将上一工序的磨痕全部去除,同时使样品的磨面保持平整并平行于原来的磨面。

手工磨光效率较低,制样效果强烈地依赖于技术人员的经验,重复性差。先进的半自动或自动制样设备可以有效解决这些问题。这类设备的磨盘转速和转向可调,自动给水,工作头配有可夹持多个样品的夹持器,工作头的转速和加载力也可根据需要精确设定。技术人员只需更换不同标号的砂纸,就可以实现样品的批量制备,且样品制备的一致性和质量均得到提高。

2.5.4 抛光

抛光的目的是尽快把磨光工序留下的变形层除去，以得到一个平整无划痕无变形的镜面，这样的表面是观察真实显微组织的基础。抛光方法通常有三种，即机械抛光、电解抛光和化学抛光，其中机械抛光比较常用。

（1）机械抛光 机械抛光与磨光的机制基本相同，即嵌在抛光织物纤维上的每颗磨粒都可以看成是一把刨刀，由于磨粒只能以弹性力与样品作用，它所产生的切屑、划痕及变形层要比磨光时细小得多。机械抛光通常分为两个阶段来进行。首先是粗抛，目的是除去磨光的变形层，一般将 $3\sim9~\mu m$ 的金刚石研磨剂添加到无绒或短绒抛光布上进行。最终抛光也称精抛，其目的是去除磨痕并改善样品表面的光反射性，通常还会改善材料的分辨率。这一阶段通常采用 $1~\mu m$ 的金刚石、$0.02\sim0.06~\mu m$ 的氧化铝或二氧化硅研磨剂，并且根据制备材料的不同选取适宜的无绒、短绒、中绒或长绒抛光布。此外，机械抛光也可以在上述的自动制样设备上进行，必要时需添加适量润滑液以预防样品过热或表面变形。

（2）电解抛光 电解抛光可以较快地制备出表面没有变形层的样品，并具有重现性。但是电解抛光对于材料化学成分的不均匀性、显微偏析特别敏感，非金属夹杂物处会被剧烈地腐蚀，因此电解抛光不适用于偏析严重的金属材料及检验夹杂物的金相样品，在失效分析和图像分析工作中也不提倡使用。

电解抛光装置如图 2-13（a）所示。样品接阳极，不锈钢板作阴极，放入电解液中，接通电源后，阳极发生溶解，金属离子进入溶液中。电解抛光的原理可以用薄膜假说的理论来解释，如图 2-13（b）所示。电解抛光时，在原来高低不平的样品表面上形成一层具有较大电阻的薄膜，样品凸起部分的膜比凹下部分薄，膜越薄电阻越小，电流密度越大，金属溶解速度越快，从而使凸起部分渐趋平坦，最后形成光滑平整的表面。

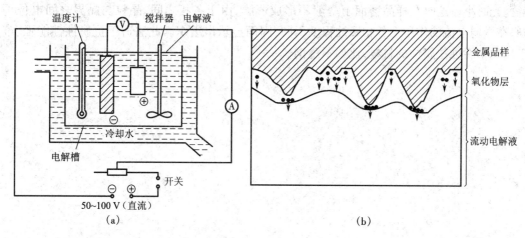

图 2-13 电解抛光装置与电解抛光原理
（a）电解抛光装置 （b）电解抛光原理

（3）化学抛光 化学抛光是靠化学溶解作用得到光滑的抛光表面。化学抛光的原理与电解抛光类似，是化学药剂对样品表面不均匀溶解的结果。在溶解的过程中表层也产生一层氧化膜，但化学抛光对样品原来凸起部分的溶解速度比电解抛光慢。因此经化学抛光后的磨面较光滑但不十分平整，有波浪起伏。这种起伏一般在物镜的垂直鉴别能力之内，可以用显微镜作低倍和中倍观察。

2.5.5 腐蚀

大多数金属组织中不同的相对于光具有相近的反射能力,在显微镜下常常无法看到光滑平面样品的组织细节。为此必须用一定的化学试剂对样品表面进行腐蚀,选择性地溶解掉某些部分(如晶界),从而使样品表面呈现微小的凹凸不平;这些凹凸不平都在光学系统的景深范围内,用显微镜就可以看清楚样品组织的形貌、大小和分布。常用的腐蚀方法有化学腐蚀法和电解腐蚀法。

(1)化学腐蚀 纯金属及单相合金的腐蚀是一个化学溶解的过程。由于晶界上原子排列不规则,具有较高的自由能,所以晶界易受腐蚀而呈凹沟,使组织显示出来,在显微镜下可以看到多边形的晶粒。若腐蚀较深,由于各晶粒位向不同,不同的晶面溶解速率不同,腐蚀后的显微平面与原磨面的角度不同,在垂直光线照射下,反射进入物镜的光线不同,可看到明暗不同的晶粒。

两相合金的腐蚀主要是一个电化学腐蚀的过程。两个组成相具有不同的电极电位,在腐蚀剂中,形成极多微小的局部电池。具有较高负电位的一相成为阳极,被溶入电解液中而逐渐凹下去;具有较高正电位的另一相为阴极,保持原来的平面高度。因而在显微镜下可清楚地显示出合金的两相。多相合金的腐蚀主要也是一个电化学溶解的过程。

化学腐蚀一般通过浸入或擦拭的方式进行。擦拭特别适于在大气氛围下易形成氧化保护膜的金属和合金,例如不锈钢、铝、镍、铌、钛以及它们的合金。擦拭最好用脱脂棉,以免划伤抛光后的表面。腐蚀时间的长短随腐蚀剂强度变化,因此只能根据经验来定,常见时间范围从几秒到几分钟。

(2)电解腐蚀 电解腐蚀所用的设备与电解抛光相同,只是工作电压和工作电流比电解抛光时小。这时在样品磨面上一般不形成薄膜,由于各相之间、晶粒与晶界之间电位不同,在微弱电流的作用下各相腐蚀程度不同,因而显示出组织。此法适于抗腐蚀性能强、难于用化学腐蚀法腐蚀的材料,比如不锈钢。

第 3 章　扫描电子显微镜

3.1　扫描电镜的特点

反射式的光学显微镜虽可以直接观察大块样品,但分辨本领、放大倍数、景深都比较低;透射电子显微镜分辨本领、放大倍数虽高,但对样品厚度的要求却十分苛刻,因此在一定程度上限制了它的应用。扫描电子显微镜(图 3-1)的成像原理与光学显微镜及透射电子显微镜不同,它不用透镜放大成像,而是以类似电视或摄像机的成像方式,用聚焦电子束在样品表面扫描时激发产生的某些物理信号来调制成像。

图 3-1　扫描电子显微镜

由于采用精确聚焦的电子束作为探针和独特的工作原理,扫描电子显微镜表现出了独特的优势,包括以下几个方面。

①高的分辨率。由于采用精确聚焦的电子束作为探针和独特的工作原理,扫描电镜具有比光学显微镜高得多的分辨率。近些年来,由于超高真空技术的发展,场发射电子枪的应用得到普及,使扫描电镜的分辨本领获得较显著的提高,现代先进的扫描电镜的分辨率已经达到 1 nm 左右。

②有较高的放大倍数,在 20 ~ 20 万倍之间连续可调。

③有很大的景深,视野大,成像富有立体感,可直接观察各种样品凹凸不平表面的细微结构。

④配有 X 射线能谱仪装置,可以同时进行显微组织形貌的观察和微区成分分析。低加速电压、低真空、环境扫描电镜和电子背散射花样分析仪相继商品化,这大大提高了扫描电镜的综合、在线分析功能。

⑤样品制备简单。

图 3-2 为多孔硅样品在光学显微镜和扫描电子显微镜下所成的图像,二者相比,光学显微镜的图像景深很小,只能看清硅柱在某一高度附近的形貌,成像质量很差,但扫描电子显微镜的图像景深很大,多孔硅柱的不同高度都能成清晰的像,而且分辨率很高,因此可以得到完整的多孔硅的形貌像。

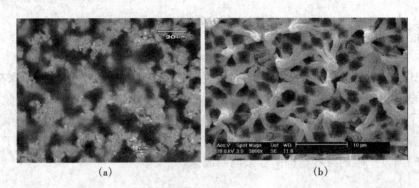

(a)　　　　　　　　　　　　　(b)

图 3-2　多孔硅的两种图像比较

(a) 光学显微镜图像　(b) 扫描电子显微镜图像

3.2　电子束与固体样品作用时产生的信号

扫描电子显微镜利用电子束激发样品中的原子,收集各种信号,并加以分析处理,得到样品的形貌和成分信息。下面对电子束与固体物质作用的机制和产生的信号作全面的介绍。

3.2.1　弹性散射和非弹性散射

当一束聚焦电子束沿一定方向入射到样品内时,由于受到固体物质中晶格位场和原子库仑场的作用,其入射方向会发生改变,这种现象称为散射。按照电子的动能是否变化,可以将散射分为两类。

(1)弹性散射　如果在散射过程中入射电子只改变方向,总动能基本上无变化,这种散射称为弹性散射。弹性散射的电子符合布拉格定律,携带有晶体结构、对称性、取向和样品厚度等信息,在电子显微镜中用于分析材料的结构。

(2)非弹性散射　如果在散射过程中入射电子的方向和动能都发生改变,这种散射称为非弹性散射。在非弹性散射情况下,入射电子会损失一部分能量,并伴有各种信息的产生。非弹性散射电子损失了部分能量,方向也有微小变化。其可用于电子能量损失谱,提供成分和化学信息,也能用于特殊成像或衍射模式。

在电子显微镜收集的某一种信号中,常常既包括弹性散射电子,又包括非弹性散射电子。

3.2.2　电子显微镜常用的信号

电子显微镜通常采集的信号包括二次电子、背散射电子、X射线等,如图3-3所示。

(1)二次电子　二次电子是指被入射电子轰击出来的样品中原子的核外电子。当入射电子和样品中原子的价电子发生非弹性散射作用时会损失部分能量(30~50 eV),这部分能量激发核外电子脱离原子,能量大于材料逸出功的价电子可从样品表面逸出,变成真空中的自由电子,即二次电子。二次电子对样品表面状态非常敏感,能有效地显示样品表面的微观形貌。由于它发自样品表层,产生二次电子的面积与入射电子的照射面积大体一致,所以二次电子的分辨率较高,一般可达到5~10 nm。扫描电镜的分辨率一般就是二次电子的分辨率。

(2)背散射电子　背散射电子是指被固体样品中原子反射回来的一部分入射电子。它既包括与样品中原子核作用而产生的弹性背散射电子,又包括与样品中核外电子作用而产生的非弹性背散射电子,其中弹性背散射电子远比非弹性背散射电子所占的份额多。背散射电子反映了样品表面不同取向、不同平均原子量的区域差别,产额随原子序数的增加而增加。利用背散射电子作为成像信号不仅能分析形貌特征,也可以显示原子序数衬度,进行定性成分分析。

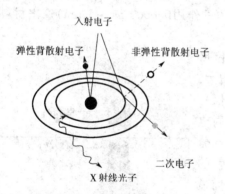

图3-3　电子束与固体样品作用产生的三种主要信号:二次电子、背散射电子和X射线

(3)X射线　当入射电子和原子中内层电子发生非弹性散射作用时也会损失部分能量(约几百电子伏特),这部分能量将激发内层电子发生电离,使一个原子失掉一个内层电子而变成离子,这种过程称为芯电子激发。在芯电子激发过程中,除了能产生二次电子外,还伴随着另外一种物理过程。失掉内层电子的原子处于不稳定的较高能量状态,它们将依据一定的选择定则向能量较低的量子态跃迁,跃迁的过程中可能发射具有特征能量的X射线光子。由于X射线光子反映了样品中元素的组成情况,因此可以用于分析材料的成分。详细的介绍见本书第3篇。

此外,电子束与样品作用还可以产生俄歇电子和透射电子等。入射电子在样品原子激发内层电子后外层电子跃迁至内层时,多余的能量如果不是以X射线光子的形式放出,而是传递给一个最外层电子,该电子获得能量挣脱原子核的束缚,并逸出样品表面,成为自由电子,这样的自由电子称为俄歇电子。俄歇电子是俄歇电子能谱仪的信号源,详细的介绍见本书第3篇第14章俄歇电子能谱部分。

透射电子是穿透样品的入射电子,包括未经散射的入射电子、弹性散射电子和非弹性散射电子。这些电子携带着被样品衍射、吸收的信息,用于透射电镜的成像和成分分析,详细的介绍见本书第3篇第9章电子衍射及显微分析部分。

3.2.3　各种信号的深度和区域大小

当一束高能电子照射在材料上时,电子束将受到物质原子的散射作用,偏离原来的入射方向,向外发散,所以随着电子束进入样品的深度不断增加,入射电子的分布范围不断增大,同时动能不断减小,直至减小为零,最终形成一个规则的作用区域。对于轻元素样品,入射电子经过许多次小角度散射,在尚未达到较大散射角之前即已深入样品内部一定的深度,随散射次数的增多,散射角增大,才达到漫散射的程度。此时电子束散射区域的外形被叫作"梨形作用体积"。如果是重元素样品,入射电子在样品表面不很深的地方就达到漫散射的程度,电子束散射区域呈现半球形,被称为"半球形作用体积"。可见电子在样品内散射区域的形状主要取决于原子序数。改变电子能量只引起作用体积大小的变化,而不会显著地改变形状。

除了在作用区的边界附近,入射电子的动能很小,无法产生各种信号,在作用区内的大部分区域,均可以产生各种信号,可以产生信号的区域称为有效作用区,有效作用区的最深处为电子有效作用深度。但在有效作用区内的信号并不一定都能逸出材料表面,成为有效的可供采集的信号。这是因为各种信号的能量不同,样品对不同信号的吸收和散射也不同。只有在距离表层 $0.4 \sim 2$ nm 深度范围内的俄歇电子才能逸出材料表面,所以,俄歇电子信号是一种表面信号。与背散射电子相比,二次电子的能量相对较小,因此只有在距离表面 $5 \sim 10$ nm 深度范围内的二次电子才能逸出材料表面,而背散射电子却能够从更深的作用区(100 nm ~ 1 μm)逃逸出来。与电子相比,X 射线光子不带电荷,受样品材料的原子核及核外电子的作用较小,因此穿透深度更大,可以从较深的作用区(500 nm ~ 5 μm)逸出材料表面。

从图 3-4 可以看出,随着信号的有效作用深度增加,作用区的范围增大,产生信号的空间范围也增大,这对于信号的空间分辨率是不利的,因此在各种信号中,俄歇电子和二次电子的空间分辨率最高,背散射电子的分辨率次之,X 射线的空间分辨率最低。理论分析表明,二次电子像的分辨率主要取决于电子探针的束斑(场发射电子枪)的尺寸和电子枪的亮度,目前最高分辨率可低至 0.25 nm。因此扫描电镜的分辨率指的是二次电子的分辨率。

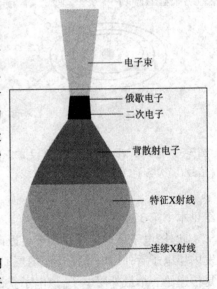

电子束

俄歇电子
二次电子

背散射电子

特征X射线

连续X射线

图 3-4 电子束与固体物质的作用体积

3.3 扫描电镜的工作原理

扫描电镜的工作原理(见图 3-5)可以简单地归纳为"光栅扫描,逐点成像"。"光栅扫描"的含义是电子束受扫描系统的控制在样品表面上逐行扫描,同时,控制电子束的扫描线圈上的电流与显示器相应的偏转线圈上的电流同步,因此,样品上的扫描区域与显示器上的图像相对应,每一物点均对应于一个像点。"逐点成像"的含义为电子束所到之处,每一物点均会产生相应的信号(如二次电子等),产生的信号被接收放大后用来调节像点的亮度,信号越强,像点越亮。这样,就在显示器上得到了与样品上的扫描区域相对应但经过高倍放大的图像,图像客观地反映着样品的形貌(或成分)信息。

扫描电镜图像的放大倍数定义为显像管中电子束在荧光屏上的扫描振幅和电子光学系

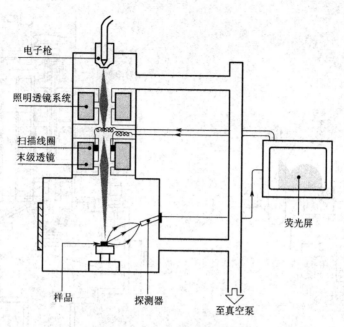

图 3-5　扫描电镜的工作原理

统中电子束在样品上的扫描振幅的比值,即

$$M = L/l \tag{3-1}$$

式中:M 为放大倍数;L 为显像管的荧光屏尺寸;l 为电子束在样品上的扫描距离。

3.4　扫描电镜的构造

扫描电镜主要由电子光学系统、信号收集及图像显示和记录系统、真空系统和电源系统三部分组成,其结构方框图见图 3-6。下面对各部分的组成和功能分别给以介绍。

3.4.1　电子光学系统

扫描电镜的电子光学系统由电子枪、电磁透镜、光阑、扫描系统和样品室等部件组成,见图 3-7。其作用是获得扫描电子束,作为信号的激发源。为了获得较高的信号强度和图像(尤其是二次电子像)分辨率,扫描电子束应具有较高的强度和尽可能小的束斑直径。电子束的强度取决于电子枪的发射能力;束斑尺寸除了受电子枪的影响之外,还取决于电磁透镜的会聚能力。

1. 电子枪

人们一直在努力获得亮度高、直径小的电子源,在此过程中,电子枪的发展经历了发卡式钨灯丝热阴极电子枪、六硼化镧(LaB$_6$)热阴极电子枪和场发射电子枪三个阶段。

热阴极电子枪(见图 3-8)依靠电流加热灯丝,使灯丝发射热电子,并经过阳极和灯丝之间的强电场加速得到高能电子束。栅极的作用是利用负电场排斥电子,使电子束得以会聚。

钨灯丝电子枪发射率较低,只能提供亮度为 $10^4 \sim 10^5 \ A/cm^2$、直径为 $20 \sim 50 \ \mu m$ 的电子源。经电子光学系统中的二级或三级聚光镜缩小聚焦后,在样品表面束流强度为 $10^{11} \sim 10^{13} \ A/cm^2$ 时,扫描电子束的最小直径才能降至 $60 \sim 70 \ nm$。

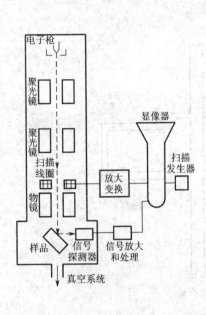

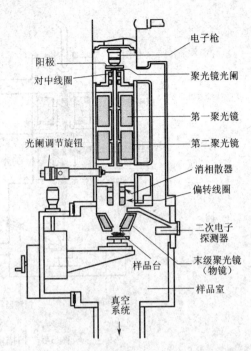

图 3-6　扫描电子显微镜的结构方框图　　　　图 3-7　扫描电子显微镜的电子光学系统示意

　　六硼化镧阴极发射率比较高,有效发射截面可以做得小些(直径约为 20 μm),无论是亮度还是电子源的直径等性能都比钨阴极好。如果用 30% 的六硼化钡和 70% 的六硼化镧混合制成阴极,性能还要好些。

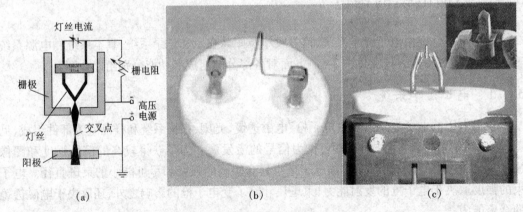

图 3-8　热阴极电子枪

(a) 工作原理　(b) 钨灯丝　(c) 六硼化镧灯丝

　　场发射电子枪如图 3-9 所示。它利用靠近曲率半径很小的阴极尖端附近的强电场,使阴极尖端发射电子,所以叫作场致发射或简称场发射。就目前的技术水平来说,建立这样的强电场并不困难。如果阴极尖端半径为 1 000 ~ 5 000 nm,在尖端与第一阳极之间加 3 ~ 5 kV 的电压,在阴极尖端附近建立的强电场足以使它发射电子。在第二阳极几十千伏甚至几百千伏正电势的作用下,阴极尖端发射的电子被加速到具有足够大的动量,以获得短波长的入射电子束,然后电子束被会聚在第二阳极孔的下方(即场发射电子枪第一交叉点的位置），直径小至 100 nm。经聚光镜缩小聚焦，在样品表面可以得到 3 ~ 5 nm 的电子束斑。

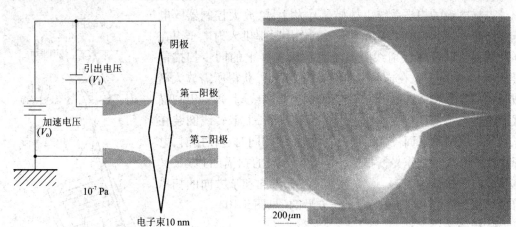

图 3-9　场发射电子枪

（a）工作原理　（b）场发射灯丝

在表 3-1 中对三种电子枪的具体指标作了比较，可以明显地看出，场发射电子枪（FEG）在亮度、能量分散、束斑尺寸和寿命等方面均表现出明显的优势。

表 3-1　三种电子枪的性能对照

	钨灯丝	六硼化镧灯丝	FEG
功函数 ϕ	4.5 eV	2.4 eV	4.5 eV
温度 T	2 700 K	1 700 K	300 K
电流密度 J	5×10^4 A/cm^2	1×10^6 A/cm^2	1×10^{10} A/cm^2
交叉点尺寸 ϕ	50 μm	10 μm	<0.01 μm
亮度	10^9 A/m^2	5×10^{10} A/m^2	1×10^{13} A/m^2
能量分散	3 eV	5 eV	0.3 eV
电流稳定性	<1%/h	<1%/h	5%/h
真空度	10^{-2} Pa	10^{-4} Pa	10^{-8} Pa
寿命	100 h	500 h	>1 000 h

2. 电磁透镜

在扫描电镜（图 3-6）中，电子枪发射出来的电子束经三个电磁透镜聚焦后，作用于样品上。如果要求在样品表面扫描的电子束直径为 d_p，电子源（即电子枪第一交叉点）直径为 d_c，则电子光学系统必须提供的缩小倍数

$$M = d_p/d_c \tag{3-2}$$

经过电磁透镜的二级或三级聚焦，在样品表面上可得到极细的电子束斑，在采用场发射电子枪的扫描电镜中，可形成一个直径为几纳米的电子束斑。最末级聚光镜因为紧靠样品上方，且在结构设计等方面有一定特殊性，也被称为物镜。扫描电子束的发散度主要取决于物镜光阑的半径与其至样品表面的距离（工作距离 L）之比。

3.扫描系统

扫描电镜的扫描系统由扫描信号发生器、放大控制器等电子线路和相应的扫描线圈所组成。其作用是提供入射电子束在样品表面上以及阴极射线管电子束在荧光屏上的同步扫描信号,改变入射电子束在样品表面的扫描振幅,以获得所需放大倍数的扫描像。在物镜的上方,装备有两组扫描线圈,每一组扫描线圈包括一个上偏转线圈和一个下偏转线圈,上偏转线圈装在末级聚光镜的物平面位置。当上、下偏转线圈同时起作用时,电子束在样品表面上作光栅扫描。既有 x 方向的扫描(行扫),又有 y 方向的扫描(帧扫),通常电子束在 x 方向和 y 方向的扫描总位移量相等,所以扫描光栅是正方形的(见图 3-10)。

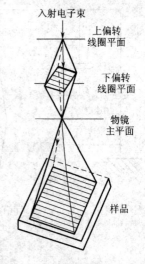

图 3-10　电子束在样品表面的光栅扫描方式

4.样品室

扫描电镜主要接收来自样品表面一侧的信号,而且景深比光学显微镜大得多,很适合于观察表面粗糙的大尺寸样品,所以扫描电镜的样品室可以做得很大,同时也为安装各种功能的样品台和检测器提供了空间。根据各种需要,现已开发出高温、低温、冷冻切片及喷镀、拉伸、半导体、五维视场全自动跟踪、精确拼图控制等样品台,还在样品室中安装了 X 射线波谱仪、能谱仪、电子背散射花样(EBSP)、大面积 CCD、实时监视 CCD 等探测器。

3.4.2　信号收集及图像显示和记录系统

1.信号收集系统

信号收集系统的作用是检测样品在入射电子作用下产生的物理信号,然后经视频放大,作为显像系统的调制信号。不同的物理信号要用不同类型的检测系统。二次电子、背散射电子等信号通常采用闪烁计数器来检测。

闪烁计数器是扫描电子显微镜中最主要的信号检测器。它由法拉第网杯、闪烁体、光导管和光电倍增器所组成,如图 3-11 所示。当用来检测二次电子时,在法拉第网杯上加 200 ～ 500 V 正偏压(相对于样品),吸引二次电子,增大检测有效立体角。当用来检测背散射电子时,在法拉弟网杯上加 50 V 负偏压,阻止二次电子到达检测器,并使进入检测器的背散射电子聚焦在闪烁体上。闪烁体加工成半球形,其上喷镀几十纳米厚的铝膜作为反光层,既可阻挡杂散光的干扰,又可作为 12 kV 的正高压电极,吸引和加速进入栅网的电子。当信号电子撞击并进入闪烁体时,将引起电离,当离子与自由电子复合时,将产生可见光信号,经由与闪烁体相接的光导管,送到光电倍增器进行放大,输出电信号可达 10 mA 左右,经视频放大器稍加放大后作为调制信号。这种检测系统线性范围很宽,具有很宽的频带(10 Hz ~ 1 MHz)和高的增益(10^8),而且噪声很小。

2.图像显示和记录系统

图像显示和记录系统的作用是将信号检测放大系统输出的调制信号转换为能显示在阴极射线管荧光屏上的图像或数字图像信号,供观察或记录,将数字图像信号以图形格式的数据文件存储在硬盘中,可随时编辑或用办公设备输出。

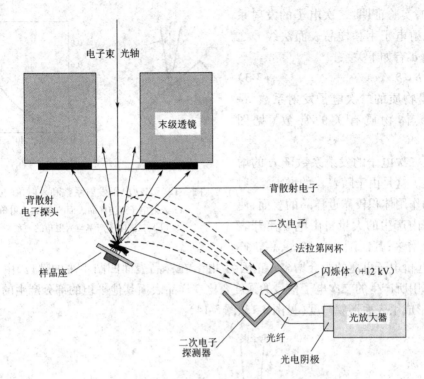

图 3-11　闪烁体光电倍增管电子检测器

3.4.3　真空系统和电源系统

真空系统的作用是为保证电子光学系统正常工作,防止样品被污染提供高的真空度,一般情况下要求保持 $10^{-3} \sim 10^{-2}$ Pa 的真空度。电源系统由稳压、稳流及相应的安全保护电路所组成,其作用是提供扫描电镜各部分所需的电源。

3.5　扫描电镜衬度像

扫描电镜图像衬度的形成主要是利用样品表面微区特征(如形貌、原子序数或化学成分、晶体结构或位向等)的差异。在电子束作用下产生不同强度的物理信号,使阴极射线管荧光屏上不同的区域呈现出不同的亮度,从而获得具有一定衬度的图像。在扫描电镜的各种图像中,二次电子像分辨率高,立体感强,所以在扫描电镜中主要靠二次电子成像。背散射电子受元素的原子序数影响大,背散射电子像能够粗略地反映轻重不同的元素的分布信息,所以常被用来定性地探测不同成分的元素的分布。X 射线光子可以较为准确地进行化学成分的定性与定量分析,所以可以用 X 射线信号作元素分布图。

3.5.1　二次电子像

利用二次电子所成的像称为二次电子像。如前所述,二次电子信号的空间分辨率最高,二次电子像的分辨率一般为 3 ~ 6 nm。它代表着扫描电子显微镜的分辨率。

表面形貌衬度是由样品表面的不平整性所引起的。因为二次电子的信息主要来自样品表面层 5 ~ 10 nm 的深度范围,所以表面形貌特征对二次电子的发射系数(也称发射率)有很大影响,实验证明,二次电子的发射系数 δ 与入射电子束和样品表面法线 n 之间的夹角 α 有如下关系:

$$\delta = \delta_0/\cos\alpha \qquad (3\text{-}3)$$

式中:δ_0 是物质的二次电子发射系数,是一个与具体物质有关的常数(见图 3-12)。

可见二次电子的发射系数随 α 的增大而增大。这是由于随着 α 的增大,入射电子束的作用体积较靠近样品的表面,使作用体积内产生的大量自由电子离开表面的机会增多;其次随 α 的增大,总轨迹增长,引起价电子电离的机会增多。正因为如此,在样品表面凹凸不平的部位,由于入射电子束的作用所产生的二次电子信号的强度要比在样品表面其他平坦的部分产生的信号强度大,因而形成了表面形貌衬度(见图 3-13、图 3-14)。

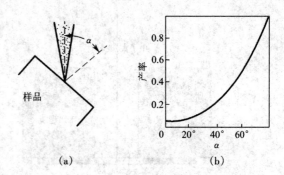

图 3-12 二次电子发射系数和入射角的关系

(a)入射电子束与样品表面的夹角(入射角)

(b)二次电子产率与入射角的关系

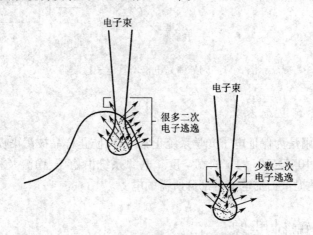

图 3-13 表面形貌对二次电子产率的影响

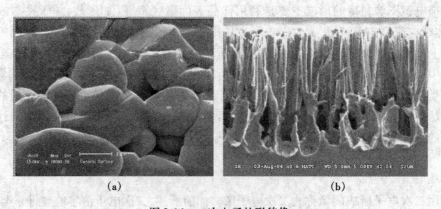

图 3-14 二次电子的形貌像

(a)陶瓷烧结体的表面图像 (b)多孔硅的剖面图

在收集器上加 250~500 V 的正偏压,可以使低能二次电子走弯曲轨迹到达收集器,如

图 3-11 所示。这样既可以提高有效的收集立体角,增大二次电子信号的强度,又可以将样品那些背向收集器的部位产生的二次电子吸收到收集器中,显示出样品背向收集器部位的细节,不至于形成阴影。

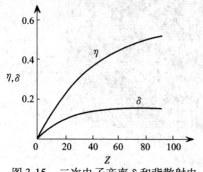

图 3-15 二次电子产率 δ 和背散射电子产率 η 随原子序数的变化

由于二次电子大部分是由价电子激发出来的,所以原子序数对其的影响不明显。当原子序数 $Z < 20$ 时,δ 随着 Z 的增加而增大;当 $Z > 20$ 时,δ 与 Z 几乎无关。(如图 3-15 所示)

3.5.2 背散射电子像

背散射电子是被固体样品原子反射回来的一部分入射电子,因而也称为反射电子或初级背散射电子,其能量在 50 eV 到接近于入射电子的能量。利用背散射电子的成像称为背散射电子像。背散射电子像既可以用来显示形貌衬度,也可以用来显示成分衬度。

1. 形貌衬度

同二次电子一样,样品表面的形貌也影响着背散射电子的产率,在 α 较大(尖角)处,背散射电子的产率高;在 α 较小(平面)处,背散射电子的产率低。因为背反射电子来自一个较大的作用体积,用背反射信号进行形貌分析时,分辨率远比二次电子低。此外,背反射电子能量较高,以直线轨迹逸出样品表面,对于背向检测器的样品表面,因检测器无法收集到背反射电子,掩盖了许多有用的细节。

2. 成分衬度

成分衬度是由样品微区的原子序数或化学成分的差异所造成的。背散射电子大部分是被原子反射回来的入射电子,因此受核效应的影响比较大。根据经验公式,对于原子序数大于 10 的元素,背散射电子发射系数可表示为

$$\eta = \frac{\ln Z}{6} - \frac{1}{4} \tag{3-4}$$

所以,背散射电子发射系数 η 随原子序数 Z 的增大而增大,如图 3-15 所示。

如果在样品表面存在不均匀的元素分布,则平均原子序数较大的区域将产生较强的背散射电子信号,在背散射电子像上显示出较亮的衬度;反之,平均原子序数较小的区域在背散射电子像上是暗区。因此,根据背散射电子像的明暗程度,可判别出相应区域的原子序数的相对大小,由此可对金属及其合金的显微组织进行成分分析。如图 3-16 所示,在二次电子像中,基本上只有表面起伏的形貌信息,而在背散射电子像中,铅富集的区域亮度高,锡富集的区域相对较暗。

3. 背散射电子像的获得

背散射电子信号接收器由两块独立的检测器组成,位于样品的正上方,对有些既要进行形貌观察又要进行成分分析的样品,将左右两个检测器各自得到的电信号进行电路上的加减处理,便能得到单一信息(见图 3-17)。

对于原子序数信息来说,进入左右两个检测器的信号大小和极性相同;而对于形貌信息来说,两个检测器得到的信号绝对值相同,极性相反。将两个检测器得到的信号相加,能得到反映样品原子序数的信息(图 3-18(a));相减能得到形貌信息(图 3-18(b))。

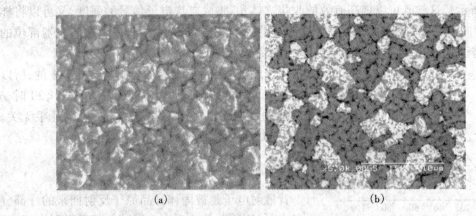

图 3-16　锡铅镀层的表面图像

（a）二次电子像　（b）背散射电子像

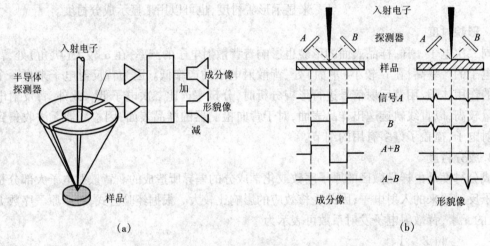

图 3-17　背散射电子探头的空间配置及工作原理

（a）背散射电子探头的方向配置　（b）工作原理

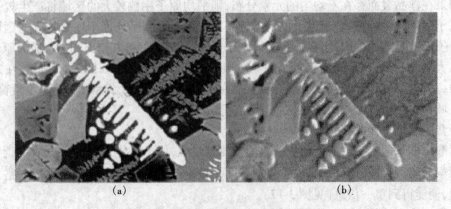

图 3-18　用背散射电子探头采集的图像

（a）成分像　（b）形貌像

3.6　扫描电镜的主要优势

在形貌分析的各种手段中,扫描电镜的主要优势表现为分辨率高、放大倍数高、景深大。以下根据扫描电镜的工作原理逐一说明扫描电镜具有这些优势的原因。

3.6.1　分辨率

分辨率是扫描电子显微镜最重要的指标。同光学显微镜一样,分辨率是指扫描电镜图像上可以分开的两点之间的最小距离。扫描电镜的分辨本领主要与下面几个因素有关。

(1)入射电子束束斑直径　入射电子束束斑直径是扫描电镜分辨本领的极限。如束斑为 10 nm,那么分辨本领最高也是 10 nm。一般配备热阴极电子枪的扫描电镜的最小束斑直径可缩小到 6 nm,相应的仪器最高分辨本领也就在 6 nm 左右。利用场发射电子枪可使束斑直径小于 3 nm,相应的仪器最高分辨本领也就小至 3 nm。

(2)入射电子束在样品中的扩展效应　如前所述,电子束打到样品上会发生散射,从而发生电子束的扩散。扩散程度取决于入射电子束能量和样品原子序数的大小,入射电子束能量越大,样品原子序数越小,电子束作用体积越大。产生信号的区域随电子束的扩散而增大,从而降低了分辨率。

(3)成像方式及所用的调制信号　成像操作方式不同,所得图像的分辨率也不一样。当以二次电子为调制信号时,由于二次电子能量比较低(小于 50 eV),在固体样品中平均自由程只有 1 ~ 10 nm,只有在表层 5 ~ 10 nm 的深度范围内的二次电子才能逸出样品表面,在这样浅的表层里,入射电子与样品原子只发生次数很有限的散射,基本上未向侧向扩展。因此,在理想情况下,二次电子像的分辨率约等于束斑直径。正是由于这个缘故,我们总是以二次电子像的分辨率作为衡量扫描电子显微镜性能的主要指标。

当以背散射电子为调制信号时,由于背散射电子能量比较高,穿透能力比二次电子强得多,可以从样品中较深的区域逸出(约为有效作用深度的 30%)。在这样的深度范围,入射电子已经有了相当宽的侧向扩展。在样品上方检测到的背散射电子来自比二次电子大得多的区域,所以背散射电子像的分辨率要比二次电子像低,一般在 50 ~ 200 nm。

至于以吸收电子、X 射线、阴极荧光、束感生电导或电位等作为调制信号的其他操作方式,由于信号均来自整个电子束散射区域,所得扫描像的分辨率都比较低,一般在 100 nm 或 1 000 nm 以上。

影响分辨本领的因素还有信噪比、杂散电磁场和机械震动等。

3.6.2　放大倍数

扫描电镜的放大倍数的表达式为

$$M = \frac{A_c}{A_s} \tag{3-5}$$

式中:A_c 是荧光屏上图像的边长;A_s 是电子束在样品上的扫描振幅。一般 A_c 是固定的(通常为 100 mm),这样就可简单地通过改变 A_s 来改变放大倍数。目前大多数商品扫描电镜的放大倍数为 20 ~ 20 000 倍,介于光学显微镜和透射电镜之间。这就使扫描电镜在某种程度上弥补了光学显微镜和透射电镜的不足。

3.6.3 景深

景深是指焦点前后的距离范围,在该范围内所有物点所成的图像均符合分辨率要求,可以成清晰的图像。换句话说,景深是可以被看清的距离范围。扫描电子显微镜的景深比透射电子显微镜大 10 倍,比光学显微镜大几百倍。由于图像景深大,所以扫描电子像富有立体感,并很容易获得一对同样清晰聚焦的立体对照片,进行立体观察和立体分析。

当一束略微会聚的电子束照射在样品上时,在焦点处电子束的束斑最小,离开焦点越远,电子束发散程度越大,束斑越大,分辨率越低,当束斑大到一定程度后,会超过对图像分辨率的最低要求,即超过景深的范围。由于电子束的发散度很小,它的景深取决于临界分辨本领 d_o 和电子束入射半角 α_c。其中临界分辨本领 d_o 与放大倍数有关,人眼的分辨本领大约是 0.2 mm,在经过放大后,要使人感觉物像清晰,必须使电子束的分辨率高于临界分辨率 d_o (单位为 mm)。

$$d_o = \frac{0.2}{M} \tag{3-6}$$

由图 3-19 可知,扫描电镜的景深(单位为 mm)

$$F = \frac{d_o}{\tan \alpha_c} = \frac{0.2}{M \tan \alpha_c} \tag{3-7}$$

因此随放大倍数降低和入射电子角减小,景深会增大。电子束的入射角可以通过改变光阑尺寸和工作距离来调整,用小尺寸的光阑和大的工作距离可以获得小的入射电子角(如图 3-19(b))。

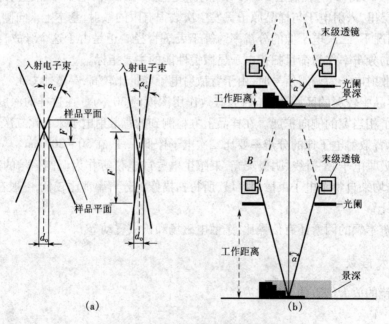

图 3-19 景深随工作参数变化的情况

(a) 电子束入射半角的影响 (b) 工作距离的影响

3.7　扫描电镜的制样方法

扫描电镜的优点是能直接观察块状样品。但为了保证图像质量,对样品表面的性质有如下要求:

①导电性好,以防止表面积累电荷而影响成像;

②具有抗热辐照损伤的能力,在高能电子轰击下不分解、变形;

③具有高的二次电子和背散射电子系数,以保证图像良好的信噪比。

对于不能满足上述要求的样品,如陶瓷、玻璃和塑料等绝缘材料,导电性差的半导体材料,热稳定性不好的有机材料和二次电子、背散射电子系数较低的材料,都需要进行表面镀膜处理。某些材料虽然有良好的导电性,但为了提高图像的质量,仍需进行镀膜处理。比如在高倍(例如大于 2 000 倍)下观察金属断口时,由于存在电子辐照所造成的表面污染或氧化,影响二次电子逸出,喷镀一层导电薄膜能使分辨率大幅度提高。

在扫描电镜制样技术中用得最多的是真空蒸发和离子溅射镀膜法。最常用的镀膜材料是金。金的熔点较低,易蒸发;与通常使用的加热器不发生反应;二次电子和背散射电子的发射效率高;化学稳定性好。对于 X 射线显微分析、阴极荧光研究和背散射电子像观察等,碳、铝或其他原子序数较小的材料作为镀膜材料更为合适。

膜厚的控制应根据观察的目的和样品的性质来决定。一般来说,从图像的真实性出发,膜厚应尽量薄一些。对于金膜,通常控制在 20 ~ 80 nm。如果进行 X 射线成分分析,为减小吸收效应,膜厚应尽可能薄一些。

3.8　扫描电镜应用实例

3.8.1　断口形貌分析

由于扫描电镜的景深大,放大倍数高,所以其在对表面凹凸不平的断口进行形貌分析时具有得天独厚的优势。图 3-20 是一组 1018 号钢在不同温度下的断口形貌。在室温和高于室温的温度下,1018 号钢发生塑性断裂,呈现出典型的韧窝状形貌。韧窝的形成与材料中的夹杂物有关,在外加应力作用下,夹杂物成为应力集中的中心点,周围的基体在高度集中的应力的作用下与夹杂物分离,形成微孔洞,微孔洞不断长大互相连接,形成大的孔洞,大的孔洞继续长大并连接后,材料会发生断裂。图 3-20(a)中不仅可以看到微孔洞,而且可以看到明显的夹杂物存在,非常直观地说明了韧性断裂的机制。

当试验温度低于 1018 号钢的韧脆转变温度时,在拉伸应力的作用下,材料会发生脆性断裂。这种断裂方式吸收的能量很少,通常沿低指数晶面发生开裂,故也称为解理断裂。脆性断裂通常发生在体心立方和密排六方结构中,因为这些结构没有足够多的滑移系来满足塑性变形。脆性断裂的特征是存在一些光滑的解理面,如图 3-20(b)所示。

1018 号钢的韧脆转变温度在 295 K 左右,在此温度下,材料的断裂表现出明显的二重性,既有脆性断裂的特征,也有塑性断裂的特征,如图 3-20(c)所示,图的左上部分是脆性断裂区,右下部分是塑性断裂区。

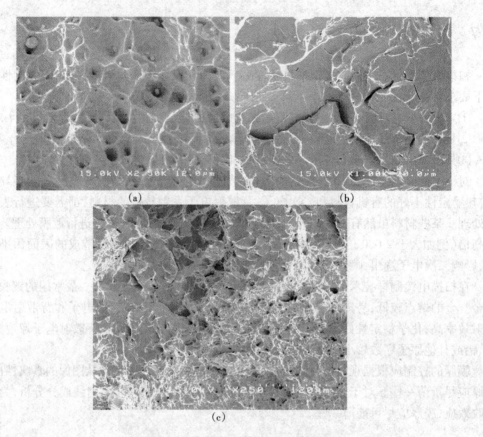

(a)　　　　　　　　　　　　(b)

(c)

图 3-20　1018 号钢在不同温度下的断口形貌

（a）塑性断裂　（b）脆性断裂　（c）塑性和脆性断裂同时存在

3.8.2　纳米材料形貌分析

由于扫描电镜具有极高的分辨率和放大倍数,所以非常适合分析纳米材料的形貌和组态。图 3-21 是用多孔氧化铝模板制备的金纳米线的形貌,其中模板已经被溶解掉。可以看出纳米线排列非常整齐,直径在 100 nm 以下。

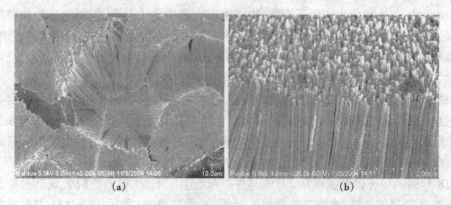

(a)　　　　　　　　　　　　(b)

图 3-21　用多孔氧化铝模板制备的金纳米线的形貌

（a）低倍像　（b）高倍像

　　图 3-22 是铅笔状 ZnO 纳米线,除了在形状上保持规则的排列以外,它们在底部连接成梳状。这种材料由于尖端非常细小、规则,可以用来制造场发射的电极。

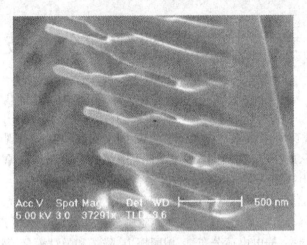

图 3-22　ZnO 纳米线的二次电子像

3.8.3　在微电子工业方面的应用

　　由于现代微电子制造的集成度越来越高,器件的尺寸已经达到纳米尺度,必须有相应的高分辨率的检测手段,扫描电镜适逢其时,在现场检测和后续失效分析中发挥着不可替代的作用。图 3-23(a)是芯片连线的表面扫描电镜图像,图 3-23(b)是 CCD 相机的光电二极管剖面图。这些扫描电镜图像可以用来判定器件的尺寸及形状是否符合工艺要求,从而确定工艺是否正常。

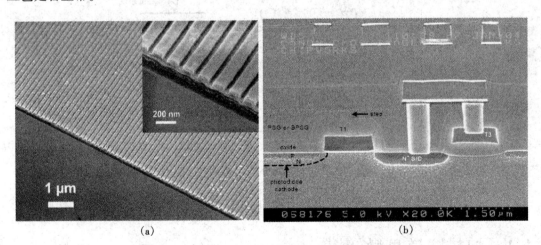

(a)　　　　　　　　　　　　　　(b)

图 3-23　芯片的扫描电镜图像

(a) 芯片导线的表面形貌图　(b) CCD 相机的光电二极管剖面图

第4章 扫描探针显微分析技术

　　19世纪80年代初期,扫描探针显微镜(SPM)因首次在实空间展现了硅表面的原子图像而震动了世界。从此,SPM在基础表面科学、表面结构分析和从硅原子结构到活体细胞表面微米尺度的突出物的三维成像等学科中发挥着重要的作用。

　　扫描探针显微镜是一种具有宽广观察范围的成像工具,它延伸至光学和电子显微镜的领域。它也是一种具有空前高的3D分辨率的轮廓仪。在某些情况下,扫描探针显微镜可以测量诸如表面电导率、静电电荷分布、区域摩擦力、磁场和弹性模量等物理特性。

　　扫描探针显微镜(SPM)是一类仪器的总称,它们以从原子到微米级别的分辨率研究材料的表面特性。所有的SPM都包含图4-1所示的基本部件。

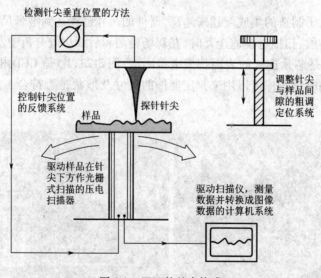

图4-1 SPM的基本构成

　　下面介绍扫描隧道显微镜、原子力显微镜和一些常用的扫描探针显微镜的工作原理。

4.1 扫描隧道显微镜

　　扫描隧道显微镜(STM)是所有扫描探针显微镜的祖先,它是在1981年由Gerd Binnig和Heinrich Rohrer在苏伊士IBM实验室发明的。5年后,他们因此项发明被授予诺贝尔物理学奖。STM是第一种能够在实空间获得表面原子结构图像的仪器。

　　STM使用一种非常锐化的导电针尖,而且在针尖和样品之间施加偏置电压,当针尖和样品接近至大约相距1 nm时,根据偏置电压的极性,样品或针尖中的电子可以"隧穿"过间

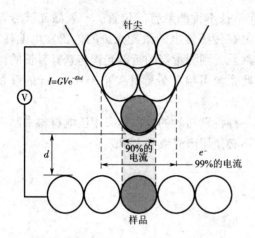

图 4-2　STM 的针尖—样品相互作用示意

隙到达对方(见图 4-2)。由此产生的隧道电流随着针尖—样品间隙的变化而变化,故被用作得到 STM 图像的信号。上述隧穿效应产生的前提是样品应是导体或半导体,所以 STM 不能像原子力显微镜(AFM)那样对绝缘体样品成像。

隧道电流是间距的指数函数;如果针尖与样品的间隙(0.1 nm 级尺度)变化 10%,隧道电流会变化一个数量级。这种指数关系赋予 STM 很高的灵敏度,所得的样品表面图像具有高于 0.1 nm 的垂直精度和原子级的横向分辨率。

STM 可在两种扫描模式下工作,即恒定高度模式和恒定电流模式。在恒高模式下,针尖在样品上方的一个水平面上运行,隧道电流随样品表面形貌和局域电子特性而变化。在样品表面每个局域检测到的隧道电流构成数据组,并进而转化成形貌图像。

在恒电流模式下,STM 的反馈控制系统通过调整扫描器在每个测量点的高度动态地保证隧道电流不变。比如,当系统检测到隧道电流增大时,就会调整加在压电扫描器上的电压来增大针尖—样品的间隙。如果系统把隧道电流恒定在 2% 的范围以内,则针尖与样品间的距离变化可以保持在 1 pm 以内。因此,STM 在与样品表面垂直的方向上的深度分辨率可以达到几个 pm。

两种模式各有利弊。恒高模式扫描速率较高,因为控制系统不必上下移动扫描器,但这种模式仅适用于相对平滑的表面。恒电流模式可以较高的精度测量不规则表面,但比较耗时。

近似地讲,隧穿电流像表述样品的形貌,但更为精确地,隧穿电流对应的是表面电子态密度。实际上,STM 检测的是在由偏压决定的能量范围之间、费米能级附近被充满和未充满的电子态的数量,或者说是具有恒定隧穿概率的曲面,而不是物理形貌。

4.2　原子力显微技术

4.2.1　原子力显微镜的结构

原子力显微镜(AFM)的研究对象除导体和半导体之外,还扩展至绝缘体。原子力显微镜的工作原理如图 4-3 所示。原子力显微镜的针尖长若干微米,直径通常小于 100 nm,被置于 100～200 μm 长的悬臂的自由端。针尖和样品表面间的力导致悬臂弯曲或偏转。当针尖在样品上方扫描或样品在针尖下作光栅式运动时,探测器可实时地检测悬臂的状态,并将其对应的表面形貌

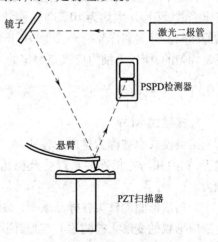

图 4-3　原子力显微镜的工作原理

像显示记录下来。大多数商品化的 AFM 利用光学技术检测悬臂的位置。一束激光被悬臂折射到位敏光探测器(PSPD),当悬臂弯曲时投射在传感器上的激光光斑的位置发生偏移,PSPD 可以 1 nm 的精度测量出这种偏移。激光从悬臂到测量器的折射光程与悬臂臂长的比值是此种微位移测量方法的机械放大率,所以此系统可检测悬臂针尖小于 0.1 nm 的垂直运动。

检测悬臂偏转还有干涉法和隧道电流法。一种特别巧妙的技术是采用压电材料来制作悬臂,这样可直接用电学法测量到悬臂偏转,故不必使用激光束和 PSPD。

4.2.2 造成原子力显微镜悬臂偏转的力

1. 范德瓦尔斯力

范德瓦尔斯力与针尖—样品的间隙的关系如图 4-4 所示,图中标出了两个区间:非接触区间与接触区间。在非接触区间,悬臂和样品间的距离保持在几纳米至几十纳米的量级,相互间存在的是吸引力,这种吸引力来自长程范德瓦尔斯相互作用。当悬臂和样品间的距离约为化学键长(小于 1 nm)时,原子间作用力变为零。若间隙进一步变小,范德瓦尔斯力成为正值的排斥力,此时原子是接触的,悬臂和样品间是排斥力。在排斥区间,范德瓦尔斯力曲线是非常陡的,所以范德瓦尔斯斥力可以平衡掉任何试图强迫原子更为接

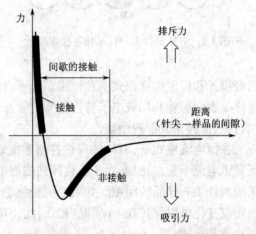

图 4-4　原子间作用力与间隙的关系曲线

近的力。在 AFM 中,这意味着当悬臂向样品推动针尖时,只能引起悬臂的弯曲,而不能使针尖原子更加靠近样品原子。即使是非常刚硬的悬臂在样品上施加强力,针尖和样品间的间隙也不可能减小许多。但是,样品表面很可能变形。

2. 毛细力

在通常环境下,样品表面存在一层水膜,水膜延伸并包裹住针尖,就会产生毛细力,它具有很强的吸引力(大约为 10^{-8} N),使针尖与样品表面接触。毛细力的大小取决于针尖—样品的间隙。针尖和样品一经接触,由于针尖—样品的间隙是很难进一步压缩的,并且假定水膜是均匀的,所以毛细力应该是恒定的。

4.2.3 两种类型的原子力显微镜

1. 接触式 AFM

接触模式也被称为排斥力模式,AFM 的针尖与样品有轻微的物理接触。在这种工作模式下,针尖和与之相连的悬臂受范德瓦尔斯力和毛细力两种力的作用,二者的合力构成接触力。

当扫描器驱动针尖在样品表面(或样品在针尖下方)移动时,接触力会使悬臂弯曲,产生适应形貌的变形。检测这些变形,便可以得到表面形貌像。

AFM 检测到悬臂的偏转后,则可在恒高或恒力模式下工作获取形貌图像或图形文件。在恒高模式下,扫描器的高度是固定的,悬臂的偏转变化直接转换成形貌数据。在恒力模式

下,悬臂的偏转被输入反馈电路,控制扫描器上下运动,以维持针尖和样品原子的相互作用力恒定。在此过程中,扫描器的运动被转换成图像或图形文件,如图 4-5 所示。

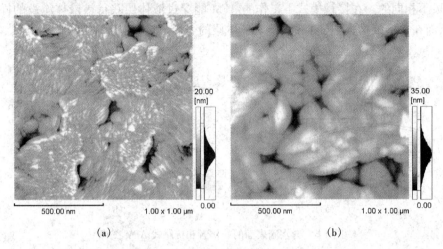

(a)　　　　　　　　　　　　　　　　　(b)

图 4-5　溅射过程中,不同厚度的透明导电涂层 ITO 的表面形貌像
(a) 120 nm　(b) 450 nm

恒力工作模式的扫描速度受限于反馈回路的响应时间,但针尖施加在样品上的力得到了很好的控制,故在大多数应用中被优先选用。恒高模式常用于获得原子级平整样品的原子分辨像,此时在所施加的力下,悬臂偏转和变化都比较小。在需要高扫描速率的变化表面实时观察时,恒高模式是必要的。

2. 非接触式 AFM

非接触式 AFM(NC-AFM)应用一种振动悬臂技术,针尖与样品的间距处于几纳米至数十纳米的范围。此范围在图 4-4 范德瓦尔斯曲线中标注为非接触区间。

NC-AFM 是一种理想的方法,因为在测量样品形貌过程中,针尖和样品不接触或略有接触。同接触式 AFM 一样,NC-AFM 可以测量绝缘体、半导体和导体的形貌。在非接触区间,针尖和样品之间的力是很小的,一般只有 10^{-12} N。这对于研究软体或弹性样品是非常有利的。其另一优点是像硅片这样的样品不会因为与针尖接触而被污染。

下面讨论悬臂的共振频率和样品形貌变化的关系。刚硬的悬臂在系统的驱动下以接近于共振点的频率(典型值是从 100 至 400 kHz)振动,振幅是几纳米至数十纳米。共振频率随悬臂所受的力的梯度变化,力的梯度可由图 4-4 所示的力与间隙的关系曲线微分得到。这样,悬臂的共振频率的变化反映力的梯度的变化,也反映针尖—样品的间隙或样品形貌的变化。检测共振频率或振幅的变化,可以获得样品表面形貌的信息。此方法具有优于 0.1 nm 的垂直分辨本领,与接触式 AFM 是一样的。

非接触式 AFM 的作用力很弱,同时用于 NC-AFM 的悬臂硬度较大,否则较软的悬臂会被吸引至样品而发生接触。上述两个因素导致 NC-AFM 的信号很弱,故需要具有更高灵敏度的交流检测方法。

在 NC-AFM 中,系统监测悬臂的共振频率或振幅,并借助反馈控制器提升和降低扫描器,同时保证共振频率或振幅不变,与接触式 AFM 相同(即恒力模式),扫描器的运动被转换成图像或图形文件。

NC-AFM 不会产生接触式 AFM 中多次扫描之后经常观察到的针尖和样品变质的现象。

如前面提到的,测量软体样品时,NC-AFM 比接触式 AFM 更具优越性。在测量刚性样品时,接触和非接触式成像所得的图像看上去是一样的,但在刚性样品表面存在若干层凝结水时,图像是极不相同的。在接触模式下工作的 AFM 能穿过液体层获得被液体淹没的样品的表面图像,而在非接触模式下,AFM 只能对液体层的表面成像。(见图 4-6)

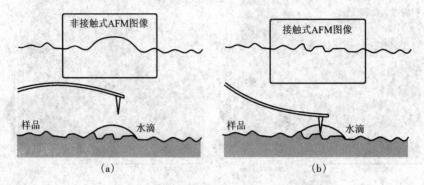

图 4-6　含水滴表面的非接触和接触式 AFM 图像
(a)非接触式 AFM　(b)接触式 AFM

4.3　其他扫描探针显微技术

事实上,STM、AFM 是众多扫描探针显微技术(SPM)中的一部分。大多数商品化的仪器均为模块化结构,只需在标配的镜体上更换或增添少量的硬件就可实现功能的增加或转换。有时也利用软件来改变工作模式。本节讨论一些其他的 SPM 技术。

4.3.1　磁力显微技术(MFM)

磁力显微技术(MFM)可对样品表面磁力的空间变化成像。MFM 的针尖上镀有铁磁性薄膜,系统在非接触模式下工作,检测由随针尖—样品的间隙变化的磁场引起的悬臂共振频率的变化(见图 4-7),得到磁性材料中自发产生和受控写入的磁畴结构。

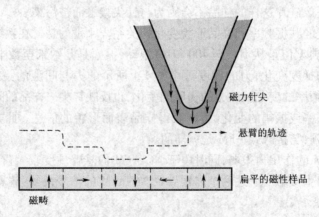

图 4-7　MFM 探测样品表面的磁畴

用磁力针尖获得的图像都包含着表面形貌和磁特性信息,哪一种效应起主要作用由针尖—样品的间隙决定,与范德瓦尔斯力相比,原子间磁力在间隙较大时仍保留一定的量值。

如果针尖靠近表面,即处在标准的非接触模式工作区间,则图像主要含形貌信息。随着间隙增大,磁力效应变得显著。在不同的针尖高度下采集一系列图像是剥离两种效应的一种途径。由 MFM 模式取得的硬盘磁记录结构像如图 4-8 所示,视场尺度是 15 μm。

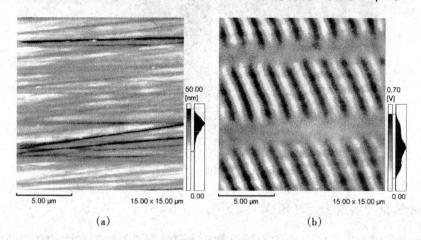

(a)　　　　　　　　　　　　　　(b)

图 4-8　硬盘磁记录单元的图像
(a) 形貌像　(b) MFM 像

4.3.2　力调制显微技术(FMM)

力调制显微技术是 AFM 成像技术的扩展,它可以确定样品的力学性能,也可以同时采集形貌和材料性质的数据。

在 FMM 模式下,AFM 的针尖以接触方式扫描样品,正向反馈控制回路保持悬臂的偏转处于恒定(如同恒定模式的 AFM)。此外,将一周期信号加在针尖或样品上。由此信号驱动产生的悬臂调制振幅随样品弹性而变,如图 4-9 所示。

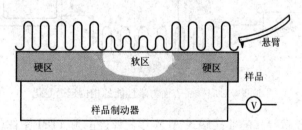

图 4-9　随样品的表面力学性能改变的悬臂振幅

系统通过检测悬臂调制振幅的变化来形成力调制像,反映出样品弹性的分布。调制信号的频率设为数百赫兹,远高于正向反馈控制器设定的响应频率。所以可以区分开形貌和弹性信息,也可以同时采集到两种类型的图像。图 4-10(a) 是碳纤维和高聚物复合材料的接触式 AFM 像,图 4-10(b) 是其 FMM 图像。

图4-10 碳纤维和高聚物复合材料的图像

(a) 接触式 AFM 图像   (b) FMM 图像

4.3.3 相位检测显微技术(PDM)

相位检测显微技术也称为相位成像,这种技术通过测量悬臂振动驱动和振动输出信号之间的相位延迟(见图4-11)研究弹性、黏度和摩擦等表面力学性能的变化。当仪器在振动悬臂模式下工作时,如非接触 AFM、间歇接触 AFM(IC-AFM)或 MFM 模式,通过检测悬臂偏转或振幅的变化测量样品形貌。采集形貌像时,相位延迟也被检测到,所以同时得到形貌像与材料特性。

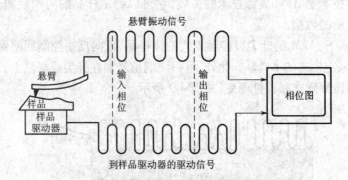

图4-11 对应样品表面力学性能的相位延迟变化

图4-12 给出了胶带样品的非接触式 AFM 形貌像(左)和 PDM 图像(右)。PDM 图像提供了较形貌像更多的信息,揭示出了胶带表面性能的变化。

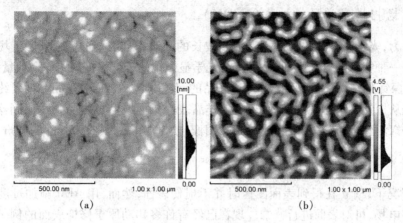

图 4-12　胶带的图像

（a）非接触式 AFM 形貌像　（b）PDM 图像

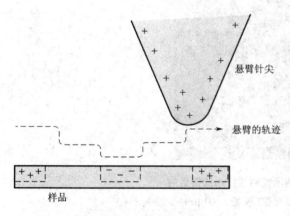

图 4-13　EFM 电荷畴结构的面分布像

4.3.4　静电力显微技术（EFM）

静电力显微技术（EFM）的原理是在针尖与样品之间施加电压，悬臂和针尖不与样品相碰，当悬臂扫描至如图 4-13 所示的静电荷时，悬臂偏转。

EFM 可以显示出样品表面的局部电荷畴结构，例如电子器件中电路静电场的分布。正比于电荷密度的悬臂偏转幅度可以用标准的光束折射系统测量。

4.3.5　扫描电容显微技术（SCM）

扫描电容显微镜可对空间电容分布成像。像 EFM 那样，SCM 在针尖与样品之间施加电压，悬臂在非接触、恒定高度模式下工作，用一种特殊的电路来监测针尖与样品间的电容。由于电容取决于针尖和样品间介质的介电常数，所以 SCM 可以研究半导体基片上介电材料厚度的变化，也可以观察亚表面电荷载流子的分布，例如，得到离子注入半导体中掺杂物的分布情况。

4.3.6　热扫描显微技术（TSM）

热扫描显微技术是在针尖和样品不接触的条件下，测量材料表面的热导率。TSM 也可以同时采集形貌和热导率数据。TSM 的悬臂由两种金属材料组成。悬臂的材料对热导率的不同变化做出响应，导致悬臂偏转，系统通过悬臂偏转的变化来获得反映热导率分布的 TSM 图像，同时悬臂振幅的变化构成非接触模式下的像。这样，形貌和局域热性质的变化信息被区分开，故可同时采集到两种类型的像。

4.3.7 近场扫描光学显微技术(NSOM)

一般认为,光学显微镜的分辨率受到光波长的限制,只能达到0.2 μm。近场扫描光学显微镜使用一种特殊的可见光扫描探针,将光学显微镜的分辨率提高了一个数量级。

NSOM探针是一种光的通道,光源和样品的间隙非常小,约为5 nm。直径约几十个纳米的可见光从探针狭窄的端部发散出来,从样品表面折回或穿过样品到达探测器。探测器在各测量点探测到光信号强度,构成NSOM图像。NSOM图像具有15 nm的分辨率。

4.3.8 纳米光刻

一般情况下,SPM在得到表面图像时并不损伤表面,然而,用AFM施加过度的力或用STM施加高电场,可对表面进行修饰。现在已经有许多移动原子修饰表面的例子。此技术被称为纳米光刻蚀术。图4-14展示了使用此技术修饰后的抗蚀剂膜表面。

图4-14　用纳米光刻蚀技术修饰后的
抗蚀剂膜表面图像(视场为40 μm)

第 2 篇　晶体物相分析

第 5 章　物相分析概论

5.1　材料的相组成及其对性能的影响

在材料科学领域,相是指具有特定的结构和性能的物质状态。材料中原子的排列方式决定了晶体的相结构,原子排列方式的变化导致了相结构的变化。最常见的相是固相、液相、气相和等离子相;在一种组织中可以同时存在几种相,例如钢的珠光体组织由铁素体和渗碳体两种相组成;同种材料在不同条件下会以不同的相存在,比如纯铁在加热过程中经历三种不同的相状态,分别称为 α 相(铁素体)、γ 相(奥氏体)和 δ 相(δ 铁素体)。

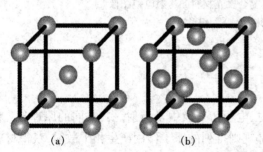

图 5-1　铁的体心立方结构和面心立方结构
(a) 体心立方　(b) 面心立方

材料的物理、化学性能与材料的相组成有直接的对应关系。以铁的 α 相和 γ 相为例,铁原子分别排列成体心立方和面心立方结构,而且二者晶格常数也不相同,如图 5-1 所示。由于体心立方结构的滑移系较少,无法提供足够的交滑移机会,因此 α 相的材料常常出现脆性断裂;与之相反,γ 相的面心立方结构使之容易发生塑性变形,断裂方式通常为韧性断裂;另外,面心立方和体心立方结构的铁有完全不同的磁性。另一个明显的例子是,晶态和非晶态合金有着完全不同的力学性能、抗腐蚀性能、磁学性能。

人们可以改变加工成形工艺及后续热处理来获得不同的相组成,并实现可控的相变。例如,将纯铁从室温加热到变为液相,可以发生如下相变:α→γ,γ→δ,δ→液相。而且,控制不同的加热冷却速度和保温时间,可以获得不同大小的晶粒,因此可以控制材料的组织。控制相和组织可以决定材料最终的性能。

5.2 物相分析的含义

材料的相结构对于性能起着决定性作用,理解材料的物相结构是全面理解某种材料的一个重要方面。物相分析对于研究材料的相结构与性能的关系和研究相变过程具有尤其重要的意义。

物相分析是指利用衍射分析的方法探测晶格类型和晶胞常数,确定物质的相结构。物相分析不仅包括对材料物相的定性分析,还包括定量分析各种不同的物相在组织中的分布情况。例如,分布于二氧化硅基体中的硅纳米晶是一种新型的半导体发光材料,采用透射电镜(TEM)的电子衍射和图像观察(图5-2),可以确定其中硅纳米晶的结构为面心立方结构,偏离了正常的金刚石结构,还可以测量出硅纳米晶的尺寸为 5~7 nm,而且分散得比较均匀,这样细小弥散的且具有奇异结构的硅纳米晶对于获得良好的发光性能很有益处。获得以上信息对于控制制备工艺,分析发光性能和结构的关系,进一步优化材料的性能非常有帮助。

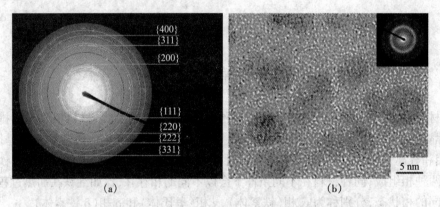

图5-2 硅纳米晶/二氧化硅复合发光材料的透射电镜图像
(a) 电子衍射花样 (b) 组织形貌

5.3 物相分析的手段

主要的物相分析手段有三种:X 射线衍射、电子衍射及中子衍射。其共同的原理是:利用电磁波或运动电子束、中子束等与材料内部规则排列的原子作用产生相干散射,获得材料内部原子排列的信息,从而重组出物质的结构。

5.3.1 X 射线衍射

用 X 射线照射晶体,晶体中的电子受迫振动产生相干散射,同一原子内各电子散射波相互干涉形成原子散射波,各原子散射波相互干涉,在某些方向上一致加强,即形成了晶体的衍射线,衍射线的方向和强度反映了材料内部的晶体结构和相组成。X 射线衍射分析物相较为简便快捷,适用于多相体系的综合分析,也能对尺寸在微米量级的单颗晶体材料进行结构分析。但由于无法实现对 X 射线的有效聚焦,X 射线衍射的方法还不能在更为微观的层次对材料进行结构分析,电子衍射恰好弥补了这一不足。

5.3.2　电子衍射

电子衍射分析立足于运动电子束的波动性。入射电子被样品中的各个原子弹性散射，相互干涉，在某些方向上一致加强，形成了衍射波。由于电子与物质的相互作用比 X 射线强 4 个数量级，电子束又可以在电磁场作用下会聚得很细小，所以特别适合测定微细晶体或亚微米尺度的晶体结构。

依据入射电子的能量大小，电子衍射可分为高能电子衍射和低能电子衍射。低能电子衍射（LEED）以能量为 10 ~ 500 eV 的电子束照射样品表面，产生电子衍射。由于入射电子能量低，因而低能电子衍射给出的是样品表面 1 ~ 5 个原子层的（结构）信息，故低能电子衍射是分析晶体表面结构的重要方法，应用于表面吸附、腐蚀、催化、外延生长、表面处理等材料表面科学与工程领域。

高能电子衍射（HEED）入射电子的能量为 10 ~ 200 keV。由于原子对电子的散射能力远高于其对 X 射线的散射能力（高 10^4 倍以上），电子穿透能力差，因而透射式高能电子衍射只适用于对薄膜样品的分析。高能电子衍射的专用设备为电子衍射仪，但随着透射电子显微镜的发展，电子衍射分析多在透射电子显微镜上进行。与 X 射线衍射分析相比，透射电子显微镜具有可实现样品选定区域电子衍射（选区电子衍射），并可实现微区样品结构（衍射）分析与形貌观察相对应的特点。

5.3.3　中子衍射

与 X 射线、电子受原子的电子云或势场散射的作用机理不同，中子受物质中原子核的散射，所以轻重原子对中子的散射能力差别比较大，中子衍射有利于测定材料中轻原子的分布。

总之，这三种衍射法各有特点，应视分析材料的具体情况做选择。本篇主要介绍目前常见的两种物相分析方法：X 射线衍射法和高能电子衍射法（透射电镜），由于其基本原理有许多共同之处，所以在接下来的第 6 章、第 7 章首先介绍共通的知识，即晶体结构和衍射原理，再分别介绍两种方法的特殊之处。

第6章　晶体几何学基础

6.1　正空间点阵

6.1.1　晶体结构与空间点阵

晶体的基本特点是具有规则排列的内部结构。构成晶体的质点通常指的是原子、离子、分子及其他原子基团。这些质点在晶体内部按一定的几何规律排列,形成晶体结构。

为了研究方便,通常从实际晶体结构中抽象出一个被称为空间点阵的几何图形来表示晶体结构最基本的几何特征。下面以 NaCl 晶体为例,来具体地说明晶体结构与空间点阵的对应关系。

在 NaCl 晶体(图6-1)中,每个 Na^+ 周围均是几何规律相同的 Cl^-,每个 Cl^- 周围均是几何规律相同的 Na^+。这就是说,所有 Na^+ 的几何环境和物质环境都相同,属于同一类等同点;所有 Cl^- 的几何环境和物质环境也都相同,属于另一类等同点。从图6-1可以看出,由 Na^+ 构成的几何图形和由 Cl^- 构成的几何图形是完全相同的,即晶体结构中各类等同点所构成的几何图形是相同的。因此,可以用各类等同点的排列规律所共有的几何图形来表示晶体结构的几何特征。

将各类等同点概括地表示为抽象的几何点,称为节点。由节点排列而成的反映晶体结构几何特征的空间几何图形称为空间点阵。为了使空间点阵具有更鲜明的几何形象,通常用三组平行直线将节点连接起来,形成如图6-2所示的空间格子。空间格子是由许多形状和大小完全相同的平行六面体组成的无限几何图形。取其中任何一个平行六面体在空间平移位可复制出整个空间点阵。这样的平行六面体是构成空间点阵的基本单元,称为单位阵胞。

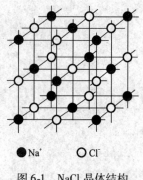

●Na⁺　　○Cl⁻

图6-1　NaCl 晶体结构

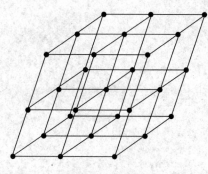

图6-2　空间点阵

单位阵胞可以有各种不同的选取方式,以不同的方式连接空间点阵中的节点,便可得到不同形式的阵胞。如果只是为了表达空间点阵的周期性,一般应选取体积最小的平行六面体作为单位阵胞。这种阵胞只在顶点上有节点,称为简单阵胞。然而,晶体结构中质点的分布除具有周期性外,还具有对称性。因此,与晶体结构相对应的空间点阵也同样具有周期性和对称性。简单阵胞是不能同时反映出空间点阵的周期性和对称性的,因此必须选取比简单阵胞体积更大的复杂阵胞。在复杂阵胞中节点不仅可以分布在顶点,也可以分布在体心或面心。选取复杂阵胞的条件是:①能同时反映出空间点阵的周期性和对称性;②在满足条件①的前提下,有尽可能多的直角;③在满足条件①和②的前提下,体积最小。

6.1.2 晶向和晶面

在空间点阵中,无论在哪一个方向都可以画出许多互相平行的节点平面。同一方向上的节点平面不仅互相平行,而且等距,各平面上的节点分布情况也完全相同。但是,不同方向上的节点平面却具有不同的特征。所以说,节点平面之间的差别主要取决于它们的取向,在同一方向上的节点平面中确定某个平面的具体位置是没有实际意义的。

同样的道理,在空间点阵中无论在哪一个方向都可以画出许多互相平行的、等周期的节点直线,不同方向上节点直线的差别也取决于它们的取向。

空间点阵中的节点平面和节点直线相当于晶体结构中的晶面和晶向(图 6-3)。在晶体学中节点平面和节点直线的空间取向分别用晶面指数和晶向指数,或称密勒(Miller)指数来表示。

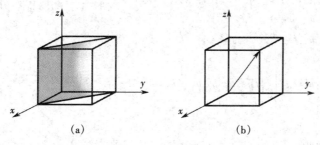

图 6-3 晶面和晶向的表示方法
(a) 晶面(110) (b) 晶向[111]

晶面指数的确定方法为:

①在一组互相平行的晶面中任选一个晶面,量出它在三个坐标轴上的截距,并用点阵周期 a、b、c 为单位来度量;

②写出三个截距的倒数 j;

③将三个倒数分别乘以分母的最小公倍数,把它们化为三个简单整数,并用圆括号括起,即为该组平行晶面的晶面指数。

当泛指某一晶面指数时,一般用(hkl)代表。如果晶面与某坐标轴的负方向相交,则在相应的指数上加一负号来表示。

在同一晶体点阵中,有若干组晶面可以通过一定的对称变换重复出现的等同晶面,它们的面间距和晶面上的节点分布完全相同。这些空间位向性质完全相同的晶面属于同族晶面,用{hkl}来表示。

晶向指数的确定方法为:

①在一组互相平行的节点直线中引出过坐标原点的节点直线;

②在该直线上任选一个节点,量出它的坐标值,并用点阵周期 a、b、c 度量;

③将三个坐标值用同一个数乘或除,把它们化为简单整数,并用方括号括起,即为该组节点直线的晶向指数。

当泛指某晶向指数时,用 $[uvw]$ 表示。如果节点的某个坐标值为负值,则在相应的指数上加一负号来表示。有对称关联的等同晶向用 $<uvw>$ 来表示。

6.1.3 晶带

晶体中平行于同一晶向 $[uvw]$ 的所有晶面 (hkl) 的总体称为晶带,此晶向称为晶带的晶带轴,并以相同的晶向指数 $[uvw]$ 表示,其矢量表达式为 $\boldsymbol{R}_{uvw} = u\boldsymbol{a} + v\boldsymbol{b} + w\boldsymbol{c}$。可以证明,凡属于 $[uvw]$ 晶带的晶面,其晶面指数 (hkl) 必符合下列关系:$hu + kv + lw = 0$,该式称为晶带定理,表明了晶带轴指数 $[uvw]$ 与属于该晶带之晶面指数 (hkl) 的关系。

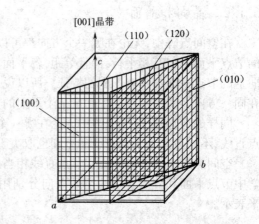

图 6-4　$[001]$ 晶带中的某些晶面

若已知两晶面 $(h_1 k_1 l_1)$ 和 $(h_2 k_2 l_2)$ 同属于一个晶带,则它们的晶带轴指数 $[uvw]$ 可按以下方程计算。根据晶带定理,有

$$h_1 u + k_1 v + l_1 w = 0$$
$$h_2 u + k_2 v + l_2 w = 0$$

联立解此方程,得

$$u : v : w = \begin{vmatrix} k_1 & l_1 \\ k_2 & l_2 \end{vmatrix} : \begin{vmatrix} l_1 & h_1 \\ l_2 & h_2 \end{vmatrix} : \begin{vmatrix} h_1 & k_1 \\ h_2 & k_2 \end{vmatrix}$$

6.2 倒易点阵

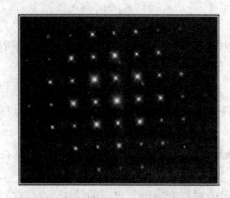

图 6-5　简单立方结构单晶的电子衍射花样

6.2.1 倒易点阵的引入

在晶体对入射波发生衍射的时候,衍射图谱、衍射波的波矢量、产生衍射的晶面三者之间存在严格的对应关系。例如在电子衍射花样(图 6-5)中,每一个衍射斑点是由一支衍射波造成的,该衍射波是一组特定取向的晶面对入射波衍射的结果,反映该组晶面的取向和面间距。

为了描述衍射波的特性,1921 年德国物理学家厄瓦尔德(P. P. Ewald)引入了倒易点阵的概念。倒易点阵是相对于正空间中的晶体点阵而言的,它是衍射波的方向与强度在空间中的分布。

由于衍射波是由正空间中的晶体点阵与入射波作用形成的,所以描述衍射波的倒易点阵与正空间中的晶体点阵存在严格的对应关系,正空间中的一组平行晶面可以用倒空间中的一个矢量或点阵来表示。因此,用倒易点阵处理衍射问题能使几何概念更清楚,数学推理简化。可以简单地想象,每一幅单晶的衍射花样就是倒易点阵在该花样平面上的投影。

6.2.2　倒易点阵的定义

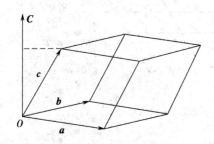

假定晶体点阵基矢为 a、b、c,倒易点阵基矢为 A、B、C,A、B、C 由下式定义:

$$A \cdot a = 2\pi \frac{b \times c}{a \cdot b \times c} \cdot a = 2\pi$$

$$A \cdot b = 2\pi \frac{b \times c}{a \cdot b \times c} \cdot b = 0$$

$$A \cdot c = 2\pi \frac{b \times c}{a \cdot b \times c} \cdot c = 0$$

图 6-6　倒易点阵基矢与正点阵基矢的关系

同样,$B \cdot b = 2\pi$,$B \cdot a = 0$,$B \cdot c = 0$;$C \cdot c = 2\pi$,$C \cdot a = 0$,$C \cdot b = 0$。即倒易点阵中的任一基矢和晶体点阵中的两基矢正交。(见图 6-6)

与正点阵相同,由倒易点阵的基矢 A、B、C 可以定义倒易点阵矢量 $G = hA + kB + lC$(h、k、l 为整数),具有以上形式的矢量称为倒易点阵矢量,倒易点阵就是由倒易点阵矢量所联系的诸点的阵列。

6.2.3　倒易点阵与正空间点阵的关系

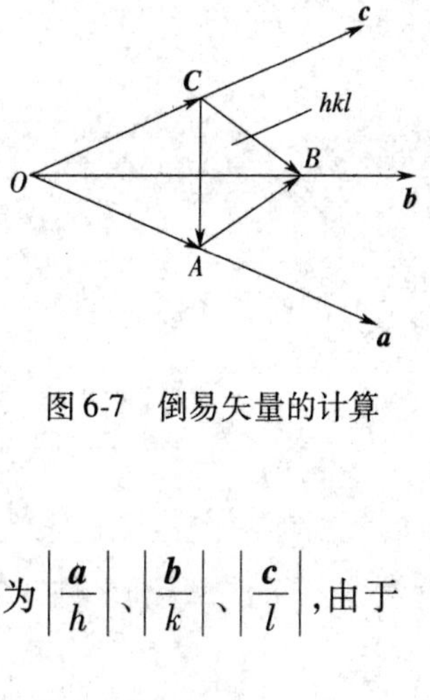

倒易矢量与正空间中的晶面存在如下关系:对于晶体点阵中的一组晶面(hkl),以 h、k、l 为指数的倒易点阵矢量 $G_{hkl} = hA + kB + lC$ 与这组晶面正交,并且其长度 d 与面间距 G 的倒数成正比,$d = \dfrac{2\pi}{|G|}$。

①证明倒易点阵矢量 $G_{hkl} = hA + kB + lC$ 与晶面正交,只需证明 $G \perp CA$,$G \perp CB$,则 G 肯定垂直于(hkl)平面。(见图 6-7)

图 6-7　倒易矢量的计算

离原点最近的(hkl)晶面在 a、b、c 三个晶轴上的截距分别为 $\left|\dfrac{a}{h}\right|$、$\left|\dfrac{b}{k}\right|$、$\left|\dfrac{c}{l}\right|$,由于

$$CA = OA - OC = \frac{a}{h} - \frac{c}{l}, CB = OB - OC = \frac{b}{k} - \frac{c}{l}$$

而

$$G = hA + kB + lC$$

所以

$$G \cdot CA = (hA + kB + lC) \cdot \left(\frac{a}{h} - \frac{c}{l}\right) = 2\pi - 2\pi = 0$$

同样 $G \cdot CB = 0$,因此 $G \perp (hkl)$。

②倒易点阵矢量 G_{hkl} 与面间距 d 的关系。面间距 d 就是 OA 或 OB 在法线方向的投影,法线方向就是 G 的方向,此时原点也在(hkl)晶面族的某一个平面上,因此只要求出原点与(hkl)晶面之间的距离即可。

$$d = OA \cdot \frac{G_{hkl}}{|G_{hkl}|} = \frac{a}{h} \cdot \frac{(hA + kB + lC)}{|G|} = \frac{2\pi}{|G|}$$

由于倒易矢量和正空间中的晶面存在一一对应的关系,因此可以用倒易空间中的一个点或一个矢量代表正空间中的一组晶面。矢量的方向代表晶面的法线方向,矢量的长度代表晶面间距的倒数。正空间中的一个晶带所属的晶面可用倒易空间中的一个平面表示,晶带轴[uvw]的方向即为此倒易平面的法线方向。正空间中的一组二维晶面可用一个倒易空间中的一维矢量或零维的点来表示。这种表示方法可以使晶体学关系简单化。

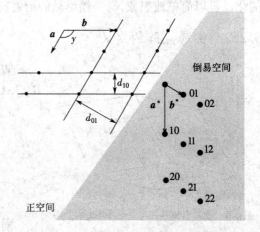

图 6-8　倒易矢量与正点阵晶面的关系

第 7 章　电磁波及物质波的衍射理论

7.1　衍射的概念与原理

　　入射的电磁波(X 射线)和物质波(电子波)与周期性的晶体物质发生作用,在空间某些方向上发生相干增强,而在其他方向上发生相干抵消,这种现象称为衍射。衍射是入射波受晶体内周期性排列的原子的作用,产生相干散射的结果。无论入射波为电磁波还是物质波,它们的衍射波都遵循着共同的衍射几何和强度分布规律。衍射理论是一切物相分析的理论基础。

7.1.1　X 射线衍射产生的物理原因

　　X 射线与物质作用时发生散射作用,主要是电子与 X 射线相互作用的结果。物质中的核外电子可分为两大类:外层原子核弱束缚和内层原子核强束缚的电子。X 射线光子与不同的核外电子作用会产生不同的散射效应。X 射线光子与外层弱束缚电子作用后,这些电子将被撞离原运行方向,同时携带光子的一部分能量而成为反冲电子,入射的 X 光子损失部分能量,造成在空间各个方向的 X 射线光子的波长不同,位相也不存在确定的关系,因此是一种非相干散射。而 X 射线与内层电子相互作用后却可以产生相干增强的衍射。具体的机制需要从三个层次来理解。

　　(1)电子对 X 射线的弹性散射　X 射线光子与内层强束缚的电子作用后产生弹性散射,其机制如下:电子受 X 射线电磁波的交变电场作用将在其平衡位置附近产生受迫振动,而且振动频率与入射 X 射线相同(也可以理解为 X 射线与束缚较紧的内层电子碰撞,光子将能量全部传递给电子);根据经典电磁理论,一个加速的带电粒子可向四周发射电磁波,所以上述受迫振动的电子本身已经成为一个新的电磁波源,向各方向辐射被称为散射波的电磁波,由于受迫振动的频率与入射波一致,因此发射出的散射电磁波频率和波长也和入射波相同,即散射是一种弹性散射,没有能量损失。

　　(2)原子对 X 射线的散射　由于每个原子含有数个电子,每个原子对 X 射线的散射是多个电子共同作用的结果。理论推导表明,一个原子对入射波的散射相当于 $f(\sin\theta/\lambda)$ 个独立电子处在原子中心的散射,即可以将原子中的电子简化为集中在原子中心,只是其电子数不再是 Z,而是 $f(\sin\theta/\lambda)$。

　　(3)晶体对 X 射线的相干衍射　将以上原子对 X 射线的散射推广到晶体的层次,当电磁波照射到晶体中时被晶体内的原子散射,散射的波好像是从原子中心发出的一样,即从每一个原子中心发出一个圆球面波。由于原子在晶体中是周期排列的,使得在某些方向散射波的相位差等于波长的整数倍,散射波之间干涉加强,形成相干散射,从而出现衍射现象。

相干散射波虽然只占入射能量的极小部分,但由于它的相干特性而成为 X 射线衍射分析的基础。

7.1.2 电子衍射产生的物理原因

电子衍射是周期性排列的晶体结构对电子发生弹性散射的结果。理解电子衍射需要从电子与原子的相互作用开始。

1)卢瑟福散射理论

可以用卢瑟福散射理论来简单地理解电子与原子的相互作用,这个理论忽略了核外电子对核的屏蔽效应,可近似地描述电子的弹性散射和非弹性散射。

入射电子受带正电的核吸引而偏转,受核外电子排斥而向反方向偏转(图 7-1),由于电子的质量与核相比很小,可以认为当电子受原子核的散射作用时,原子核基本固定不动,电子不损失能量,发生弹性散射。相反,核外电子对入射电子发生散射时,由于二者质量相同,入射电子的能量会转移给核外电子,损失部分能量,波长发生改变,因此发生的是非弹性散射。电子在物质中的弹性散射比非弹性散射大 Z 倍,原子序数 Z 越大,弹性散射部分就越重要;反之,非弹性散射就越重要。

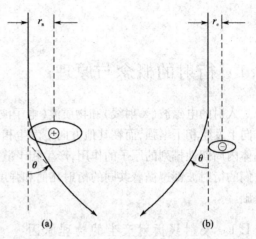

图 7-1　原子对电子的散射
(a) 原子核对电子的弹性散射
(b) 核外电子对电子的非弹性散射

2)晶体对电子的衍射作用

以上描述的是电子受一个原子的散射,事实上当电子与晶体物质作用时,电子受到原子集合体的散射。在弹性散射的情况下,各原子散射的电子波波长相同,由于原子在晶体中是周期排列的,使得在某些方向散射波的相位差等于波长的整数倍,散射波之间干涉加强,形成相干散射,从而出现衍射现象。

电子受到样品的弹性散射是电子衍射图和电子显微像的物理依据,它可以提供样品晶体结构及原子排列的信息。与 X 射线相比,电子受样品强烈散射这一特点(电子衍射强度比 X 射线高 $10^6 \sim 10^8$ 倍)使得在 TEM 中可以在原子尺度上看到结构的细节。

7.2　衍射方向

衍射方向是衍射几何要回答的问题,是从几何学的角度讨论衍射线在空间的分布规律。一束具有确定的波长和入射方位的入射线与一个特定的晶体相互作用,其衍射束在空间方位上会如何分布? 布拉格方程从数学的角度、厄瓦尔德图解以作图的方式回答了上述问题,二者是等效的。

7.2.1　布拉格方程

由于晶体结构的周期性,可将晶体视为由许多相互平行且晶面间距相等的原子面组成,即认为晶体是由晶面指数为 (hkl) 的晶面堆垛而成,晶面之间距离为 d_{hkl},设一束平行的入射波(波长为 λ)以 θ 角照射到 (hkl) 的原子面上,各原子面产生反射。

图7-2 和图7-3 中 PA 和 QA' 分别为照射到相邻两个平行原子面的入射线,它们的"反射线"分别为 AP' 和 $A'Q'$,则光程差为

$$\delta = QA'Q' - PAP' = SA' + A'T = 2d\sin\theta$$

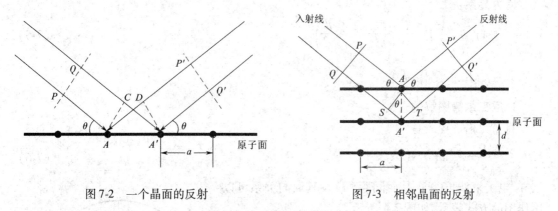

图7-2　一个晶面的反射　　　　　　图7-3　相邻晶面的反射

只有光程差为波长 λ 的整数倍时,相邻晶面的"反射波"才能干涉加强形成衍射线,所以产生衍射的条件为

$$2d\sin\theta = n\lambda \tag{7-1}$$

这就是著名的布拉格公式,其中,$n = 0,1,2,3\cdots$ 称为衍射级数,对于确定的晶面和入射电子波长,n 越大,衍射角越大;θ 角称为布拉格角或半衍射角,入射线与衍射线的夹角 2θ 称为衍射角。

布拉格方程包含了很多对于材料分析非常重要的含义,分析起来,大致有如下几点。

(1)衍射是一种选择反射　一束可见光以任意角度投射到镜面上都可以发生反射,但原子面对 X 射线的反射并不是任意的,只有当 λ,θ,d 三者之间满足布拉格方程时才能发生反射。所以把 X 射线的这种反射称为选择反射。

(2)入射线的波长决定了结构分析的能力　对于一定波长的入射线,晶体能够产生衍射的晶面数是有限的,根据布拉格公式,$\lambda/(2d) = \sin\theta \leqslant 1$,即 $d \geqslant \lambda/2$,只有晶面间距大于 $\lambda/2$ 的晶面才能产生衍射,对于晶面间距小于 $\lambda/2$ 的晶面,即使衍射角 θ 增大到 90°,相邻两个晶面反射线的光程差仍不到一个波长,从而始终干涉减弱,不能产生衍射。如果 $\lambda/(2d)$ $\ll 1$,由于 θ 太小而不容易观察到(与入射线重叠),因此,衍射分析所用入射线的波长应与晶体的晶格常数接近。

(3)衍射花样和晶体结构具有确定的关系　如果将各晶系的晶面间距方程代入布拉格方程,不同晶系的晶体,或者同一晶系中晶胞大小不同的晶体,其各种晶面对应衍射线的方向(θ)不同,衍射花样也是不相同的。也就是说,衍射花样可以反映出晶体结构中晶胞大小及形状的变化。以下列出各种晶系衍射角与晶面指数的对应关系:

立方晶系:

$$\sin^2\theta = \frac{\lambda^2}{4a^2}(h^2 + k^2 + l^2) \tag{7-2}$$

正方晶系:

$$\sin^2 \theta = \frac{\lambda^2}{4} \left(\frac{h^2 + k^2}{a^2} + \frac{l^2}{c^2} \right) \tag{7-3}$$

斜方晶系：

$$\sin^2 \theta = \frac{\lambda^2}{4} \left(\frac{h^2}{a^2} + \frac{k^2}{b^2} + \frac{l^2}{c^2} \right) \tag{7-4}$$

六方晶系：

$$\sin^2 \theta = \frac{\lambda^2}{4} \left(\frac{4}{3} \frac{h^2 + hk + k^2}{a^2} + \frac{l^2}{c^2} \right) \tag{7-5}$$

7.2.2 厄瓦尔德图解

1. 厄瓦尔德图解的含义

将布拉格方程改写为

$$\frac{1}{d} = \frac{2}{\lambda} \sin \theta \tag{7-6}$$

这样,电子束波长(λ)、晶面间距(d)及其取向关系可以用作图的方式表示,如图 7-4 所示。

AO 为电子束的入射方向,$\overline{AO} = 2/\lambda$,以 AO 的中点 O_1 为球心作一个球面,该球称为厄瓦尔德球或衍射球,反映了入射波的信息。在球面上任选一点 G,由于 AO 为球的直径,与之相对的角 $\angle OGA$ 为直角,$\triangle AOG$ 为直角三角形,所以

$$OG = \overline{OA} \sin \theta = \frac{2}{\lambda} \sin \theta \tag{7-7}$$

OG 可以用来描述参加衍射的晶面组,因为它具有以下特点。

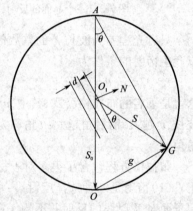

图 7-4 衍射几何的厄瓦尔德图解

①对照式(7-6)和式(7-7),可以发现 OG 的长度恰好为可以参与衍射的晶面间距的倒数,$\overline{OG} = \frac{1}{d_{hkl}}$。

②其次,连接球心和 G 得到矢量 O_1G,如果将 O_1G 视为衍射矢量,入射方向和衍射方向关于晶面对称分布,则参与衍射的晶面应该平分 $\angle OO_1G$,即垂直于等腰三角形 $\triangle OO_1G$ 的底边 OG,或者说矢量 OG 平行于衍射晶面的法线。

由以上两点,再根据倒易矢量的定义,可以确定 OG 就是参与衍射的晶面的倒易矢量。由图 7-4 可以看出,倒易矢量 OG 为反射矢量 $\frac{1}{\lambda}S$ 和入射矢量 $\frac{1}{\lambda}S_0$ 的差(其中 S 和 S_0 分别为入射和反射方向上的单位矢量),即

$$OG = O_1G - O_1O = \frac{1}{\lambda}S - \frac{1}{\lambda}S_0 = \frac{1}{\lambda}(S - S_0) \tag{7-8}$$

综上所述,当衍射波矢量和入射波矢量相差一个倒格子时,衍射才能产生。这时,倒易点 G(指数为 hkl)正好落在厄瓦尔德球的球面上,产生的衍射沿着球心 O_1 到倒易点 G 的方向,相应的晶面组 $\{hkl\}$ 与入射束满足布拉格方程。

2. 厄瓦尔德图解的应用

厄瓦尔德图解可以帮助确定哪些晶面参与衍射,如图 7-5。其具体作图步骤如下。

①对于单晶体,先画出倒易点阵,确定原点位置 O。

②以倒易点阵的原点为起点,沿入射线的反方向前进 $1/\lambda$ 的距离,找到厄瓦尔德球的球心 O_1(晶体的位置)。

③以 $1/\lambda$ 为半径作球,得到厄瓦尔德球。所有落在厄瓦尔德球上的倒易点对应的晶面均可参与衍射。

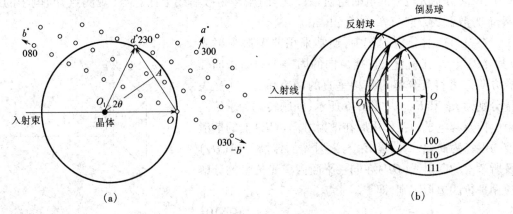

图 7-5　晶体衍射的厄瓦尔德图解
(a) 单晶体　(b) 多晶体

对于多晶体,由于倒易点在空间中连接为倒易球面,只要与厄瓦尔德球相交的倒易球面均可参与衍射。

7.3　衍射强度

在本章 7.1 节定性地介绍了衍射产生的原因,产生衍射波以后,衍射波的强度大小及其与材料的性质和结构的关系则是一个定量的问题,本节介绍衍射波的强度理论。

衍射强度理论包括运动学理论和动力学理论,前者只考虑入射波的一次散射,后者考虑入射波的多次散射。此处仅介绍有关衍射强度运动学理论的内容。X 射线和电子波在与原子作用时的相干散射的机制略有不同,二者的衍射强度理论却大致相同,以下的理论除特殊标明的以外,对二者都是适用的。

衍射强度涉及的因素较多,问题比较复杂。一般从基元散射,即单电子对入射波的(相干)散射强度开始,逐步进行处理。首先计算一个电子对入射波的散射强度(涉及偏振因子);将原子内所有电子的散射波合成,得到一个原子对入射波的散射强度(涉及原子散射因子);将一个晶胞内所有原子的散射波合成,得到晶胞的衍射强度(涉及结构因子);将一个晶粒内所有晶胞的散射波合成,得到晶粒的衍射强度(涉及干涉函数);将材料内所有晶粒的散射波合成,得到材料(多晶体)的衍射强度。在实际测试条件下材料的衍射强度还涉及温度、吸收、等同晶面数等因素的影响,相应地,在衍射强度公式中引入温度因子、吸收因子和多重性因子,获得完整的衍射强度公式。

7.3.1　单电子的散射强度

在各种入射波中,只有 X 射线的衍射是由电子的相干散射引起的,所以本节的内容只适用于 X 射线。汤姆逊(J. J. Thomson)首先用经典电动力学方法研究相干散射现象,发现强度为 I_0 的偏振光(其光矢量 E_0 只沿一个固定方向振动)照射在一个电子上时,沿空间某方向的散射波的强度

$$I_e = \frac{e^4}{m^2 c^4 R^2} \sin^2(\phi I_0) \tag{7-9}$$

式中:e、m 分别为电子的电荷与质量;c 为光速;R 为散射线上任意点(观测点)与电子的距离;ϕ 为散射线方向与 E_0 的夹角。

在材料衍射分析工作中,通常采用非偏振入射光(其光矢量 E_0 在垂直于传播方向的固定平面内指向任意方向),可将其分解为互相垂直的两束偏振光(光矢量分别为 E_{0x} 和 E_{0z}),如图 7-6 所示,问题转化为求解两束偏振光与电子相互作用后在散射方向(OP)上的散射波强度。为简化计算,设 E_{0z} 与入射光的传播方向(Oy)及所考察的散射线(OP)在同一平面内。光矢量的分解遵循平行四边形法则,即

$$E_0^2 = E_{0x}^2 + E_{0z}^2 \tag{7-10}$$

由于完全非偏振光 E_0 指向各个方向的概率相等,故 $E_{0x} = E_{0z}$,因而有 $E_{0x}^2 = E_{0z}^2 = \frac{1}{2}E_0^2$。光强度($I$)正比于光矢量振幅的平方。衍射分析中只考虑相对强度,设 $I = E^2$,则有

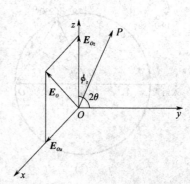

图 7-6　单电子对入射波的散射

$$I_{0x} = I_{0z} = \frac{1}{2}I_0 \tag{7-11}$$

由图 7-6 可知,对于光矢量为 E_{0z} 的偏振光入射,按式(7-11),电子散射强度

$$I_{ez} = I_{0z}\frac{e^4}{m^2 c^4 R^2}\sin^2\phi_z$$

$\phi_z = 90° - 2\theta$(2θ 为入射方向与散射线方向的夹角),故

$$I_{ez} = \frac{I_0}{2}\frac{e^4}{m^2 c^4 R^2}\cos^2(2\theta) \tag{7-12}$$

对于光矢量为 E_{0x} 的偏振光入射,电子散射强度

$$I_{ex} = I_{0x}\frac{e^4}{m^2 c^4 R^2}\sin^2\phi_x$$

ϕ_x 为 E_{0x} 与 OP 的夹角,$E_{0x} \perp OP$,故

$$I_{ex} = \frac{I_0}{2}\frac{e^4}{m^2 c^4 R^2} \tag{7-13}$$

按光合成的平行四边形法则,$I_0 = I_{0x} + I_{0z}$ 为电子对光矢量为 E_0 的非偏振光的散射强度,由式(7-12)、式(7-13)可得

$$I_e = \frac{e^4}{m^2 c^4 R^2}\left[\frac{1 + \cos^2(2\theta)}{2}\right]I_0 \tag{7-14}$$

由式(7-14)可知,对于一束非偏振入射波,电子散射在各个方向的强度不同,在衍射分析时,除 $\frac{1 + \cos^2(2\theta)}{2}$ 外,式(7-14)中其余各参数均为常量,散射波的强度值取决于

$\dfrac{1+\cos^2(2\theta)}{2}$，即非偏振入射波受电子散射，产生的散射波被偏振化了，故称 $\dfrac{1+\cos^2(2\theta)}{2}$ 为偏振因子或极化因子。

入射波照射晶体时，也可使原子中荷电的质子受迫振动从而产生质子散射，但质子质量远大于电子质量，由式（7-14）可知，质子散射与电子散射相比可忽略不计。

7.3.2　原子散射强度

一个原子对入射波的散射是原子中各电子散射波相互干涉合成的结果。在各种入射波中，只有 X 射线的衍射是由电子的相干散射引起的，所以本节的内容仍然只适用于 X 射线。

首先考虑一种"理想"的情况，即设原子中 Z 个电子（Z 为原子序数）集中在一点，则所有电子散射波间无相位差（$\phi=0$）。此时，原子散射波振幅（E_a）即为单个电子散射波振幅（E_e）的 Z 倍，即 $E_a=ZE_e$，而原子散射强度 $I_a=E_a^2$，故有

$$I_a=Z^2E_a^2=Z^2I_e \tag{7-15}$$

原子中的电子分布在核外各电子层上，如图 7-7 所示，任意两电子（如 A 与 B）沿空间某方向散射线间的相位差 $\phi=\dfrac{2\pi}{\lambda}\delta=\dfrac{2\pi}{\lambda}(BC-AD)$，而

$$
\begin{aligned}
BC-AD &= BC-(AE-EO)\cos(2\theta)\\
&= BC-\big[BC-BE\tan(2\theta)\big]\cos(2\theta)\\
&= BC\big[1-\cos(2\theta)\big]+BE\sin(2\theta)
\end{aligned}
$$

可见，相位差 ϕ 随 2θ 增大而增大。

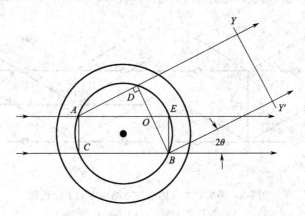

图 7-7　原子对入射波的散射

当入射线波长远大于原子半径时，$\delta=BC-AD$ 远小于 λ，此时可认为 $\phi\approx0$，这种特殊情况相当于原子中 Z 个电子集中在一点的情形，即有 $I_a=Z^2I_e$。一般情况下，任意方向（$2\theta\neq0$）上原子散射强度 I_a 因各电子散射线间的干涉作用而小于 Z^2I_e，据此，考虑一般情况并比照式（7-15），引入原子散射因子 f，将原子散射强度表达为

$$I_a=f^2I_e=f^2\dfrac{e^4}{m^2c^4R^2} \tag{7-16}$$

显然 $f\leqslant Z$。

由式（7-16）可知，原子散射因子的物理意义为原子散射波振幅与电子散射波振幅之比，

即 $f = \dfrac{E_a}{E_e}$，f 的大小与 θ 及 λ 有关。θ 增大或 λ 减小，则因 ϕ 增大使 I_a 减小，从而 f 减小。

7.3.3 晶胞散射强度

一个晶胞对入射波的散射是晶胞内各原子散射波合成的结果。

研究晶胞对入射波的相干散射，应该具体到晶胞内不同晶面的衍射，结构分析的原理也正是通过分析各个晶面的衍射波来确定材料的晶体结构。无论晶面指数和取向如何，每一种晶面都包含了晶胞内所有的原子，因此晶胞内所有原子对由该晶面决定的衍射都有贡献，只是随晶面取向的不同，各原子散射波的叠加效果不同，有的晶面的合成散射波相干增强，有的晶面的合成散射波相互抵消。描述晶胞某个晶面的衍射波强度的参量称为结构因子（F_{hkl}），它是以电子散射能力为单位，反映单胞内原子种类、各种原子的个数和原子的排列对不同晶面（hkl）的散射能力的贡献的参量。

$$F_{hkl} = \frac{\text{一个晶胞中所有原子散射波的合成波的振幅}}{\text{一个电子散射波的振幅}} = \frac{E_b}{E_e} \qquad (7\text{-}17)$$

由于原子在晶胞中的位置不同，会造成某些晶面的结构因子为零，使与之相关的衍射线消失，这种现象称为系统消光。如图 7-8(a) 所示，简单晶胞的 (001) 晶面上产生衍射时，反射线 1′ 与 2′ 之间的光程差 ABC 为一个波长。图 7-8(b) 中，体心晶胞中反射线 1′ 和 2′ 也是同相位，光程差 ABC 为一个波长。体心原子面的反射线为 3′ 与反射线 1′ 的光程差 DEF 恰好为 ABC 的一半，即为半个波长，反射线 1′ 与 3′ 的相位相反，互相抵消。下一原子面的反射线 4′ 与 2′ 也互相抵消。所以，在体心晶胞中不会出现 (001) 反射。

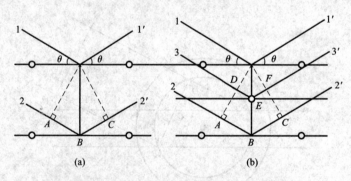

图 7-8　简单立方和体心立方结构中的干涉现象
(a) 简单立方结构　(b) 体心立方结构

也就是说，前面讨论的布拉格方程是产生衍射的必要条件，但并不是所有满足布拉格方程的情况都能够产生衍射。产生衍射的充分条件是：结构因子不为零。

结构因子的表达式可以按如下的思路推导。晶胞对入射波的散射是晶胞中各个原子的散射波叠加的结果，因此必须考虑各原子散射波的振幅和相位两方面的因素，设晶胞中共有 n 个原子，它们的原子散射因子分别为 f_1、f_2、……f_n，位置以晶胞角顶到这些原子的位矢 $\boldsymbol{r}_1$、$\boldsymbol{r}_2$、……$\boldsymbol{r}_n$ 来表示，其中任一原子 j 的位矢可用它的原子坐标 x_j、y_j、z_j 表示：

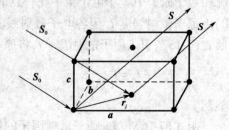

图 7-9　波程差的计算

$r_j = x_j \boldsymbol{a} + y_j \boldsymbol{b} + z_j \boldsymbol{c}$，其中 $\boldsymbol{a}$、$\boldsymbol{b}$、$\boldsymbol{c}$ 为晶胞基矢，如图 7-9 所示。

若以 $\boldsymbol{S}_0$ 和 $\boldsymbol{S}$ 代表入射与散射方向的单位矢量，λ 代表波长，j 原子与处在晶胞角顶上的原子的散射波之间的波程差

$$\delta_j = r_j \boldsymbol{S} - r_j \boldsymbol{S}_0$$

相位差

$$\phi_j = \frac{2\pi}{\lambda}\delta_j = \frac{2\pi}{\lambda}r_j\boldsymbol{S} - \frac{2\pi}{\lambda}r_j\boldsymbol{S}_0 = 2\pi\frac{1}{\lambda}(\boldsymbol{S} - \boldsymbol{S}_0)r_j$$

根据图 7-4 和式 (7-8)，$\frac{1}{\lambda}(\boldsymbol{S} - \boldsymbol{S}_0)$ 为产生衍射的晶面的倒易矢量，即

$$\frac{1}{\lambda}(\boldsymbol{S} - \boldsymbol{S}_0) = \boldsymbol{r}^* = h\boldsymbol{a}^* + k\boldsymbol{b}^* + l\boldsymbol{c}^*$$

所以

$$\phi_j = 2\pi r_j \boldsymbol{r}^* = 2\pi(hx_j + ky_j + lz_j) \tag{7-18}$$

晶胞内 j 原子的散射波为 $f_j E_{\mathrm{e}} \mathrm{e}^{\mathrm{i}\phi_j}$，（不同类原子 f_j 不同）则晶胞内所有原子相干散射的复合波

$$E_{\mathrm{b}} = E_{\mathrm{e}}\sum_{j=1}^{n}f_j\mathrm{e}^{\mathrm{i}\phi j}$$

因此结构因子 F 的绝对值

$$F_{hkl} = \frac{E_{\mathrm{b}}}{E_{\mathrm{e}}} = \sum_{j=1}^{n}f_j\mathrm{e}^{\mathrm{i}\phi j} \tag{7-19}$$

根据欧拉公式 $\mathrm{e}^{\mathrm{i}\phi} = \cos\phi + \mathrm{i}\sin\phi$，可得

$$F_{hkl} = \sum_{j=1}^{n}f_j\{\cos[2\pi(hx_j + ky_j + lz_j)] + \mathrm{i}\sin[2\pi(hx_j + ky_j + lz_j)]\} \tag{7-20}$$

在衍射实验中，只能测出衍射线的强度，即实验数据只能给出结构因子的平方值，为此，需要将上式乘以其共轭复数，然后再开方。

$$|F_{hkl}| = \left\{\sum_{j=1}^{n}f_j[\cos 2\pi(hx_j + ky_j + lz_j) + \mathrm{i}\sin 2\pi(hx_j + ky_j + lz_j)]\cdot\right.$$
$$\left.\sum_{j=1}^{n}f_j[\cos 2\pi(hx_j + ky_j + lz_j) - \mathrm{i}\sin 2\pi(hx_j + ky_j + lz_j)]\right\}^{\frac{1}{2}}$$
$$= \left\{\left[\sum_{j=1}^{n}f_j\cos 2\pi(hx_j + ky_j + lz_j)\right]^2 + \left[\sum_{j=1}^{n}f_j\sin 2\pi(hx_j + ky_j + lz_j)\right]^2\right\}^{\frac{1}{2}} \tag{7-21}$$

可以看出在以上结构因子的公式中包含了所有晶胞内原子的坐标值和不同原子的散射因子 f_j，因此每个具体的晶面对入射波的衍射能力取决于晶胞内的原子种类、各种原子的个数和原子的排列。

根据式 (7-17) 以及 $I_{\mathrm{b}} = E_{\mathrm{b}}^2$，$I_{\mathrm{e}} = E_{\mathrm{e}}^2$，可以得到

$$I_{\mathrm{b}} = |F_{hkl}|^2 I_{\mathrm{e}} = |F_{hkl}|^2\frac{e^4}{m^2c^4R^2}\left[\frac{1 + \cos^2 2\theta}{2}\right]I_0 \tag{7-22}$$

式 (7-22) 即为晶胞 (hkl) 面的衍射波强度表达式。

下面将结构因子公式具体应用到不同的结构中，可以看到在不同的结构中，结构因子为零的晶面是不同的，因此消光规律也不相同。

(1) 简单点阵　在这种晶体结构中，每个晶胞中只有一种原子，其坐标为 (000)，各原子

的散射因子相同,为 f_n。

$$|F_{hkl}|^2 = \Big[\sum_{j=1}^n f_j \cos 2\pi(hx_j + ky_j + lz_j)\Big]^2 + \Big[\sum_{j=1}^n f_j \sin 2\pi(hx_j + ky_j + lz_j)\Big]^2$$
$$= f_n^2[\cos^2 2\pi(0) + \sin^2 2\pi(0)] = f_n^2$$
$$F_{hkl} = f_n$$

在简单点阵的情况下,结构因子不受晶面指数(hkl)的影响,即任意指数的晶面都能产生衍射。

(2)体心立方点阵 在这种晶体结构中,每个晶胞中有两种原子,其坐标分别为(000)和 $\Big(\dfrac{1}{2},\dfrac{1}{2},\dfrac{1}{2}\Big)$,各原子的散射因子相同,为 f_n。

$$|F_{hkl}|^2 = \Big[\sum_{j=1}^n f_j \cos 2\pi(hx_j + ky_j + lz_j)\Big]^2 + \Big[\sum_{j=1}^n f_j \sin 2\pi(hx_j + ky_j + lz_j)\Big]^2$$
$$= f_n^2\Big[\cos 2\pi(0) + \cos 2\pi\Big(\dfrac{1}{2}h + \dfrac{1}{2}k + \dfrac{1}{2}l\Big)\Big]^2$$
$$+ f_n^2\Big[\sin 2\pi(0) + \sin 2\pi\Big(\dfrac{1}{2}h + \dfrac{1}{2}k + \dfrac{1}{2}l\Big)\Big]^2$$
$$= f_n^2[1 + \cos \pi(h + k + l)]^2$$

当 $h+k+l$ 为偶数时,$|F_{hkl}|^2 = f_n^2(1+1)^2 = 4f_n^2$;当 $h+k+l$ 为奇数时,$|F_{hkl}|^2 = f_n^2(1-1)^2 = 0$。所以,在体心立方结构中,当 $h+k+l$ 为奇数时,如(100)、(111)、(221)等晶面都会发生结构消光,即这些晶面不产生衍射现象。

(3)面心立方点阵 在这种晶体结构中,每个晶胞中有四种原子,其坐标分别为(000),$\Big(\dfrac{1}{2},\dfrac{1}{2},0\Big)$,$\Big(\dfrac{1}{2},0,\dfrac{1}{2}\Big)$ 和 $\Big(0,\dfrac{1}{2},\dfrac{1}{2}\Big)$,各原子的散射因子相同,为 f_n。

$$|F_{hkl}|^2 = \Big[\sum_{j=1}^n f_j \cos 2\pi(hx_j + ky_j + lz_j)\Big]^2 + \Big[\sum_{j=1}^n f_j \sin 2\pi(hx_j + ky_j + lz_j)\Big]^2$$
$$= f_n^2\Big[\cos 2\pi(0) + \cos 2\pi\Big(\dfrac{h+k}{2}\Big) + \cos 2\pi\Big(\dfrac{k+l}{2}\Big) + \cos 2\pi\Big(\dfrac{h+l}{2}\Big)\Big]^2$$
$$+ f_n^2\Big[\sin 2\pi(0) + \sin 2\pi\Big(\dfrac{h+k}{2}\Big) + \sin 2\pi\Big(\dfrac{k+l}{2}\Big) + \sin 2\pi\Big(\dfrac{h+l}{2}\Big)\Big]^2$$
$$= f_n^2[1 + \cos \pi(h+k) + \cos \pi(k+l) + \cos \pi(h+l)]^2$$

当 h、k、l 全为奇数或全为偶数(全奇全偶)时,$h+k$、$h+l$、$k+l$ 全为偶数。所以
$$|F_{hkl}|^2 = f_n^2(1+1+1+1)^2 = 16f_n^2$$
有衍射现象现象产生。

当 h、k、l 中有两个偶数或两个奇数(奇偶混杂)时,$h+k$、$h+l$、$k+l$ 中必有两个为奇数,一个为偶数,故
$$|F_{hkl}|^2 = f_n^2(1-1+1-1)^2 = 0$$
无衍射现象产生。

即面心立方点阵晶体只有(111)、(200)、(220)、(311)、(222)、(400)……晶面有衍射现象产生,而(100)、(110)、(210)、(211)、(300)……晶面无衍射现象产生。

7.3.4 晶粒衍射强度

一个晶粒对入射波的散射是晶粒中各晶胞散射波相互干涉合成的结果。与推导一个晶

胞内所有原子的合成波类似,晶粒的合成波也是对各晶胞的衍射波求和,只是不再有晶面指数出现。

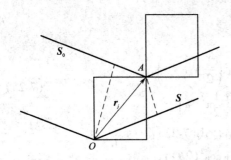

图 7-10　简单晶体的散射波合成

设晶粒内的单胞为平行六面体点阵,点阵基矢 $\boldsymbol{a}$、$\boldsymbol{b}$、$\boldsymbol{c}$ 方向上各含有 N_1、N_2 和 N_3 个晶胞,这个晶粒所包含的总晶胞数为 $N = N_1 N_2 N_3$。设其中一个晶胞 O 位于原点,坐标为 $(0,0,0)$,任意晶胞 A 坐标为 (m, n, p),如图 7-10 所示,则两晶胞的连接矢量为

$$\boldsymbol{r}_j = m\boldsymbol{a} + n\boldsymbol{b} + p\boldsymbol{c} \tag{7-23}$$

若 $\boldsymbol{S}_0$ 和 $\boldsymbol{S}$ 为入射与散射方向的单位矢量,λ 代表波长,两晶胞散射波之间的波程差

$$\delta = \boldsymbol{r}_j \boldsymbol{S} - \boldsymbol{r}_j \boldsymbol{S}_0$$

相位差

$$\phi_j = \frac{2\pi}{\lambda}\delta = 2\pi\frac{1}{\lambda}\boldsymbol{r}_j(\boldsymbol{S} - \boldsymbol{S}_0) = \boldsymbol{k} \cdot \boldsymbol{r}_j$$

式中:$\boldsymbol{k} = \dfrac{2\pi(\boldsymbol{S} - \boldsymbol{S}_0)}{\lambda}$。

晶粒内任意晶胞的散射波的振幅可表示为:$FE_e \mathrm{e}^{\mathrm{i}\phi_j} = |F| E_e \mathrm{e}^{\mathrm{i}\boldsymbol{k} \cdot \boldsymbol{r}_j}$,其中,$F$ 为晶胞结构因子。

整个晶粒发出的散射波的振幅等于每个晶胞散射波的累加:

$$E_c = FE_e \sum_{j=0}^{N-1} \exp(\mathrm{i}\phi_j) = FE_e \sum_{j=0}^{N-1} \exp(\mathrm{i}k \cdot r_j)$$

求和遍及组成晶体的所有 N 个单胞,将式(7-23)代入,得

$$E_c = FE_e \sum_{m=0}^{N_1-1} \exp(\mathrm{i}ma \cdot k) \sum_{n=0}^{N_2-1} \exp(\mathrm{i}nb \cdot k) \sum_{p=0}^{N_3-1} \exp(\mathrm{i}pc \cdot k)$$

式中:a,b,c 为晶胞的边长。式中三个求和中每一个都是一个几何级数,以第一项为例,运用级数求和公式可得

$$G_1 = \sum_{m=0}^{N_1-1} \exp(\mathrm{i}ma \cdot k) = \frac{1 - \left[\exp(N_1-1)a \cdot k\right]\left[\exp(\mathrm{i}a \cdot k)\right]}{1 - \exp(\mathrm{i}a \cdot k)} = \frac{1 - \exp(\mathrm{i}N_1 a \cdot k)}{1 - \exp(\mathrm{i}a \cdot k)}$$

所以

$$E_c = FE_e G_1 G_2 G_3 = fE_e \frac{1 - \exp(\mathrm{i}N_1 a \cdot k)}{1 - \exp(\mathrm{i}a \cdot k)}\frac{1 - \exp(\mathrm{i}N_2 b \cdot k)}{1 - \exp(\mathrm{i}b \cdot k)}\frac{1 - \exp(\mathrm{i}N_3 c \cdot k)}{1 - \exp(\mathrm{i}c \cdot k)} \tag{7-24}$$

散射波的强度等于 E_c 与其共轭复数 E_c^* 的乘积,故整个晶体衍射的强度

$$I_c = E_c E_c^* = F^2 E_e^2 G_1^2 G_2^2 G_3^2$$

其中

$$|G_1|^2 = G_1 G_1^* = \frac{\left[1 - \exp(\mathrm{i}N_1 a \cdot k)\right]\left[1 - \exp(\mathrm{i}N_1 a \cdot k)\right]}{\left[1 - \exp(\mathrm{i}a \cdot k)\right]\left[1 - \exp(-\mathrm{i}a \cdot k)\right]}$$

$$= \frac{2 - \left[\exp(\mathrm{i}N_1 a \cdot k) + \exp(-\mathrm{i}N_1 a \cdot k)\right]}{2 - \left[\exp(\mathrm{i}a \cdot k) + \exp(-\mathrm{i}a \cdot k)\right]}$$

根据欧拉公式,可将上式写成三角函数形式:

$$|G_1|^2 = \frac{2 - 2\cos(N_1 a \cdot k)}{2 - 2\cos(a \cdot k)} = \frac{\sin^2\left(\frac{1}{2}N_1 a \cdot k\right)}{\sin^2\left(\frac{1}{2}a \cdot k\right)}$$

所以

$$I_c = F^2 E_e^2 \frac{\sin^2\left(\frac{1}{2}N_1 a \cdot k\right)\sin^2\left(\frac{1}{2}N_2 b \cdot k\right)\sin^2\left(\frac{1}{2}N_3 c \cdot k\right)}{\sin^2\left(\frac{1}{2}a \cdot k\right)\sin^2\left(\frac{1}{2}b \cdot k\right)\sin^2\left(\frac{1}{2}c \cdot k\right)} \qquad (7\text{-}25)$$

令 $|G|^2 = |G_1|^2 |G_2|^2 |G_3|^2$，称 $|G|^2$ 为干涉函数，则结合式(7-22)得

$$I_c = F^2 E_e^2 |G|^2 = |G|^2 I_b = |G|^2 F_{hkl}^2 \frac{e^4}{m^2 c^4 R^2}\left[\frac{1 + \cos^2(2\theta)}{2}\right] I_0 \qquad (7\text{-}26)$$

式(7-26)说明干涉函数是晶粒散射波强度
和晶胞散射波强度的比值。

干涉函数描述了晶粒尺寸大小对散射
波强度的影响,三个因子分别描述在空间三
个不同的方向上衍射强度的变化,其作用是
类似的。以 $|G_1|^2$ 为例,图 7-11 绘出了 $N_1 =$
5 时的函数曲线,整个函数由主峰和副峰组
成,两个主峰之间有 N_1 个副峰,副峰的强度
比主峰弱得多。当 $N_1 > 100$ 时,几乎全部强
度都集中在主峰,副峰的强度可忽略不计。

主峰的最大值可以用罗必塔法则求得。

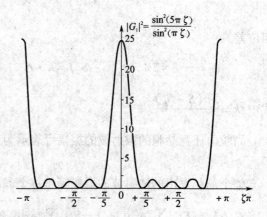

图 7-11 $N_1 = 5$ 时 $|G_1|^2$ 的函数曲线

令 $\varphi_1 = \frac{1}{2}a \cdot k$，$\varphi_2 = \frac{1}{2}b \cdot k$，$\varphi_3 = \frac{1}{2}c \cdot k$，则

$$\frac{\dfrac{d}{d\varphi_1}\sin^2(N_1\varphi_1)}{\dfrac{d}{d\varphi_1}\sin^2\varphi_1} = N_1 \frac{\sin(N_1\varphi_1)\cos(N_1\varphi_1)}{\sin\varphi_1\cos\varphi_1} = N_1 \frac{\sin(2N_1\varphi_1)}{\sin(2\varphi_1)}$$

$$N_1 \frac{\dfrac{d}{d\varphi_1}\sin(2N_1\varphi_1)}{\dfrac{d}{d\varphi_1}\sin(2\varphi_1)} = N_1^2 \left[\frac{\cos(2N_1\varphi_1)}{\cos(2\varphi_1)}\right]_{\varphi_1 = H\pi(H为整数)} = N_1^2$$

即

$$|G_1|^2 = N_1^2$$

这就是说函数的主极大值等于沿 a 方向的晶胞数 N_1 的平方,晶体沿 a 轴方向越厚,衍射强
度越大。

当 $|G_1|^2 = 0$ 时,$\varphi_1 = \pm\frac{\pi}{N_1}$,则主峰的底宽为 $\frac{2\pi}{N_1}$,说明主峰的强度范围与晶体大小有关,
晶体沿 a 轴方向越薄,衍射极大值的峰宽越大。在透射电镜中,衍射点拉长就是这个道理。

主峰的积分面积近似为 πN_1,当厚度大的时候,实际上全部衍射能量都集中在主峰上,
分散在次峰上的衍射能量可认为等于零。

7.3.5 多晶体衍射强度

多晶体样品由数目极多的晶粒组成。通常情况下,各晶粒的取向是任意分布的,众多晶粒中的(hkl)面相应的各个倒易点将构成球面,此球面以(hkl)面倒易矢量的长度$|r_{hkl}^*| = \dfrac{1}{d_{hkl}}$为半径,称为$(hkl)$面的倒易球。图7-12所示为多晶体衍射的厄瓦尔德图解,倒易球与反射球的交线为圆。由晶粒的衍射积分强度分析可知,衍射线都存在一个有强度的空间范围,即当某(hkl)晶面反射时,衍射角有一定的波动范围,因此,倒易球与反射球的交线圆扩展成为有一定宽度的圆环带(环带宽度为$|r_{hkl}^*| \cdot d\theta$)。

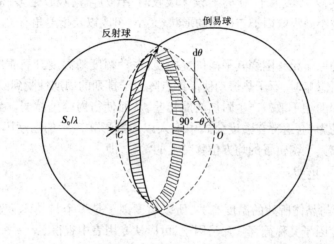

图7-12 多晶体的衍射圆环

由于倒易球上的每一个倒易点对应着一个晶粒,因而可认为上述圆环带上的每一个倒易点对应着一个参与反射(hkl)的晶粒。据此,参加(hkl)衍射的晶粒数目(Δq)与多晶体样品的总晶粒数(q)之比值可认为是上述圆环带面积与倒易球面积之比,即

$$\frac{\Delta q}{q} = \frac{2\pi|r_{hkl}^*|\sin(90° - \theta)|r_{hkl}^*|d\theta}{4\pi|r_{hkl}^*|^2} = \frac{\cos\theta}{2}d\theta$$

则

$$\Delta q = q\frac{\cos\theta}{2}d\theta \tag{7-27}$$

一个晶粒的衍射积分强度I_c已由式(7-26)给出,若乘以多晶体中实际参与(hkl)衍射的晶粒数Δq,即可得到多晶体的(hkl)衍射积分强度:

$$I_m = q\frac{\cos\theta}{2}d\theta I_c = q\frac{\cos\theta}{2}d\theta|G|^2 F_{hkl}^2 \frac{e^4}{m^2 c^4 R^2}\left[\frac{1 + \cos^2(2\theta)}{2}\right]I_0 \tag{7-28}$$

7.3.6 影响衍射强度的其他因素

在实际的衍射强度分析中,还存在等同晶面组数目、温度、物质吸收等影响因素,因此需要在衍射强度公式中引入相应的修正因子,各因子均作为乘积项出现在衍射积分强度公式中。

1. 多重性因子

晶体中晶面间距相等的晶面(组)称为等同晶面(组)。晶体中各(hkl)面的等同晶面

(组)的数目称为各自的多重性因子(P_{hkl})。以立方系为例，(100)面共有 6 组等同晶面(100)、(010)、(001)、($\bar{1}$00)、(0$\bar{1}$0)、(00$\bar{1}$)，故 $P_{100}=6$；(111)面有 3 组等同晶面，则 $P_{111}=3$。由布拉格方程可知，等同晶面的衍射线空间方位相同，因此考虑某(hkl)面的衍射强度时，必须考虑其等同晶面的贡献。P_{hkl} 值越大，即参与(hkl)衍射的等同晶面数越多，对(hkl)衍射强度的贡献越大。因此，将多重性因子 P_{hkl} 直接乘以强度公式以表达等同晶面(组)数目对衍射强度的影响。

2. 吸收因子

样品对 X 射线的吸收将造成衍射强度的衰减，使实测值与计算值不符，为修正这一影响，在强度公式中引入吸收因子 $A(\theta)$。设无吸收时，$A(\theta)=1$，吸收越多，衍射强度衰减程度越大，则 $A(\theta)$ 越小。吸收因子与样品的形状、大小、组成以及衍射角有关。

3. 温度因子

实际晶体中的原子始终围绕其平衡位置振动，振动幅度随温度升高而加大。当振幅与原子间距相比不可忽略时，原子热振动使晶体点阵原子排列的周期性受到破坏，使得原来严格满足布拉格方程的相干散射产生附加的周相差，从而使衍射强度减弱。为修正实验温度给衍射强度带来的影响，通常在强度公式中引入以指数形式表示的温度因子 e^{-2M}，其中 M 为一个与原子偏离其平衡位置的均方位移有关的常数，即

$$M = \pi^2 u^{-2} \frac{\sin^2 \theta}{\lambda^2}$$

其中均方位移(u)与晶体所处的温度有关，所以温度因子是一个与晶体所处温度及衍射角有关的因数。温度因子又称德拜–瓦洛因子，可以从专用表中查得。

7.3.7 完整的多晶体样品衍射强度公式

结合本节所述衍射强度影响诸因素，可以得出多晶体样品的衍射线积分强度公式：

$$I_m = e^{-2M} A(\theta) P q \frac{\cos \theta}{2} d\theta |G|^2 F_{hkl}^2 \frac{e^4}{m^2 c^4 R^2} \left[\frac{1 + \cos^2(2\theta)}{2} \right] I_0 \tag{7-29}$$

式中：I_0 为入射波强度；$\frac{e^4}{m^2 c^4 R^2} \left[\frac{1 + \cos^2(2\theta)}{2} \right]$ 为单电子散射项，此项只适用于 X 射线的衍射；F_{hkl}^2 为晶胞结构因子项，其表达式中包括原子散射因子项，即包括对原子内所有电子的散射合成作用；$|G|^2$ 为晶粒的干涉函数项；$q \frac{\cos \theta}{2}$ 为多晶体作用项；P 为多重性因子；$A(\theta)$ 为吸收因子；e^{-2M} 为温度因子。

第 8 章　X 射线物相分析

8.1　X 射线的产生及其与物质的作用方式

8.1.1　X 射线的发现

1895 年 11 月 8 日,德国物理学家伦琴在研究真空管高压放电时,偶然发现镀有氰亚铂酸钡的硬纸板发出荧光,科学家尝试用黑纸、木板等来遮挡硬纸板,但仍然产生荧光现象。经过分析,他认为可能是因为真空管施加高电压时,产生一种不同于可见光的射线,由于当时对它的本质和特性尚不了解,故取名 X 射线,也叫伦琴射线。

1912 年,德国物理学家劳埃用 X 射线照射 $CuSO_4 \cdot 5H_2O$ 时,发现 X 射线通过晶体后能够产生衍射,并且根据光的干涉条件,推导出描述衍射线空间方位与晶体结构关系的劳埃方程,不仅证明 X 射线是一种电磁波,同时还证实晶体结构内部原子的周期排列特征。同年,英国物理学家布拉格父子类比可见光镜面反射实验,首次利用 X 射线衍射方法测定 NaCl 晶体结构,开创 X 射线晶体结构分析的历史,并且推导出布拉格方程。自此用 X 射线衍射方法不但确定了众多无机和有机晶体结构,而且为材料研究提供了许多测试分析方法。

8.1.2　X 射线的本质、产生及命名规则

1. X 射线的性质

X 射线本质和无线电波、可见光、γ 射线等一样,属于电磁波或电磁辐射,同时具有波动性和粒子性特征。波长较可见光短,与晶体的晶格常数是同一数量级,为 $10^{-12} \sim 10^{-8}$ m,介于紫外线和 γ 射线之间,但没有明显的分界线。常见的各种电磁波的波长和频率如图 8-1 所示。用于晶体结构分析的 X 射线波长一般为 $(0.25 \sim 0.05) \times 10^{-9}$ m,由于波长短,习惯上称为"硬 X 射线";用于医学透视的 X 射线波长较长,故称为"软 X 射线"。

X 射线与可见光一样会产生干涉、衍射、吸收和光电效应等现象。但由于波长相差较大,也有截然不同的性质:①X 射线在光洁的固体表面不会发生像可见光那样的反射,因而不易用镜面把它聚焦和变向;②X 射线在物质分界面上只发生微小的折射,折射率稍小于1,故可认为 X 射线穿透物质时沿直线传播,因此不能用透镜来加以会聚和发散;③X 射线波长与晶体中原子间距相当,故在穿过晶体时会发生衍射现象,而可见光的波长远大于晶体中原子间距,故通过晶体时不会产生衍射,因而只可用 X 射线研究晶体内部结构。

X 射线与其他电磁波和微观粒子一样,都具有波动和粒子双重特性,通常称为波粒二象性,是 X 射线的客观属性。X 射线波动性表现在它以一定的频率和波长在空间传播,反映物质运动的连续性,可以解释在传播过程中发生的干涉、衍射等现象;而它的粒子性特征则

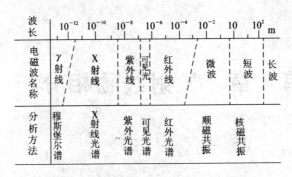

图 8-1 电磁波谱及其在分析技术中的应用

突出地表现在与物质相互作用和交换能量的时候。

描述 X 射线波动性的参量有频率 ν，波长 λ，振幅 E_0、H_0 以及传播方向，如图 8-2 所示。电磁波是一种横波，当"单色"X 射线，即波长一定的 X 射线沿某方向传播时，同时具有电场矢量 E 和磁场矢量 H，这两个矢量以相同的位相，在两个相互垂直的平面内作周期振动，且与传播方向垂直，传播速度等于光速。在 X 射线分析中主要记录电场强度矢量 E 引起的物理效应，其磁场分量与物质的相互作用效应很弱，因此以后只讨论 E 矢量的变化，而不再涉及矢量 H。X 射线的强度用波动性的观点描述，可以认为是单位时间内通过垂直于传播方向的单位截面上的能量的大小，强度与振幅 A 的平方成正比。

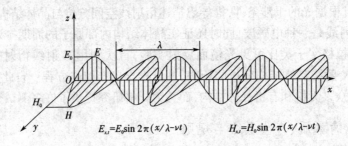

$$E_{x,t}=E_0\sin 2\pi(x/\lambda-\nu t)\qquad H_{x,t}=H_0\sin 2\pi(x/\lambda-\nu t)$$

图 8-2 电磁波的电场分量和磁场分量

描述粒子性的参量有光子能量 ε、动量 p（X 射线以光子的形式辐射和吸收时具有质量、能量和动量）。它们之间存在下述关系：

$$\varepsilon = h\nu = \frac{hc}{\lambda}, p = \frac{h}{\lambda}$$

式中：h 为普朗克常数。

2. X 射线的产生

X 射线的产生是由于高速运动的电子撞击物质后，与该物质中的原子相互作用发生能量转移，损失的能量通过两种形式释放出 X 射线。一种形式是高能电子击出原子的内层电子产生一个空位，当外层电子跃入空位时，损失的能量以表征该原子特征的 X 射线释放。另一形式则是高速电子受到原子核的强电场作用被减速，损失的能量以波长连续变化的 X 射线形式出现。因此产生 X 射线的基本条件是：①产生带电粒子；②带电粒子作定向高速运动；③在带电粒子运动的路径上设置使其突然减速的障碍物。

产生 X 射线的仪器称为 X 射线仪，主要部件包括 X 射线管，高压变压器及电压、电流调节稳定系统等部分，其主电路如图 8-3 所示。X 射线仪发射 X 射线的基本过程是：自耦变压器将 220 V 交流电调压后通过高压变压器升压,再经整流器整流得到高压直流电,以负高压形式施加于 X 射线管热阴极;由热阴极炽热灯丝发出的热电子在此高电压作用下,以极快速度撞向阳极,产生 X 射线。

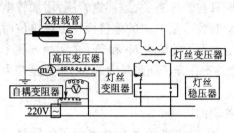

图 8-3　X 射线仪主要电路原理图

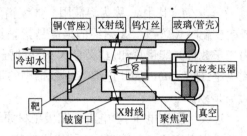

图 8-4　热阴极 X 射线管的构造

X 射线管是 X 射线仪的重要部件之一,图 8-4 是其结构示意图,主要包括一个热阴极和一个阳极,管内抽到 10^{-5} Pa 高真空,以保证热发射电子的自由运动。热阴极的功能是发射电子,它由绕成螺旋状的钨丝制成,用电压为 4 ~ 12 V 的 1.5 ~ 5 A 的电流将其加热到白炽状,灯丝温度为 1 800 ~ 2 600 K。阴极发射的电子在数万伏高压作用下向阳极加速运动,为使电子束集中,在阴极灯丝外设置聚焦罩,与灯丝保持 300 V 左右的负电位差,达到电子束聚集的目的。阳极又称为靶,是使电子突然减速并发射 X 射线的区域,通常在铜质基座上镶嵌阳极靶材料制成,靶材有 W、Ag、Mo、Cu、Ni、Fe、Cr 等。

8.1.3　X 射线谱

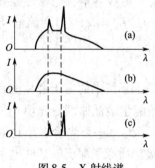

图 8-5　X 射线谱

用 X 射线分光计测量从 X 射线管中发出的 X 射线强度,发现其波长不是单一的,而是包含许多不同波长,如果在比较高的管电压下使用 X 射线管,用 X 射线分光计测量其中各个波长的 X 射线的强度,所得 X 射线强度与波长关系的曲线称之为 X 射线谱。如图 8-5(a)所示,该曲线由两部分叠加而成:其中一部分具有从某个最短波长 λ_0(称之为短波限)开始的连续的各种波长的 X 射线,称之为连续 X 射线谱(白色 X 射线谱),如图 8-5(b),连续谱受管电压、管电流和阳极靶材原子序数 Z 的影响;另一部分是由若干条特定波长的谱线构成的,如图 8-5(c),实验证明这种谱线只有当管电压超过一定的数值 V_K(激发电压)时才会产生,这种谱线的波长与 X 射线管的管电压、管电流等工作条件无关,只决定于阳极材料,不同元素制成的阳极将发出不同波长的谱线,因此称之为特征 X 射线谱或标识 X 射线谱。

1. 连续 X 射线谱

根据经典电动力学概念,任何高速运动的带电粒子突然减速时都会产生电磁辐射,当 X 射线管中高速运动的电子和阳极靶碰撞时,产生极大的负加速度,其中大部分动能转变为热能而损耗,但一部分动能以电磁辐射——X 射线形式释放能量。由于到达阳极的电子数目多,而各电子到达靶的时间和条件又不同,并且绝大多数电子与靶进行多次碰撞,逐步把能量释放到零,情况复杂,因此导致辐射的电磁波具有各种不同的波长,形成连续 X 射线谱。按照量子理论观点,当能量为 eU 的电子与靶原子碰撞时,电子将失去能量,其中一部分能量以光子形式辐射,而每碰撞一次产生一个能量为 $h\nu$ 的光子,由于电子数目众多,所以产生一系列能量为 $h\nu_i$ 的光子序列,构成连续谱。在极限情况下,极少数电子在一次碰撞中将全部能量一次性转化为一个光子,这个光子便具有最高能量和最短的波长,根据 $hc/\lambda_0 = eU$,可得 $\lambda_0 = hc/eU$;其中 λ_0 称为短波限。连续谱短波限只与管压有关,当固定管压,增加管电流或改变靶时 λ_0 不变。X 射线的强度是指垂直于 X 射线传播方向的单位面积上在单位时间内光子数目的能量总和,意义是 X 射线的强度 I 是由光子的能量 $h\nu$ 和光子的数目 n 两个因素决定,即 $I = nh\nu$,因此连续 X 射线谱中的最大值并不在光子能量最大的 λ_0 处,而是在大约 $\lambda_m = 1.5\lambda_0$ 处。

连续谱受管电压、管电流和阳极靶材原子序数 Z 的影响。

①当提高管电压 U 时,电子与靶的碰撞次数和辐射出来的 X 射线光量子的能量都增高。各波长 X 射线的强度都提高,短波限 λ_0 和强度最大值对应的 λ_m 减小。

②当保持管压一定时,提高管电流 I,各波长 X 射线的强度一致提高,但 λ_0 和 λ_m 不变。

③在相同的管压和管流下,阳极靶的原子序 Z 越高,连续谱的强度越大,但 λ_0 和 λ_m 相同。

连续 X 射线的总强度是曲线下的面积,实验证明其与管电流 I、管电压 U、阳极靶的原子序数 Z 之间有下述关系:

$$I_{连} = \alpha I Z U^b$$

其中 a 为常数,$a \approx (1.1 \sim 1.4) \times 10^{-9}$;$b \approx 2$。由此可见为了得到较强的连续 X 射线,除加大管电压 U 及管电流 I 外,还应尽量采用阳极材料原子序数较大的(如 W)X 射线管;另一方面,X 射线管可以允许的最大管压和管流 I 是受 X 射线机及 X 射线管本身绝缘性能和最大使用功率限制的。当 X 射线管仅产生连续谱时,其效率 $\eta = I_{连}/IU = aZU$,当用钨电极($Z = 74$),管电压为 100 kV 时,$\eta = 1\%$。

2. 特征(标识)X 射线谱

特征 X 射线的产生与阳极靶物质的原子结构密切相关,原子系统中的电子遵从泡利不相容原理,不连续分布在 K,L,M,N 等不同能级壳层上,而且按能量最低原理首先填充最靠近原子核的 K 壳层,各壳层的能量由里到外逐渐增加 $E_K < E_L < E_M < \cdots$。当管电压达到激发电压时,X 射线管阴极发射的电子所具有的动能,足以将阳极物质原子深层的某些电子击出其所属的电子壳层,迁移到能量较高的外部壳层,或者将该电子击出原子系统而使原子电离,导致原子的总能量升高处于激发状态。这种激发态不稳定,有自发向低能态转化的趋势,因此原子较外层电子将跃入内层填补空位,使总能量重新降低,趋于稳定。此时能量降低为 ΔE,根据玻尔的原子理论,原子中这种电子位置的转换或能量的降低将产生光子,发出具有一定波长的发射谱线,即

$$\Delta E = E_h - E_l = h\nu = hc/\lambda$$

式中 E_h 和 E_l 分别表示电子处于高能量状态和低能量状态时所具有的能量,对于原子序数为 Z 的物质,各原子能级所具有的能量是固定的,所以 ΔE 为固有值,因此特征 X 射线波长为定值。

特征 X 射线命名规则如图 8-6 所示,主字母(K、L、M、N、O)代表终态,下标(α、β、γ)代表层序差($\alpha = 1, \beta = 2 \cdots$),例如 K_α 表示电子从 L 层到 K 层跃迁时发出的 X 射线,K_β 表示电子从 M 层到 K 层跃迁时发出的 X 射线。

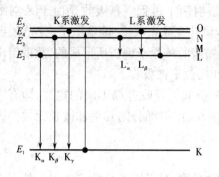

图 8-6　特征 X 射线产生原理图

特征 X 射线的频率或波长只取决于阳极靶物质的原子能级结构,而与其他外界因素无关,莫塞莱在 1974 年总结了这一规律:

$$\sqrt{\nu} = K(Z - \sigma)$$

式中:ν 为特征谱频率;Z 为阳极靶原子序数;K 为所有元素的普适常数;σ 为屏蔽常数。

通过适当地变更 K(与靶材物质主量子数有关的常数)和 σ(与电子所在的壳层位置有关),该式能示出适用于 L、M 和 N 系的谱线。

莫塞莱定律是 X 射线荧光光谱分析和电子探针微区成分分析的理论基础,其分析思路是激发未知物质产生特征 X 射线,X 射线经过特定晶体产生衍射,通过衍射方程计算其波长或频率,然后再利用标准样品标定 K 和 σ,最后通过莫塞莱定律确定未知物质的原子序数 Z。

标识 X 射线的绝对强度随 X 射线管电流 i 和管电压 V 的增大而增大,对 K 系谱线有下列近似关系:

$$I_K = K_2 i (V - V_K)^n$$

式中:K_2 为常数,$n \approx 1.5$,V_K 为激发电压。X 射线连续谱只增加衍射花样的背底,不利于衍射花样分析,因此总希望特征谱线强度与连续谱线强度之比越大越好,通常适宜的工作电压为 V_K 的 3～5 倍。

8.1.4　X 射线与物质的相互作用

1. X 射线的吸收

X 射线具有贯穿不透明物质的能力,这是它最明显的特性,尽管如此,当 X 射线经过物质时,沿透射方向都会有某种程度的强度下降现象,称为 X 射线的衰减。人们发现 X 射线衰减如同寻常光线通过不完全透明的介质时一样,遵循相同的系数规律。强度为 I_0 的入射线照射到均匀物质上,实验证明通过 dx 厚度物质,X 射线强度的衰减 $dI(x)/I(x)$ 与 dx 成正比:

$$\frac{dI(x)}{I(x)} = -\mu dx$$

式中:μ 为物质对 X 射线的线吸收系数(cm^{-1}),表示 X 射线通过单位厚度物质时的吸收。

吸收系数 μ 为单位体积物质对 X 射线的吸收,但单位体积物质量随其密度而异,因而 μ 对确定的物质不是一个常量,为表达物质本质的吸收特性,引入质量吸收系数 μ_m(cm^2/g),即

$$\mu_m = \mu / \rho$$

式中 ρ 为吸收体的密度。

μ_m 决定于吸收物质的原子序数 Z 和 X 射线的波长,它们之间关系的经验公式为

$$\mu_m \approx K\lambda^3 Z^3$$

式中 K 为常数。

物质原子序数越大,对 X 射线的吸收能力越强;对一定的吸收体,X 射线波长越短,穿透能力越强,表现为吸收系数的下降。

　　射线束经过物质时强度的损失归因于真吸收和散射两个过程。真吸收是由于 X 射线转换成被逐出电子的动能,如入射 X 射线的一部分能量转变成光电子、俄歇电子、荧光 X 射线以及热效应等各种能量;而散射是由于某些原射线被吸收体原子偏析所形成的,故散射出现的方向不同于入射线束的方向,在原射线方向测量时,似乎被吸收了。

　　由于散射引起的吸收和由于激发电子及热振动等引起的吸收遵循不同的规律,即真吸收部分随 X 射线波长和物质元素的原子序数而显著变化,散射部分则几乎和波长无关。因此线吸收系数 μ 分解为 τ 和 σ 两部分:

$$\mu = \tau + \sigma$$

τ 称为真吸收系数,σ 称为散射系数。一般情况下散射系数,对于原子序数在铁以上的元素很小,并且当波长或原子序数变化时,它的变化也很小。吸收系数 τ 远远大于散射系数,所以 σ 项往往可以忽略不计,于是 $\mu \approx \tau$。

　　真吸收导致了吸收限的存在。如将质量吸收系数对 λ 作图,元素的质量吸收系数 μ_m 与 X 射线波长的关系近似如图 8-7 所示,这种吸收系数曲线称为该物质的吸收谱。它由一系列吸收突变点和这些吸收突变点之间的连续曲线段构成,吸收的明显突变点称为物质的吸收限。

　　每种物质都有它本身确定的一系列吸收限,正如各种元素有 K 系、L 系、M 系标识 X 射线一样,吸收限也有 K 系(包含一个)、L 系(包含 L_1、L_2、L_3 三个)、M 系(包含五个)等之分,并且分别以 λ_K、λ_L、λ_M 等表示。一个原子通过

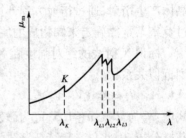

图 8-7　质量吸收系数与波长的关系

吸收一个 X 射线光子可呈激发态,如果光子能量足够高,它将从吸收原子的某一电子壳层逐出一个电子,并发射出如同原子被高速电子激发时所发射出的同样的特征辐射。对于激发某个壳层来说,X 射线光子能量必须等于或超过对应某一壳层和谱系的量子波长。当入射辐射的波长等于量子波长时,吸收出现突变,X 射线具有从某一壳层逐出一个电子足够的能量,例如对于 K 吸收限,比这个数值短的所有波长均具有逐出 K 层电子足够的能量,故波长一旦短于 K 吸收限,射线就被强烈地吸收。当波长的减小使光子能量增加远超过临界激发值时,电离的可能性减小了,光子通过物质而不发生变化也不被吸收的机遇加大,因此吸收限的短波一侧,吸收相当迅速地减少。在吸收限的长波一侧,光子尚未具有从有关壳层逐出一个电子的足够能量,因而吸收很小,故质量吸收系数很低。

2. X 射线的散射

　　X 射线穿过物质强度衰减,除主要是因为真吸收消耗于光电效应和热效应外,还有一部分偏离原来方向,即发生散射。为了衡量物质对 X 射线的散射能力,定义质量散射系数 σ_m,它表示单位质量物质对 X 射线的散射。物质对 X 射线的散射主要是电子与 X 射线相互作用的结果,物质中的核外电子可分为两大类:外层原子核弱束缚的电子和内层原子核强束缚的电子,X 射线照射到物质后对于这两类电子会产生两种散射效应。

　　1)相干散射(弹性散射或汤姆逊散射)

　　X 射线与原子束缚较紧的内层电子碰撞,光子将能量全部传递给电子,电子受 X 射线电磁波的影响将在其平衡位置附近产生受迫振动,而且振动频率与入射 X 射线相同。根据经典电磁理论,一个加速的带电粒子可作为一个新波源向四周发射电磁波,所以上述受迫振动的电子本身已经成为一个新的电磁波源,向各方向辐射的电磁波称为 X 射线散射波。虽

然入射 X 射线波是单向的,但 X 射线散射波却射向四面八方,这些散射波之间符合振动方向相同、频率相同、位相差恒定的光干涉加强条件,即发生相互干涉,故称之为相干散射,原来入射的光子由于能量散失而随之消失。相干散射波虽然只占入射能量的极小部分,但由于它的相干特性而成为 X 射线衍射分析的基础。

2)非相干衍射(康普顿-吴有训效应)

当 X 射线光子与受原子核弱束缚的外层电子、价电子或金属晶体中的自由电子相碰撞时,这些电子将被撞离原运行方向,同时携带光子的一部分能量而成为反冲电子。根据动量和能量守恒,入射的 X 射线光量子也因碰撞而损失部分能量,使波长增加并与原方向偏离 2θ 角,这种散射效应是由康普顿和我国物理学家吴有训首先发现的,故称为康-吴效应,其定量关系遵守量子理论规律,故也称为量子散射。因为散布在空间各个方向的量子散射波与入射波的波长不相同,位相也不存在确定的关系,因此不能产生干涉效应,所以也称为非相干散射。非相干散射不能参与晶体对 X 射线的衍射,只会在衍射图上形成强度随 $\sin\theta/\lambda$ 增加而增加的背底,给衍射精度带来不利影响。

8.1.5　三种常用的实验方法

根据布拉格定律,要产生衍射,必须使入射线与晶面所成的交角 θ、晶面间距 d 及 X 射线波长 λ 等之间满足布拉格方程,一般来说,它们的数值未必满足,因此要观察到衍射现象,必须设法连续改变 θ 或 λ,在此介绍以下几种不同的衍射方法。

1. 劳厄法

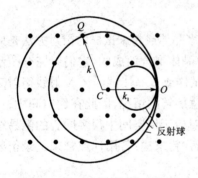

图 8-8　劳厄法的厄瓦尔德图解

劳厄法是用连续 X 射线照射固定单晶体的衍射方法,一般以垂直于入射线束的平板照相底片来记录衍射花样,衍射花样是由很多斑点构成,这些斑点称为劳厄斑点或劳厄相。单晶体的特点是每种(hkl)晶面只有一组,单晶体固定在台架上之后,任何晶面相对于入射 X 射线的方位固定,即入射角一定。虽然入射角一定,但由于入射线束中包含着从短波限开始的多种不同波长的 X 射线,相当于反射球壳的半径连续变化,使倒易阵点有机会与其中某个反射球相交,形成衍射斑点,如图 8-8 所示。所以每一族晶面仍可以选择性地反射其中满足布拉格方程的特殊波长的 X 射线,这样不同的晶面族都以不同方向反射不同波长的 X 射线,从而在空间形成很多衍射线,它们与底片相遇,就形成许多劳厄斑点。

2. 转动晶体法

转动晶体法是用单色 X 射线照射转动的单晶体的衍射方法。转晶法的特点是入射线的波长 λ 不变,而依靠旋转单晶体以连续改变各个晶面与入射线的 θ 角来满足布拉格方程的条件。在单晶体不断旋转的过程中,某组晶面会于某个瞬间和入射线的夹角恰好满足布拉格方程,于是在此瞬间便产生一根衍射线束,在底片上感光出一个感光点。如果单晶样品的转动轴相对于晶体是任意方向,则摄得的衍射相上斑点的分布将显得无规律性;当转动轴与晶体点阵的一个晶向平行时,衍射斑点将显示有规律的分布,即这些衍射斑点将分布在一系列平行的直线上,这些平行线称为层线,通过入射斑点的层线称为零层线,从零层线向上或向下,分别有正负第一、第二……层线,它们对于零层线而言是对称分布的。用厄瓦尔德图解(如图8-9)很容易说明转晶图的特征:由正、倒点阵的性质可知,对于正点阵取指数为$[uvw]$的晶向作为转动轴,则和它对应的倒易点阵平面族$(uvw)^*$就垂直于这个轴,因此当晶体试样绕此轴旋转时,则与之对应的一组倒结点平面也跟着转,它们与干涉球相截得到一些纬度圆,这些圆相互平行,且各相邻圆之间的距离等于这个倒易点阵平面族面间距d。也就是说晶体转动时,倒结点与反射球相遇的地方必定都在这些圆上,这样衍射线的方向必定在反射球球心与这些圆相连的一些圆锥的母线上,它们与圆筒形底片相交得到许多斑点,将底片摊平,这些斑点就处在平行的层线上。

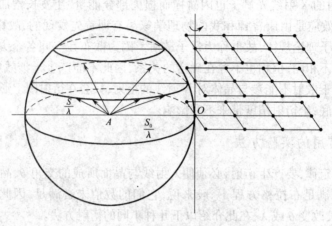

图8-9 转晶法的厄瓦尔德图解

3. 粉末照相法

陶瓷材料一般都是多晶体,所以用单色 X 射线照射多晶体或粉末试样的衍射方法是应用范围较广的衍射方法。多晶体试样一般是由大量小单晶体聚合而成的,它们以完全杂乱无章的方式聚合起来,称为无择优取向的多晶体。粉末试样或多晶体试样从 X 射线衍射观点来看,实际上相当于一个单晶体绕空间各个方向作任意旋转的情况,因此在倒空间中,一个倒结点 P 将演变成一个倒易球面,很多不同的晶面就对应于倒空间中很多同心的倒易球面。若用照相底片来记录衍射图,则称为粉末照相法,简称粉末法;若用计数管来记录衍射图,则称为衍射仪法。

当一束单色 X 射线照射到试样上时,对每一族晶面(hkl)而言,总有某些小晶体,其(hkl)晶面族与入射线的方位角θ正好满足布拉格条件而能产生反射。由于试样中小晶粒的数目很多,满足布拉格条件的晶面族(hkl)也很多,它们与入射线的方位角都是θ,从而可以想象成为是由其中的一个晶面以入射线为轴旋转而得到的,于是可以看出它们的反射线将分布在一个以入射线为轴,以衍射角2θ为半顶角的圆锥面上(如图8-10所示)。不同晶面族的衍射角不同,衍射线所在的圆锥的半顶角也不同。各不同晶面族的衍射线将共同构成一系列以入射线为轴的同顶点的圆锥。用厄瓦尔德图解法可以说明粉末衍射的特征:倒易球面与反射球相截于一系列的圆上,而这些圆的圆心都是在通过反射球球心的入射线上,于是衍射线就在反射球球心与这些圆的连线上,也即以入射线为轴,以各族晶面的衍射角2θ为半顶角的一系列圆锥面上。

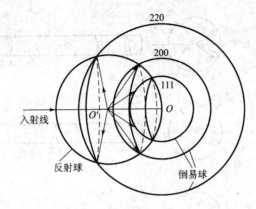

图 8-10　粉末照相法的厄瓦尔德图解

8.2　德拜(Debye)相机和 X 射线衍射仪

8.2.1　德拜相机

1. 装置

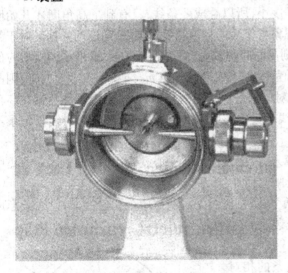

图 8-11　德拜照相机

德拜-谢乐法是粉末照相法中应用最为广泛的一种,使用的是圆筒形照相机(德拜相机),如图 8-11 所示。沿着圆筒形相机的直径方向,有一入射光阑与出射光阑,入射 X 射线经过光阑准直后,照射到试样上,其中一部分穿过试样到达出射光阑,经荧光屏后被铅玻璃吸收。德拜法所用试样为直径 0.3 ~ 0.8 mm 的多晶丝,或是粉末加粘结剂等制成的细棒,粉末过 250 ~ 325 目筛子,如果粉末颗粒过大(大于 10^{-3} cm)时,参加衍射的晶粒数目减少,会使衍射线条不连续;反之如果粉末颗粒过小(小于 10^{-5} cm)时,会使衍射线条宽化,不利于分析。

德拜相机采用长条底片,安装时应将底片紧靠相机内壁,底片的安装方式根据圆筒底片开口处所在位置的不同可分为正装法、反装法和偏装法,如图 8-12 所示。

(1)正装法　X 射线从底片接口处射入,照射试样后从中心孔穿出,低角的弧线较接近于中心孔,高角的弧线则靠近端部,可观察到 K_α 双线。我们知道,对于 K 系特征谱线通过滤波片可使 K_β 谱线明显减弱,但 K_α 谱线是由波长不同的 $K_{\alpha 1}$ 和 $K_{\alpha 2}$ 两根谱线组成,根据布拉格方程,以不同波长的 $K_{\alpha 1}$ 和 $K_{\alpha 2}$ 照射到同一晶面上,将在不同布拉格角上产生衍射线条,两线条分开的角度设为 $\Delta\theta$,微分布拉格方程可得:$2d\cos\theta\Delta\theta = \Delta\lambda$,故 $\Delta\theta = \dfrac{\Delta\lambda}{2d\cos\theta} = \dfrac{\Delta\lambda}{\lambda}\tan\theta$

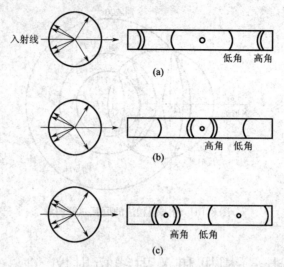

图 8-12　粉末法中三种不同的底片安装法

(a)正装法　(b)反装法　(c)偏装法

(rad)。对于 Cu 的 K_α 谱线,λ = 0.154 nm,$\Delta\lambda$ = 0.000 4 nm,则当 θ = 10°时,$\Delta\theta$ = 0.03°,当 θ = 80°时,$\Delta\theta$ = 0.85°。由此可见,$K_{\alpha 1}$ 和 $K_{\alpha 2}$ 双线的反射线条是分开的,且分开的程度随着 θ 角的增加而增加,但在低角度处分开的程度小,所以叠成一条线,只有到了高角度才开始明显分成两条线,角度越高,分得越大,此现象可作为德拜像圆弧对高、低角度的判据。对于某一晶面(hkl),当 $m = h^2 + k^2 + l^2$ 较小时,则晶面间距较大,而衍射角较小,相邻 m 值所对应的晶面间距的差别较大,对应德拜圆弧在低角度时较少;反之,当 $m = h^2 + k^2 + l^2$ 较大时,则晶面间距较小,而衍射角较大,相邻 m 值所对应的晶面间距的差别较小,对应德拜圆弧在高角度时较多。当采用正装法时由于高角度线条集中在底片开口处,导致部分衍射线条记录不全。

(2)反装法　X 射线从底片中心孔穿入,照射试样后从中心孔穿出,高角度线条均集中在孔眼附近,故除 θ 角极高的线条可被光阑遮挡外,几乎全部可记录。

(3)偏装法　在底片上不对称地开两个孔,X 射线先后从这两个孔通过,衍射线条形成围绕进出光孔的两组弧对,此法也具有反装法的优点。

2. 工作原理图

德拜法衍射花样主要是测量衍射线条的相对位置和相对强度,然后再计算出 θ 角和晶面间距。每个德拜像都包括一系列的衍射圆弧对,每对衍射圆弧都是相应的衍射圆锥与底片相交的痕迹,它代表一族(hkl)晶面的反射。图 8-13 为德拜法衍射几何。当需要计算 θ 角时,首先要测量衍射圆弧的弧对间的间距 $2L$,通过 $2L$ 计算 θ 角的公式可以从图所示的衍射几何中得出:在透射区,$2L = 4R\theta(\text{rad})$,式中 R 是照相机镜头筒半径,即圆形底片的曲率半

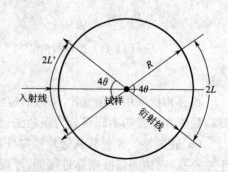

图 8-13　粉末法中衍射角的计算

径,θ 用角度表示为 $\theta = 57.3 \times 2L/4R$;而在背散射区,可用类似方法求 φ,再由 $\theta = 90° - \varphi =$

$90° - 57.3 × 2L'/4R$ 求出衍射角。为求 $θ$ 必须知道相机半径 R，通常相机直径制造成 57.3 mm 或 114.6 mm，这样它们的圆周长分别为 180 mm 或 360 mm，于是底片上每 1 mm 的距离相当于角度 2° 或 1°。

8.2.2　X 射线衍射仪

20 世纪 50 年代以前的 X 射线衍射分析，绝大部分是利用粉末照相法，用底片把试样的全部衍射花样同时记录下来，该方法具有设备简单，价格便宜，在试样非常少的情况下（1 mg）也可以进行分析的优点，但存在拍照时间长（几个小时），衍射强度依靠照片黑度来估计的缺点。近几十年，利用各种辐射探测器（计数器）和电子线路依次测量 $2θ$ 角处的衍射线束的强度和方向的 X 射线衍射仪法已相当普遍，目前 X 射线衍射仪广泛用于科研与生产中，并在各主要测试领域中取代了照相法，与照相法相比，衍射仪法需要 0.5 g 样品，且具有测试速度快（几十分钟），强度测量精确度高，能与计算机联用，实现分析自动化等优点。

1. 装置

X 射线仪是以特征 X 射线照射多晶体或粉末样品，用射线探测器和测角仪来探测衍射线的强度和位置，并将它们转化为电信号，然后借助于计算机技术对数据进行自动记录、处理和分析的仪器。X 射线衍射仪成相原理与照相法相同，但记录方式及相应获得的衍射花样不同。现代 X 射线衍射仪由 X 射线发生器（包括 X 射线管及其所需稳压、稳流电源）、X 射线测角仪、辐射探测器和辐射探测电路 4 个基本部分组成，还包括控制操作和运行软件的计算机系统。

1）X 射线测角仪

（1）X 射线测角仪结构　测角仪是 X 射线衍射仪的核心部分，相当于粉末法中的相机。其结构如图 8-14 所示，平板试样 D 安装在试样台 H 上，后者可围绕垂直于图面的轴 O 旋转；S 为 X 射线源，即 X 射线管靶面上的线状焦点，它与 O 轴平行；F 为接收狭缝，它与计数管 C 共同安装在围绕 O 旋转的支架 E 上，计数管的角位置 $2θ$ 可由大转盘 G（衍射仪圆）上的刻度尺 K 读出。

（2）光学布置　图 8-15 为衍射仪的光学布置，S 为线光源，其长轴方向竖直，K 为发散狭缝，L 为防散狭缝，F 为接收狭缝，它们的作用是限制 X 射线的水平发散度。其中 K 狭缝针对入射线，另两狭缝针对衍射线。狭缝有一系列不同的尺寸供选用，较大的狭缝可获得较强的射线，不仅节约测试时间，且可使弱衍射线易被探测到，但过宽的狭缝将使分辨本领降低。S_1、S_2 为梭拉狭缝，由一组平行的金属薄片组成，其作用是限制 X 射线在竖直方向的发散度。

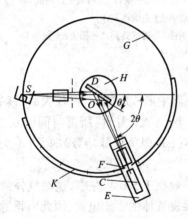

图 8-14　测角仪示意图

（3）试样　在 X 射线衍射仪分析中，粉末样品的制备及安装对衍射峰位置和强度有很大的影响。衍射仪采用块状平面试样，它可以是整块的多晶体，也可用粉末压制而成。

2）辐射探测器

探测器是将 X 射线转换成电信号的部件，在衍射仪中常用的有正比计数管、盖革计数管、闪烁计数管和半导体硅（锂）探测器。

（1）正比计数管和盖革计数管　正比计数管和盖革计数管都属于充气计数管，它们是

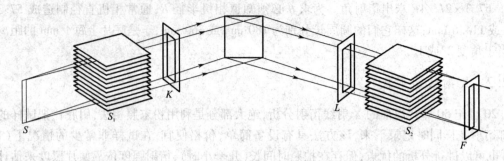

图 8-15　衍射仪光路图

利用 X 射线能使气体电离的特性来进行工作的。如图 8-16 所示,计数管常有一玻璃外壳,管内充有氩、氪等惰性气体,管内有一金属圆筒作为阴极,中心有一细金属丝作为阳极。管子的一端是用铍或云母制成的窗口,X 射线可以从此窗口射入。阴极和阳极之间加有一定的电压 V。X 射线进入窗口后就被气体分子吸收,并使气体分子电离成为电子和正离子。在电场作用下,电子向阳极丝移动,而正离子则向圆筒形阴极移动,形成一定的电流。

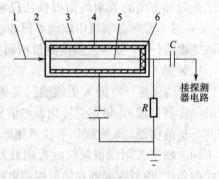

图 8-16　充气计数管结构示意图
1—X 射线　2—窗口(用铍或云母制成)
3—玻璃壳(充惰性气体)
4—阴极(金属圆筒)　5—阳极(金属丝)
6—绝缘体

　　当阴阳极间的电压为 600~900 V 时,被 X 射线电离出的电子在此强电场作用下可获得很大动能,它们在飞向阳极途中又会与其他分子碰撞而产生次级电子,次级电子在强电场作用下,又使其他分子电离,这种过程反复进行,形成连锁反应,使阳极周围形成局部的径向“雪崩区”。这种“雪崩”过程可在外电路中形成电脉冲,经放大后可输入到专用的计数电路中去。正比计数管中,“雪崩区”范围小,一次“雪崩”所需时间仅 0.2~0.5 μs,因此对脉冲分辨能力高,即使计数率高达 10^6 cps(cps 即每秒脉冲数)时,也不会有明显的计数损失。

　　盖革计数管是另一种充气计数管,其阴阳极间的电压一般在 1 500 V 左右,这时气体放大因数可增大到 10^8 以上,X 射线光子一进入计数管,就会触发气体的雪崩电离,因此所得脉冲都一样大,与入射光子能量无明显关系。盖革管中除了惰性气体外,还加放少量乙醇、二乙醚等有机气体作为猝灭剂,否则管子中一旦放电发生,就不能自动停止。盖革管从放电到猝灭再到放电,所需时间长,因而反应速度慢,故计数率一般不超过 10^3 cps,否则计数损失严重。

　　(2)闪烁计数管　它是利用某些固体(磷光体)在 X 射线照射下会发出荧光的原理而制成的。把这种荧光耦合到具有光敏阴极的光电倍增管上,光敏阴极在荧光作用下会产生光电子,经光电倍增管的多级放大后,就可得到毫伏级的电脉冲信号。由于发光体的发光量与入射光子能量成正比,所以闪烁管的输出脉冲高度也与入射 X 射线光子能量成正比。但闪烁管的能量分辨率低于正比计数管,此外闪烁管的噪音高,即使没有 X 射线照射,有时也会有计数,这是由于光敏阴极中热电子发射效应造成的。闪烁管发光过程和光电倍增过程所需时间都很短,一般在 1 μs 以下,因此闪烁管在计数率高达 10^5 cps 时,也不会有计数损失。

（3）其他探测器　目前用作X射线探测器的还有半导体探测器,如硅（锂）探测器、碘化汞探测器等。半导体探测器利用X射线能在半导体中激发产生电子－空穴对的原理制成,使产生的电子－空穴对在外电场或内建电场作用下定向流动到收集电极,就可得到与X射线强度有关的电流信号。半导体探测器的突出优点是对入射光子的能量分辨率高,分析速度快,并且几乎没有什么损失,它的缺点是室温时热激发的影响严重,噪声大,必须在低温（液氮温度）下使用,表面对污染十分敏感,所以需保持高的真空环境。

3）辐射测量电路

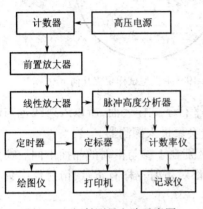

图8-17　辐射测量电路示意图

辐射测量电路是保证辐射探测器能有最佳状态的输出电信号,并将其转变为能够直观读取或记录数值的电子学电路,如图8-17所示。

由计数器出来的脉冲,首先经前置放大器作一级放大,倍率为10左右,输出信号为20~200 mV,通过电缆线进入线性放大器,这是主放大器,可将输入脉冲放大到5~100 V。

主放大器输出的齿形脉冲经过脉冲整形器变成1 μs的矩形脉冲,输入脉冲高度分析器,利用脉冲高度分析器只允许幅度介于上、下限之间的脉冲才能通过的特性,剔除干扰,进行脉冲选择。

在一般X射线分析中,由脉冲高度分析器输出的脉冲直接输进计数率仪。计数率仪是一种能够连续测量平均脉冲计数速率的装置,它把一定时间间隔内输送来的脉冲累计起来并对时间平均,求得计数率（每秒脉冲数,它与衍射强度成正比）,将单位时间内输入的平均脉冲数对2θ作图,得到I（计数率）—2θ衍射强度曲线。

由脉冲高度分析器选出的脉冲也可输进定标器。定标器是对输入脉冲进行累计计数的电路,记录给定时间间隔内的脉冲数,并且用数码管显示,将衍射强度量化。

2. 工作原理

如图8-18所示,衍射仪圆上的线状焦点S发出的X射线,照射到曲率半径为R的多晶试样MON表面上时,根据聚焦原理,试样各点的同一族晶面的反射线必能会聚于一点F,此时S、MON、F位于以R为半径同一聚焦圆上。使探测器围绕聚焦圆旋转,就能记录下不同晶面的衍射线的强度和位置。在这种情况下,聚焦圆的半径不变,焦点S到试样MON的距离保持不变,但不同晶面的衍射线的聚焦点与试样间的距离则随衍射角2θ改变。

但实际上探测器是围绕衍射仪圆旋转,而不是围绕聚焦圆旋转,所以不仅焦点到试样的距离保持不变,而且为了保证探测到衍射线的聚焦点,聚焦点到试样的距离也要求保持不变。

当试样相对于焦点的距离不变,而入射角改变时,聚焦圆的半径会发生变化。如图8-19所示,当衍射角2θ接近0°时,聚焦圆半径接近无穷大,而2θ为180°时,聚焦圆的半径最小,为衍射仪圆半径的1/2。所以当试样转动时,有可能使聚焦点落在以试样为圆心的圆周上。通常衍射仪将试样D与探测器E始终保持1:2的转动速度比,这样可以保证在试样的整个转动过程中,与试样表面平行的那些晶面族,当它们满足布拉格方程时,所产生的衍射线会在衍射仪圆上聚焦,进入探测器。这是因为,当这些晶面族满足布拉格方程时,入射线与晶

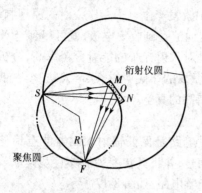

图 8-18 衍射仪聚焦几何

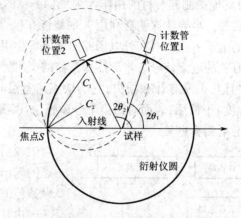

图 8-19 平板型试样聚焦几何

面间的夹角为 θ，与反射线间的夹角为 2θ，由于晶面族平行于试样表面，所以入射线也与试样表面成 θ 角，此时探测器刚好转过 2θ 角，所以衍射线会聚进入探测器。

衍射仪方法和德拜（Debye）相机成像方法的本质区别在于参与衍射的晶面不同。德拜相机中所有与厄瓦尔德球相交的倒易阵点对应的晶面都对衍射花样有贡献，衍射仪中只有平行于晶体表面的晶面才对衍射花样有贡献。

3. 参数选择

（1）连续扫描法 在进行定性分析工作时常使用此法，即利用计数率计和记录设备连续记录试样的全部衍射花样。实验方法是：使探测器以一定的角速度和试样以 2:1 的关系在选定的角度范围内进行自动扫描，并将探测器的输出与计数率仪连接，获得 I—2θ 衍射图谱，如图 8-20 所示，纵坐标通常表示每秒的脉冲数。从图谱中很方便地看出衍射线的峰位、线形和强度。连续扫描方式速度快、工作效率高，一般用于对样品的全扫描测量，

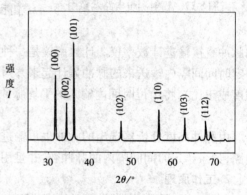

图 8-20 X 射线衍射谱图

对强度测量的精度要求不高，对峰位置的准确度和角分辨率要求也不太高，可选择较大的发散光栏和接收光栏，使计数器扫描速度较快以节约实验时间。

（2）步进扫描法 此法又称阶梯扫描法，当需要准确测量衍射线的峰形、峰位置和累积强度时采用，适用于定量分析。其步骤是：把计数器放在衍射线附近的某角度处，以足够的时间测量脉冲数，脉冲数除以计数时间即为某角度的衍射角度；然后再把计数器向衍射线移动很小的角度，重复上述操作，也就是探测器以一定的角度间隔（步长）逐步移动，对衍射峰强度进行逐点测量。步进扫描法可以采用定时计数法或定数计数法。

8.3 X 射线衍射（XRD）物相分析方法

XRD 物相分析可确定材料由哪些相组成（即物相定性分析或称物相鉴定）和确定各组成相的含量（常以体积分数或质量分数表示，即物相定量分析）。

8.3.1　定性分析

1.定性分析原理

X 射线衍射线的位置取决于晶胞参数(晶胞形状和大小)也即决定于各晶面面间距,而衍射线的相对强度则决定于晶胞内原子的种类、数目及排列方式。每种晶态物质都有其特有的晶体结构,不是前者有异,就是后者有别,因而 X 射线在某种晶体上的衍射必然反映出带有晶体特征的特定的衍射花样。光具有一个特性,即两个光源发出的光互不干扰,所以对于含有 n 种物质的混合物或含有 n 相的多相物质,各个相的各自衍射花样互不干扰而是机械地叠加,即当材料中包含多种晶态物质,它们的衍射谱同时出现,不互相干涉(各衍射线位置及相对强度不变),只是简单叠加。于是在衍射谱图中发现与某种结晶物质相同的衍射花样,就可以断定试样中包含这种结晶物质,这就如同通过指纹进行人的识别一样,自然界中没有衍射谱图完全一样的物质。

2.PDF 卡片

衍射花样可以表明物相中元素的化学结合态,通过拍摄全部晶体的衍射花样,可以得到各晶体的标准衍射花样。在进行定性相分析时,首先将试样用粉晶法或衍射仪法测定各衍射线条的衍射角,将它换算为晶面间距 d,再用黑度计、计数管或肉眼估计等方法,测出各条衍射线的相对强度 I/I_1,然后只要把试样的衍射花样与标准的衍射花样相对比,从中选出相同者就可以确定该物质。定性分析实质上是信息的采集和查找核对标准花样两件事情。为了便于进行这种比较和鉴别,1938 年,Hanawalt 等就首先开始收集和摄取各种已知物质的衍射花样,将其衍射数据进行科学整理和分类;1942 年,美国材料试验协会(ASTM)将每种物质的面间距 d 和相对强度 I/I_1 及其他数据以卡片形式出版,称 ASTM 卡;1969 年,由粉末衍射标准联合委员会(JCPDS)负责卡片的出版,称为 PDF(The Powder Diffraction File)粉末衍射卡;1978 年,与国际衍射资料中心(ICDD)联合出版,1992 年以后卡片统由 ICDD 出版。

图 8-21 为 PDF 卡片示例,下面分 10 个区域进行介绍。

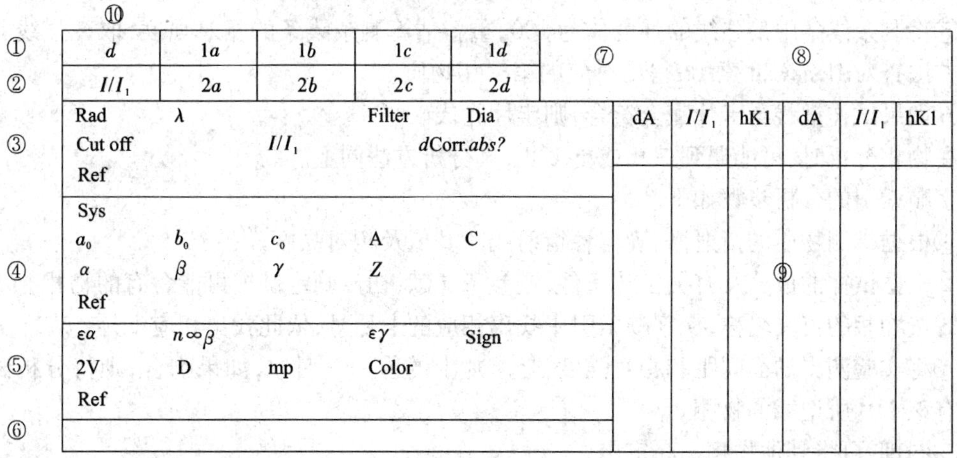

⑩										
①	d	$1a$	$1b$	$1c$	$1d$	⑦			⑧	
②	I/I_1	$2a$	$2b$	$2c$	$2d$		dA	I/I_1	hK1	dA	I/I_1	hK1
③	Rad　　λ Cut off　　　　　I/I_1 Ref			Filter　　Dia dCorr.$abs?$						
④	Sys a_0　b_0　c_0　A　C $α$　$β$　$γ$　Z Ref						⑨			
⑤	$εα$　$n∞β$　　$εγ$　Sign 2V　D　mp　Color Ref									
⑥										

图 8-21　PDF 卡片示例

①$1a$、$1b$、$1c$ 分别列出透射区衍射图中最强、次强、再次强三强线的面间距,$1d$ 是试样的最大面间距。

②$2a$、$2b$、$2c$、$2d$ 分别列出上述各线条以最强线强度(I_1)为 100 时的相对强度 I/I_1。

③衍射时的实验条件。

④物质的晶体学数据。

⑤光学和物理性质数据。

⑥有关资料和数据,包括试样来源、制备方式。

⑦物质的化学式及英文名称。

⑧物质矿物学名称或通用名称,有机物为结构式。

⑨面间距、相对强度及密勒指数。

⑩卡片序号。

3. 索引

目前使用的索引主要有三种编排格式:哈那瓦特(Hanawalt)数字索引、芬克(Fink)数字索引和字顺(Alphabetical)索引。被测样品的化学成分完全未知时,采用数字索引;若已知被测样品的主要化学成分,宜用字顺索引。

4. 定性相分析的方法

数字索引的分析步骤如下。

①拍摄待测试样的衍射谱:粉末试样的粒度以 10 ~ 40 μm 为宜。

②测定衍射线对应的面间距 d 及相对强度 I/I_1:由衍射仪测得的谱线的峰位(2θ)一般按峰顶的部位确定,再据 2θ 及光源的波长求出对应的面间距 d 值。(目前的全自动衍射仪均可自动完成这一工作)随后取扣除背底峰高的线强度,测算相对强度(以最强线强度作为 100),将数据依 d 值从大到小列表。

③以试样衍射谱中第一、第二强线为依据查 Hanawalt 索引。

在包含第一强线的大组中,找到第二强线的条目,将此条中的 d 值与试样衍射谱对照,如不符合,则说明这两条衍射线不属于同一相,(多相系统的情况)再取试样衍射谱中的第三强线作为第二强线检索,可找到某种物质的 d 值与衍射谱符合。

④按索引给出的卡片号取出卡片,对照全谱,确定出一相物质。

⑤将剩余线条中最强线的强度作为 100,重新估算剩余线条的相对强度,取三强线并按前述方法查对 Hanawalt 索引,得出对应的第二相物质。

⑥如果试样谱线与卡片完全符合,则定性完成。

在物相分析时,可能遇到三相或更多相,其分析方法同上。

字顺索引的分析步骤如下。

①根据被测物质的衍射谱,确定各衍射线的 d 值及相对强度。

②根据试样的成分及有关工艺条件,或参考文献,初步确定试样可能含有的物相。

③按物相的英文名称,从字顺索引中找出相应的卡片号,依此找出相应卡片。

④将实验测得的面间距和相对强度,与卡片上的值一一对比,如果吻合,则待分析试样中含有该卡片所记载的物相。

⑤同理,可将其他物相一一定出。

5. 定性物相分析的范例

由待分析样品衍射花样得到其 d—I/I_1 数据组,如表 8-1 所列。由表可知其三强线顺序为 2.848_x,3.27_8,2.726_7,检索 Hanawalt 数值索引,在 d_1 为 0.284 ~ 0.28 nm 的一组中,有几种物质的 d_2 值接近 0.327 nm,但将三强线对照来看,却没有一个物相可与其一致。由此判断可能待分析试样由两种以上物质组成,假设最强线 0.284 8 nm 与次强线 0.327 nm 分别由两种不同相所产生,而第三强线 0.272 6 nm 与最强线为同一相所产生,查找剩余 d 值中最大值 0.159 6 nm,重新确定三强线顺序为 2.848_x,2.726_7,1.596_4,查找数字索引找到一个条目 11-557($LaNi_2O_4$),其八强线条与待分析样品中 8 根线条数据相符,按卡片号取出 $LaNi_2O_4$ 卡片进一步核对,发现 $LaNi_2O_4$ 大部分 d—I/I_1 数据(如表 8-2 所示)与表 8-1 所列待分析样品部分 d—I/I_1 数据吻合(以 * 号标识),故可判定待分析样品中含有 $LaNi_2O_4$。将表 8-1 中属于

表 8-1　未知样品衍射花样数据

d	I/I_1	d	I/I_1
3.7 *	25	2.003	32
3.27	80	1.927 *	35
3.16 *	15	1.702	20
2.848 *	100	1.64 *	25
2.832	28	1.596 *	40
2.726 *	70	1.423 *	20
2.111 *	30	1.365 *	20
2.063 *	35	1.249 *	15

$LaNi_2O_4$ 的各线条数据去除,将剩余线条进行归一化处理(即将剩余线条中之最强线 0.327 nm 的强度设为 100,其余线条强度值也相应调整),按定性分析方法的步骤重新进行检索和核对,结果表明这些线条与 La_2O_3 的 PDF 卡片所列数据一致(如表 8-3)。至此,可以确定待分析样品由 $LaNi_2O_4$ 和 La_2O_3 两相组成。

表 8-2　$LaNi_2O_4$ 的 PDF 卡片数据

d	I/I_1	hkl	d	I/I_1	hkl
6.3	1	002	1.668	10	116
3.7	25	101	1.64	25	107
3.16	15	004	1.596	40	213
2.848	100	103	1.581	5	008
2.726	70	110	1.423	20	206
2.502	3	112	1.365	20	220
2.111	30	006	1.279	3	301
2.063	35	114	1.249	15	217
1.927	35	200	1.229	10	303
1.707	10	211			

表 8-3　La_2O_3 的 PDF 卡片数据

d	I/I_1	hkl	d	I/I_1	hkl
4.62	10	211	1.836	10	611
3.27	100	222	1.747	5	541
2.832	35	400	1.702	25	622
2.668	10	411	1.669	10	631
2.413	5	332	1.298	10	662
2.22	10	431	1.266	10	840
2.003	40	440			

8.3.2　定量分析

X 射线物相定量分析的任务是根据混合相试样中各相物质的衍射线的强度来确定各相物质的相对含量。随着衍射仪的测量精度和自动化程度的提高,近年来定量分析技术有很大进展。

1. 定量分析原理

从衍射线强度理论可知,多相混合物中某一相的衍射强度,随该相的相对含量的增加而增高。但由于试样的吸收等因素的影响,一般说来某相的衍射线强度与其相对含量并不成线性的正比关系,而是曲线关系,如图 8-22 所示。

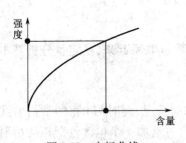

图 8-22　定标曲线

如果用实验测量或理论分析等方法确定了该关系曲线,就可从实验测得的强度算出该相的含量,这是定量分

析的理论依据。虽然照相法和衍射仪法都可用来进行定量分析,但因用衍射仪法测量衍射强度比照相法方便简单,速度快,精确度高,而且现在衍射仪的普及率已经很高,因此定量相分析的工作基本上都用衍射仪法进行。为此下面以衍射仪的强度公式为基础进行讨论。

在第 7 章已经得到了衍射线的积分强度公式(7-29),即

$$I_m = e^{-2M} A(\theta) P q \frac{\cos\theta}{2} d\theta |G|^2 F_{hkl}^2 \frac{e^4}{m^2 c^4 R^2} \left(\frac{1+\cos^2\theta}{2} \right) I_0$$

式中多晶体作用项 $q \frac{\cos\theta}{2} d\theta$ 与参与衍射的试样体积 V 有关,可以用 MV 表示,其中 M 为系数。另外,若试样为平板状的单相多晶体,其吸收因子 $A(\theta) = \frac{1}{\mu}$,其中 μ 为试样的线吸收系数。则衍射线的积分强度公式变为

$$I_m = e^{-2M} P \frac{MV}{\mu} |G|^2 F_{hkl}^2 \frac{e^4}{m^2 c^4 R^2} \left(\frac{1+\cos^2 2\theta}{2} \right) I_0 \tag{8-1}$$

这个公式虽然是从单相物质导出的,但只要作适当修改,就可应用于多相物质。假设试样由几个相均匀混合而成,μ 为混合试样的线吸改系数,其中第 j 相所占的体积百分数为 ν_j,则上式中的 V 换成第 j 相的体积 $V_j = \nu_j V$,则第 j 相的某根衍射线强度

$$I_j = e^{-2M} P \frac{\nu_j MV}{\mu} |G|^2 F_{hkl}^2 \frac{e^4}{m^2 c^2 R^2} \left(\frac{1+\cos^2 2\theta}{2} \right) I_0 \tag{8-2}$$

若令 $B = I_0 \frac{Me^4}{m^2 c^2 R^2} \cdot V, C_j = \frac{e^{-2M} P |G|^2 F_{hkl}^2 (1+\cos^2 2\theta)}{2}$,则 I_j 表示为

$$I_j = B C_j \frac{\nu_j}{\mu} \tag{8-3}$$

这里 B 是一个只与入射光束强度 I_0 及受照射的试样体积 V 等实验条件有关的常数;而 C_j 只与第 j 相的结构及实验条件有关,当该相的结构已知、实验条件选定之后,C 为常数,并可计算出来。

在实用时,常以第 j 相的质量百分数 ω_j 来代替体积百分数 ν_j,这是因为 ω_j 比 ν_j 容易测量。若设混合物的密度为 ρ,质量吸收系数为 $\mu_m = \frac{\mu}{\rho}$,参与衍射的混合试样的质量和体积分别为 W 和 V,而第 j 相的对应物理量分别用 ρ_j、$(\mu_m)_j$、W_j 和 V_j 表示,这时,

$$\nu_j = \frac{V_j}{V} = \frac{1}{V} \frac{W_j}{\rho_j} = \frac{W\omega_j}{V\rho_j} = \rho \frac{\omega_j}{\rho_j}, \mu = \mu_m \rho = \rho \sum_{j=1}^{n} (\mu_m)_j \omega_j \tag{8-4}$$

混合物的质量吸收系数是组成相的质量吸收系数的加权平均值。

将式(8-4)代入式(8-3)得

$$I_j = B C_j \frac{\omega_j/\rho_j}{\sum_{j=1}^{n} (\mu_m)_j \omega_j}, \text{或} I_j = B C_j \frac{\omega_j/\rho_j}{\mu_m} \tag{8-5}$$

该公式直接把第 j 相的某根衍射线强度与该相的质量百分数 ω_j 联系起来,是定量分析基本公式。

2. 直接对比法

这种方法只适用于待测试样中各相的晶体结构为已知的情况,此时与 j 相的某衍射线有关的常数 C_j 可直接由公式算出来。假设试样中有 n 相,则可选取一个包含各个相的衍射线的较小角度区域,测定此区域中每个相的一条衍射线强度,共得到 n 个强度值,分属于 n

个相,然后定出这 n 条衍射线的衍射指数和衍射角,算出它们的 C_j,于是可列出下列方程组:

$$I_1 = BC_1 \frac{\nu_1}{\mu}, I_2 = BC_2 \frac{\nu_2}{\mu}, I_3 = BC_3 \frac{\nu_3}{\mu}, I_n = BC_n \frac{\nu_n}{\mu}, \nu_1 + \nu_2 + \nu_3 + \cdots + \nu_n = 1$$

这个方程组有 $(n+1)$ 个方程,而其中未知数为 $\nu_1, \nu_2, \nu_3, \cdots, \nu_n$ 和 μ,也是 $(n+1)$ 个,因此可解,各相的体积百分数可求得。这种方法应用于两相系统时特别简便,有

$$I_1 = BC_1 \frac{\nu_1}{\mu}, I_2 = BC_2 \frac{\nu_2}{\mu}, \nu_1 + \nu_2 = 1$$

解之可得

$$\nu_1 = \frac{I_1 C_2}{I_1 C_2 + I_2 C_1}, \nu_2 = \frac{I_2 C_1}{I_1 C_2 + I_2 C_1}$$

3. 外标法

外标法是用对比试样中待测的第 j 相的某条衍射线和纯 j 相(外标物质)的同一条衍射线的强度来获得第 j 相含量的方法,原则上它只能应用于两相系统。

设试样中所含两相的质量吸收系数分别为 $(\mu_m)_1$ 和 $(\mu_m)_2$,则有

$$\mu_m = (\mu_m)_1 \omega_1 + (\mu_m)_2 \omega_2$$

根据式(8-5),所以有

$$I_1 = BC_1 \frac{\omega_1/\rho_1}{(\mu_m)_1 \omega_1 + (\mu_m)_2 \omega_2} \tag{8-6}$$

因 $\omega_1 + \omega_2 = 1$,故

$$I_1 = BC_1 \frac{\omega_1/\rho_1}{\omega_1 [(\mu_m)_1 - (\mu_m)_2] + (\mu_m)_2} \tag{8-7}$$

若以 $(I_1)_0$ 表示纯的第 1 相物质($\omega_2 = 0, \omega_1 = 1$)的某衍射线的强度,则有

$$(I_1)_0 = BC_1 \frac{I/\rho_1}{(\mu_m)_1} \tag{8-8}$$

于是

$$I_1/(I_1)_0 = \frac{\omega_1 (\mu_m)_1}{\omega_1 [(\mu_m)_1 - (\mu_m)_2] + (\mu_m)_2} \tag{8-9}$$

从此可见,在两相系统中若各相的质量吸收系数已知,则只要在相同实验条件下测定待测试样中某一相的某根衍射线强度 I_1(一般选择最强线来测量),然后再测出该相的纯物质的同一根衍射线强度 $(I_1)_0$,就可以算出该相的质量分数 ω_1。但 $I_1/(I_1)_0$ 一般无线性正比关系,而呈曲线关系,这是由样品的基体吸收效应所造成的。但若系统中两相的质量吸收系数相同(例如两相相同的同素异构体)时,则 $I_1/(I_1)_0 = \omega_1$,这时该相的含量 ω_1 与 $I_1/(I_1)_0$ 呈线性正比关系。

图 8-23 为从三种两相混合物中测定石英 $I_{石英}/(I_{石英})_0$ 与 $\omega_{石英}$ 的关系曲线,其中实线系从理论计算所得,而圆点是实验测得的数据,两者符合较好。习惯上,常称这种衍射线强度比与含量的关系曲线为定标曲线。由图可见,对石英—方石英系统(曲线 2)来说,因为它们是 SiO_2 的同素异构体,定标曲线为直线;对于石英—

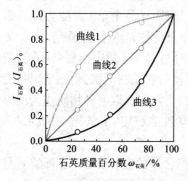

图 8-23　石英定标曲线

氧化铍系统(曲线1)和石英—氧化钾系统(曲线3),因为氧化铍和氧化钾的质量吸收系数分别比石英小和大,故曲线分别向上和向下弯曲。

4. 内标法

当试样中所含物相数 $n > 2$,而且各相的质量吸收系数又不相同时,常需往试样中加入某种标准物质(称之为内标物质)来帮助分析,这种方法称为内标法。

设试样中有 n 个相,它们的质量为 $W_1, W_2, \cdots, W_n$,总质量 $W = \sum_1^n W_i$,在试样中加入标准物质作为第 S 个相,它的质量为 W_S。如果以 ω_j 表示待测的第 j 相在原试样中的质量百分数,又以 ω_j' 表示它在混入标准物质后的试样中的质量百分数,而用 ω_S 表示标准物质在它混入后的试样中的质量百分数,则

$$\omega_j' = \frac{W_j}{W + W_S} = \frac{W_j}{W}\left(1 - \frac{W}{W + W_S}\right) = \omega_j(1 - \omega_S) \tag{8-10}$$

根据式(8-5),可得混入标准物质后第 j 相和标准物质的强度公式:

$$I_j = BC_j \frac{\omega_j'/\rho_j}{\sum_1^n (\mu_m)_j \omega_j' + \omega_S(\mu_m)_S} \tag{8-11}$$

$$I_S = BC_S \frac{\omega_S'/\rho_S}{\sum_1^n (\mu_m)_j \omega_j' + \omega_S(\mu_m)_S} \tag{8-12}$$

将上两式相比,即得

$$I_j/I_S = \frac{C_j}{C_S} \cdot \frac{\omega_j'\rho_S}{\omega_S\rho_j} = \frac{C_j}{C_S} \cdot \frac{(1-\omega_S)\rho_S}{\omega_S\rho_j}\omega_j \tag{8-13}$$

由于在配制试样时,可以控制质量 W 和加入的内标物质的质量 W_S,使得 ω_S 保持常数,于是可写为 $I_j/I_S = C\omega_j$,其中 $C = \frac{C_j}{C_S} \cdot \frac{(1-\omega_S)\rho_S}{\omega_S\rho_j}$ 为常数。式(8-13)即为内标法的基本公式,它说明待测的第 j 相的某一衍射线强度与标准物质的某衍射线强度之比是该相在原试样中的质量百分数 ω_j 的直线函数。

由于常数 C 难以用计算方法定准,因此实际使用内标法时也是先用实验方法作出定标曲线,再进行分析。先是配制一系列标准样品,其中包含已知量的待测相 j 和恒定质量百分比 ω_S 的标准物质。然后用衍射仪测量对应衍射线的强度比,作出 I_j/I_S 与 ω_j 的关系曲线(定标曲线)。在分析未知样品中的第 j 相含量时,只要对试样加入相同百分比的标准物质,然后测量出相同线条的强度比 I_j/I_S,查对定标曲线即可确定未知样品中第 j 相的含量。必须注意,在制作定标曲线与分析未知样品时,标准物质的质量百分数 ω_S 应保持恒定,通常取 ω_S 为 0.2 左右。而测量强度所选用的衍射线,应选取内标物质以及第 j 相中衍射角相近、衍射强度也比较接近的衍射线,并且这两条衍射线应该不受其他衍射线的干扰,否则情况将变得更加复杂化,影响分析精度的提高。对于一定的分析对象,我们在选取何种物质作为内标物质时,必须考虑到这些问题。除此之外,内标物质必须化学性能稳定、不氧化、不吸水、不受研磨影响、衍射线数目适中、分布均匀。

图 8-24 是用萤石作为内标物质,测定工业粉尘中石英含量的定标曲线,萤石的质量百分数 ω_S 取为 0.2,$I_{石英}$ 是从石英的晶面间距等于 0.334 nm 的衍射线测得的强度,而 $I_{萤石}$ 是从萤石的晶面间距为 0.316 nm 的衍射线测得的强度。

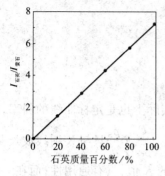

图 8-24　内标法石英定标曲线

5. K 值法

内标法的缺点是常数 C 与标准物质的掺入量 ω_S 有关，钟(F. H. Chung)对内标法作了改进，消除了这一缺点，并改称为基体冲洗法，由于名称不易理解，现在多称之为 K 值法。K 值法实际上也是内标法的一种，它与传统的内标法相比，不用绘制定标曲线，因而免去了许多繁复的实验，使分析手续更为简化。其实它的原理也是比较简单的，所用的公式是从内标法的公式演化而来的，注意 $\omega_j' = \omega_j(1 - \omega_S)$，根据 $I_j/I_S = \dfrac{C_j}{C_S} \cdot \dfrac{\omega_j'\rho_S}{\omega_S\rho_j} = \dfrac{C_j}{C_S} \cdot \dfrac{(1-\omega_S)\rho_S}{\omega_S\rho_j}\omega_j$，进行变化可得

$$I_j/I_S = \frac{C_j}{C_S} \cdot \frac{\rho_S}{\rho_j} \cdot \frac{\omega_j'}{\omega_S} = \frac{C_j}{C_S} \cdot \frac{\rho_S}{\rho_j} \cdot \frac{1-\omega_S}{\omega_S} \cdot \omega_j \tag{8-14}$$

这里 I_j 和 I_S 分别是加入了内标物质 S 后，试样中第 j 相和内标物质 S 选定的衍射线的强度；ω_j 和 ω_j' 则分别是内标物质加入以前和以后，试样中第 j 相的质量百分数；ω_S 是内标物质加入以后内标物质的质量百分数。在上式中若令 $K_S^j = \dfrac{C_j}{C_S} \cdot \dfrac{\rho_S}{\rho_j}$，则

$$I_j/I_S = K_S^j \frac{1-\omega_S}{\omega_S}\omega_j \quad \text{或} \quad I_j/I_S = K_S^j \frac{\omega_j'}{\omega_S} \tag{8-15}$$

如果已知 K_S^j，又测定了 I_j 和 I_S，则通过此式可算出 ω_j' 或 ω_j。（因加入的内标物质的质量分数 ω_S 是已知的）从 K_S^j 的表达式可知，它是一个与第 j 相和 S 相含量无关，也与试样中其他相的存在与否无关的常数，而且它与入射光束强度 I_0、衍射仪圆的半径 R 等实验条件也无关。它是一个只与 j 和 S 相的密度、结构及所选的是哪条衍射线有关。X 射线的波长也会影响 K_S^j 的值，因为 X 射线波长的变化会影响衍射角，从而影响角因子，也就影响 C_j、C_S 和 K_S^j。可见当 X 射线波长选定不变时，K_S^j 是一个只与 j 和 S 两相有关的特征常数，由于这个常数通常以字母 K 来表示，故通常称之为 K 值法。

K 值法的测试方法如下：选取纯的 j 相和 S 相物质，将它们配制成一定比例，例如 1：1 的试样，这时 ω_j' 和 ω_S 都为 0.5($\omega_j'/\omega_S = 1$)，只要测定该试样的衍射强度比，即可得 $K_S^j = I_j/I_S$。为了使测得的 K_S^j 有较高的准确度，选择各物相的被测衍射线时，在保证没有相互干扰的条件下，要尽量选择最强的衍射线。当应用 K 值法对某种具体样品进行相分析时，所需的 K 值除用实验测定外，在某些情况下，还可从 JCPDS 编制的 PDF 卡片中查出来。由于 K 值法简便易行，很受人们重视。因为在波长一定的条件下，K_S^j 的值只与 j 和 S 两相有关，是个通用常数，所以在 PDF 索引中，列出很多常用物质的 K 值可供参考，这些 K 值是以纯刚玉($\alpha\text{-Al}_2\text{O}_3$)作为通用标准物质测得的，也就是说，这些 K 值是将某物相 j 与刚玉配制成质量比为 1：1 的混合物，然后测定该混合物中的 j 相的最强线的强度和刚玉的最强线的强度 I_0，再取它们的强度比而得到的：$K_S^j = I_j/I_0$，因为 K_S^j 是两相最强线的强度比，故称之为参比强度。为什么选择刚玉作为通用的标准物质呢？因为纯刚玉容易得到，而且它的化学稳定性极好；再则因刚玉颗粒在各方向上的尺度比较接近，制备试样时不易产生择优取向。

K 值法应用于两相系统，特别简单，这时若知道第 1 相对第 2 相的 K_2^1，又测定了两相的强度比 I_1/I_2，则用不着加标准物质，即可求出各相的质量百分比，因为这时有

$$\begin{cases} \omega_1 + \omega_2 = 1 \\ I_1/I_2 = K \cdot \omega_1/\omega_2 \end{cases}$$

解之,即得

$$\omega_1 = \frac{1}{1 + K \cdot I_2/I_1}, \quad \omega_2 = \frac{1}{1 + I_1/(KI_2)}$$

从前面叙述可知,K 值法也是内标法的一种,并且 K 值实际上也是定标曲线的斜率,但与一般内标法相比,具有明显的优点。首先,在 K 值法中,$K_S^j = \dfrac{C_j}{C_S} \cdot \dfrac{\rho_S}{\rho_j}$ 只与 X 射线波长及 j 与 S 两相的结构和密度有关,因此具有常数意义,精确测定的 K 值,具有通用性;而在一般内标法中定标曲线的斜率为 $C = \dfrac{C_j}{C_S} \cdot \dfrac{(1 - \omega_S)\rho_S}{\omega_S \rho_j}$,它是与内标物质的掺入量 ω_S 有关的值,因此没有通用性。其次,一般内标法中,为了确定定标曲线,至少要配制三个成分不同的试样进行重复测量,而 K 值法只要配制一个试样即能完全确定 K 值,方便得多。K 值法中,由于计算和测量的是待测相与内标物质的某衍射线的强度比 I_j/I_S,使得基体所产生的影响在求强度比的过程中被抵消了,或者说是被冲洗掉了,反映在公式中与基体因素无关,因此内标物质又称冲洗剂,K 值法又称基体冲洗法。

第 9 章　电子衍射及显微分析

9.1　透射电镜的一般知识

9.1.1　什么是透射电镜

除了 X 射线衍射以外,电子衍射也是物相分析的一种重要手段。电子衍射的专用设备为电子衍射仪,但随着透射电子显微镜的发展,电子衍射分析多在透射电子显微镜上进行。电子显微镜兼具物相分析和组织观察两种功能,而这两种功能的主要技术原理都是电子衍射,因此本书将透射电子显微镜归入物相分析部分。

透射电子显微镜是以波长很短的电子束作照明源,用电磁透镜聚焦成像的一种具有高分辨本领、高放大倍数的电子光学仪器,图 9-1 给出了两种透射电镜外观图。它同时具备两大功能:物相分析和组织分析。物相分析是利用电子和晶体物质作用可以发生衍射的特点,获得物相的衍射花样;而组织分析则是利用电子波遵循阿贝成像原理,可以通过干涉成像的特点,获得各种衬度图像。

(a)　　　　　　　　　　　　　　　　(b)

图 9-1　透射电镜外观图

(a) 常规(200 kV)透射电子显微镜　(b) 高压(1 000 kV)透射电子显微镜

9.1.2 透射电镜发展简史

如第 2 章所述,光学显微镜的分辨率受制于可见光波长,寻找短波长的照明光源便成为制造高分辨率显微镜的关键。顺着电磁波谱短波长方向,紫外线波长比可见光短,在 13～390 nm 范围。由于绝大多数样品物质都强烈地吸收波长小于 200 nm 的短波长紫外线,因此,可供照明使用的紫外线限于波长 200～250 nm 范围。这样,用紫外线作照明源,用石英玻璃透镜聚焦成像的紫外线显微镜分辨本领可达 100 nm 左右,比可见光显微镜提高了一倍。X 射线波长很短,在 0.05～10 nm 范围,γ 射线的波长更短,但是由于它们具有很强的穿透能力,不能直接被聚焦,因此不能得到足够强的光束作为微区照明和高倍率放大的显微镜光源。那么,是否存在一种波长很短,又能被聚焦成像的入射波呢?

1925 年,Louis de Broglie 提出了物质波的理论,即粒子具有波动性,这是一个对显微学领域意义重大、影响深远的发现。因为根据这个理论,不仅是电磁波,各种微观粒子,都可以作为入射波与物质作用,发生衍射现象。更重要的是,物质波的波长与其动量成反比,$\lambda = h/P$,只要将粒子加速到足够的动量,就能得到波长很短的物质波。1927 年 Davisson 与助手 Germer,Tompson 和 Reid 分别独立地进行了电子衍射实验,他们将电子加速,轰击在多晶体上,获得了电子衍射的照片,如图 9-2 所示,他们的实验充分证明了物质波的存在,第一次利用物质波探测了物质的内部结构。

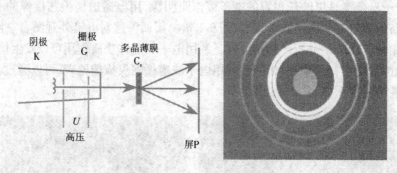

图 9-2　汤姆生(Tompson)的电子衍射实验示意图和电子衍射花样

另一个重大事件发生在 1926 年,Busch 指出具有轴对称性的磁场对电子束起着透镜的作用,有可能使电子束聚焦成像。这一发现直接导致电磁透镜的产生,并为电子显微镜提供了可行的技术。因为利用电磁透镜聚集电子束可以为高倍率的放大提供明亮的电子源,同时电磁透镜可以作为放大镜对电子图像逐级放大,至此,透射电子显微镜的理论基础和技术手段均已具备,电子显微镜的发明水到渠成。

1932 年柏林大学的 Knoll and Ruska 提出了透射电子显微镜的概念,并于 1933 年制出第一台带双透镜电子源的电子显微镜。点分辨率为 500 nm,比光学显微镜高 4 倍左右。仅仅四年以后,英国的厂家就生产出第一台商品透射电子显微镜,1939 年西门子开始批量生产 TEM(分辨率优于 100 nm),到 1954 年 Simens Elmiskop Ⅰ型透射电镜的分辨率已经优于 10 nm。

1949 年,Heidenreich 用透射电镜观察了电解减薄的铝试样,这对材料研究领域来讲,是一个重要的历史事件。20 世纪 50—60 年代英国牛津大学材料系的 P. B. Hirsch、M. J. Whelan,英国剑桥大学物理系的 A. Howie 随之开展了一系列的理论研究,建立了直接观察薄晶体缺陷和结构的实验技术及电子衍射衬度理论。70 年代初,美国亚利桑那州立大学物理系的 J. M. Cowley 发展了高分辨电子显微像的理论与技术。70 年代末、80 年代初,在各国科学家的共同努力下,一门崭新的学科——高空间分辨分析电子显微学逐步形成和成熟起来,其主要内容是采用高分辨分析电子显微镜对很小范围(约 5 nm)的区域进行电子显微研究(像晶体结构、电子结构、化学成分)。

9.1.3 为什么要用透射电镜

与扫描电镜和 X 射线衍射仪相比,透射电子显微镜具有明显的优势。

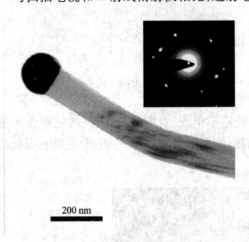

200 nm

图 9-3 GaP 纳米线的形貌及其衍射花样

(1)可以实现微区物相分析 由于电子束可以汇聚到纳米量级,它可实现样品选定区域电子衍射(选区电子衍射)或微小区域衍射(微衍射),同时获得目标区域的组织形貌,从而将微区的物相结构(衍射)分析与其形貌特征严格对应起来,如图 9-3 所示。

(2)高的图像分辨率 显微镜的分辨率和照明光源的波长存在以下关系:

$$\Delta r_0 = \frac{0.61\lambda}{n\sin\alpha}$$

由于电子可以在高压电场下加速,因此可以获得很短波长的电子束,相应地,电子显微镜的分辨率大大提高。电子束的波长

$$\lambda = \frac{h}{P} = \frac{h}{\sqrt{2meV}}$$

在高加速电压下,需要对电子的能量和静止质量引入相对论修正,即

$$eV = mc^2 - m_0 c$$

$$m = \frac{m_0}{\sqrt{1 - \frac{V^2}{c^2}}}$$

$$\lambda = \frac{h}{\sqrt{2m_0 eV\left(1 + \frac{eV}{2m_0 c^2}\right)}} = \frac{12.25}{\sqrt{V(1 + 10^{-6}V)}} \tag{9-1}$$

在各种加速电压下的电子束的波长列于表 9-1。

表 9-1 不同加速电压下电子束的波长

V/kV	λ/nm
100	0.037 0
200	0.025 1
300	0.019 7
1 000	0.008 7

可见光波长为400～800 nm,电子波长是光波长的10万分之一,只要能使加速电压提高到一定值就可得到很短的电子波。目前常规的透射电镜的加速电压为200～300 kV,虽然存在透镜像差等降低透射电镜分辨率的因素,最终的图像分辨率仍然可以低至0.1 nm左右,从而获得原子级的分辨率,直接观测原子像,见图9-4所示。

(3)获得立体丰富的信息 如果装备能谱、波谱、电子能量损失谱,透射电子显微镜可以实现微区成分和价键的分析。以上这些功能的配合使用,可以获得物质微观结构的综合信息。

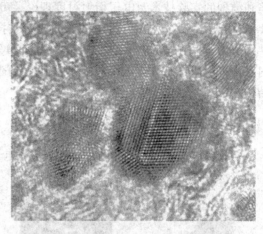

图9-4 纳米金刚石的高分辨图像

在图9-5的图像中,亮区由散射能力强的硅原子组成,对应硅晶体相;暗区包含大量散射能量弱的氧原子,对应含氧量高的非晶氧化硅;能量损失谱(EELS)表明,在硅和氧化硅的界面处存在一个厚度为1 nm的过渡层。

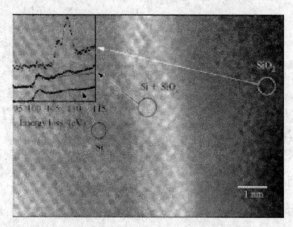

图9-5 三极管的沟道边界的高分辨环形探测器(ADF)图像及能量损失谱

与光学显微镜和X射线衍射仪相化,透射电镜具有更强的分析能力,具体比较见表9-2。

表9-2 三种典型分析手段的比较

仪器	波长/nm	分辨率/nm	聚焦	优 点	局限性
光学显微镜	400～800	2 000	可聚焦	简单,直观	只能观察表面形态,不能作微区成分分析
X射线衍射仪	0.01～100		无法聚焦	相分析简单精确	无法观察形貌
透射电子显微镜	0.025～1 (200 kV)	0.09～0.1	可聚焦	可进行组织分析、物相分析(电子衍射)、成分分析(能谱、波谱、电子能量损失谱)	价格昂贵,不直观,操作复杂,样品制备复杂

9.2　透射电镜的工作原理——阿贝成像原理

和光学显微镜一样,透射电子显微镜的工作原理仍然是阿贝成像原理(详见第 2 章),即平行入射波受到有周期性特征物体的散射作用在物镜的后焦面上形成衍射谱,各级衍射波通过干涉重新在像平面上形成反映物的特征的像。

在对布拉格方程的讨论(第 7 章)中提到,入射线的波长决定了结构分析的能力。只有晶面间距大于 $\lambda/2$ 的晶面才能产生衍射,换言之,只有入射波长小于 2 倍的晶面间距才能产生衍射。一般的晶体晶面间距与原子直径在一个数量级,即为十分之几纳米,光学显微镜显然无法满足这种要求,因此无法对晶体的结构进行分析,只能进行低分辨率的形貌观察。而透射电镜的电子束波长很短,完全满足晶体衍射的要求,如 200 kV 加速电压下电子束波长为 0.025 1 nm。因此根据阿贝成像原理,在电磁透镜的后焦面上可以获得晶体的衍射谱,故透射电子显微镜可以作物相分析;在物镜的像面上形成反映样品特征的形貌像,故透射电镜可以作组织分析。

9.3　透射电镜的结构

透射电镜由电子光学系统、真空系统及电源与控制系统三部分组成。电子光学系统是透射电子显微镜的核心,而其他两个系统为电子光学系统顺利工作提供支持。透射电镜的结构见图 9-6。

9.3.1　电子光学系统

电子光学系统通常称镜筒,是透射电子显微镜的核心,由于工作原理相同,在光路结构上电子显微镜与光学显微镜有很大的相似之处。只不过在电子显微镜中,用高能电子束代替可见光源,以电磁透镜代替光学透镜,为此获得了更高的分辨率(图 9-7)。电子光学系统分为三部分,即照明部分、成像部分和观察记录部分。

1. 照明部分

照明部分的作用是提供亮度高、相干性好、束流稳定的照明电子束。它主要由发射并使电子加速的电子枪,会聚电子束的聚光镜和电子束平移、倾斜调节装置组成。

(1)电子枪　电子枪是电子束的来

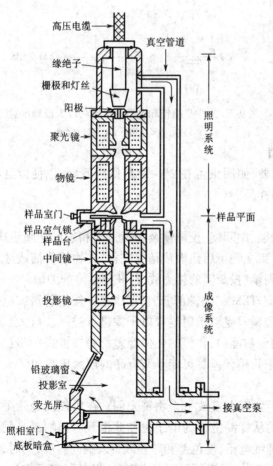

图 9-6　四级透镜电子显微镜简图

源,它不但能够产生电子束,而且采用高压电场将电子加速到所需的能量。电子枪包括热发射和场发射两种类型,详细的介绍见扫描电镜(第3章)。光源对于成像质量起重要作用。电镜的光源要提供足够数量的电子,发射的电子越多,图像越亮;电子速度越大,电子对样品的穿透能力越强;电子束的平行度、束斑直径和电子运动速度的稳定性都对成像质量产生重要影响。

(2)聚光镜 样品上需要照明的区域大小与放大倍数有关。放大倍数越高,照明区域越小,相应地要求以更细的电子束照明样品。由电子枪直接发射出的电子束的束斑尺寸较大,发散度大,相干性也较差。为了更有效地利用这些电子,由电子枪发射出来的电子束还需要进一步汇聚,获得亮度高、近似平行、相干性好的照明束,这个任务通常由聚光镜来完成。现代电镜采用双聚光镜系统(如图9-8),第一聚光镜是一个短焦距强激磁透镜,它把电子枪交叉点(Gun Crossover)的像缩小为 $1 \sim 5$ nm 的像;第二聚光镜是一个长焦距透镜,它可调节照明强度、孔径角和束斑大小。

(3)电子束平移、倾斜调节装置 为满足明场和暗场成像需要,照明束可在 $2° \sim 3°$ 范围内倾斜,以便以某些特定的倾斜角度照明样品。

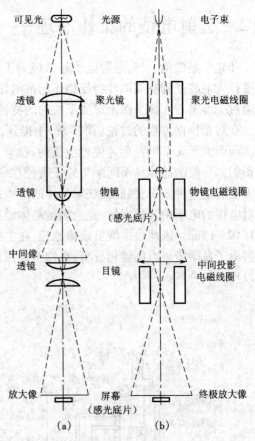

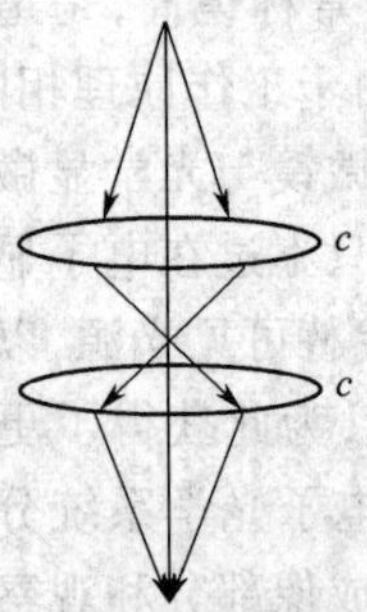

图9-7 光学显微镜和电子显微镜的放大原理示意图
(a) 光学显微镜 (b) 透射电镜

2. 成像部分

这部分主要由物镜、中间镜、投影镜及物镜光阑和选区光阑组成。穿过试样的透射电子束在物镜后焦面成衍射花样,在物镜像面成放大的组织像,并经过中间镜、投影镜的接力放大,获得最终的图像。

(1)物镜 物镜是 TEM 的关键部分,它形成第一幅衍射谱或电子像,成像系统中其他透镜只是对衍射谱或电子像进行进一步放大。物镜基本决定了电镜的分辨能力,物镜的任何像差都将在被进一步放大时加以保留,因此要求物镜像差尽可能小又有高的放大倍数($100 \times \sim 200 \times$)。

图9-8 双聚光镜系统

为了减小物镜的球差,往往在物镜的后焦面上安放一个物镜光阑。在后焦面处除了有近似平行于轴的透射电子束外,还有更多的从样品散射的电子也在此汇聚。把物镜光阑放在这儿的好处是:①挡掉大角度散射的非弹性电子,使色差和球差减少及提高衬度,同时,还可以得到样品更多的信息;②可选择后焦面上的晶体样品衍射束成像,获得明、暗场像。

在物镜的像平面上,装有选区光阑,该光阑是实现选区衍射功能的关键部件。

（2）中间镜　中间镜主要用于选择成像或衍射模式和改变放大倍数。当中间镜物面取在物镜的像面上时，则将图像进一步放大，这就是电子显微镜中的成像操作；当中间镜散焦，物面取在物镜后焦面时，则将衍射谱放大，在荧光屏上得到一幅电子衍射花样，这就是透射电子显微镜中的电子衍射操作。这两种工作模式如图 9-9 所示。

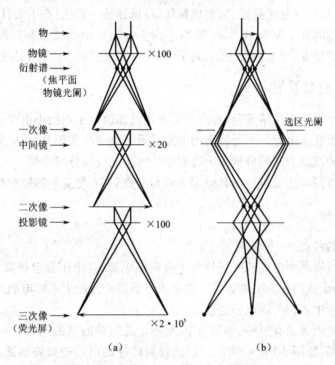

图 9-9　透射电镜的两种工作模式

（a）高放大率像　（b）衍射模式

在电镜操作过程中，主要是利用中间镜的可变倍率来控制电镜的总放大倍数。中间镜是一个弱激磁的长焦距变倍透镜，可在 0～20 倍范围调节。当放大倍数大于 1 时，用来进一步放大物镜像；当放大倍数小于 1 时，用来缩小物镜像。

（3）投影镜　投影镜的作用是把经中间镜放大（或缩小）的像（或电子衍射花样）进一步放大，并投影到荧光屏上，它和物镜一样，是一个短焦距的强磁透镜。投影镜一般用于固定的放大倍数。投影镜的内孔径较小，电子束进入投影镜孔径角很小（约 10^{-5} rad）。小的孔径角带来两个重要的特点：第一，景深大，所谓景深是指在保持清晰度的情况下，试样或物体沿镜轴可以移动的距离范围；第二，焦深长，所谓焦深是指在保持清晰度前提下，像平面沿镜轴可以移动的距离范围。长的焦深可以放宽电镜荧光屏和底片平面严格位置的要求，对仪器的制造和使用都很方便。

3. 观察记录部分

这部分由荧光屏及照相机组成。试样图像经过透镜多次放大后，在荧光屏上显示出高倍放大的像。如需照相，掀起荧光屏，使相机中底片曝光，底片在荧光屏之下，由于透射电子显微镜的焦长很大，虽然荧光屏和底片之间有数厘米的间距，但仍能得到清晰的图像。

其他记录方法包括：TV 录像，可作动态记录；CCD（Charge-Coupled Device）相机，可以获得可加工的信息；像板（Imaging plate），可反复读写，像的质量比普通胶片好。

9.3.2 真空系统

电子光学系统的工作过程要求在真空条件下进行,这是因为在充气条件下会发生以下情况:栅极与阳极间的空气分子电离,导致高电位差的两极之间放电;炽热灯丝迅速氧化,无法正常工作;电子与空气分子碰撞,影响成像质量;试样易于氧化,产生失真。

目前一般电镜的真空度为 10^{-3} Pa 左右。真空泵组多由机械泵和扩散泵两级串联成。为了进一步提高真空度,可采用分子泵、离子泵,真空度可达到 10^{-6} Pa 或更高。

9.3.3 电源与控制系统

供电系统主要用于提供两部分电源:一是电子枪加速电子用的小电流高压电源,一是透镜激磁用的大电流低压电源。一个稳定的电源对透射电镜非常重要,对电源的要求为:最大透镜电流和高压的波动引起的分辨率下降要小于物镜的极限分辨本领。

现在的透射电镜都用微机控制其使用参数和调整对中,使复杂的操作程序得以简化。

9.3.4 电磁透镜

1.电磁透镜的种类

电子显微镜可以利用电场或磁场使电子束聚焦成像,其中用静电场成像的透镜称为静电透镜,用电磁场成像的称为电磁透镜。由于静电透镜在性能上不如电磁透镜,所以在目前研制的电子显微镜中大都采用电磁透镜。

现在使用的电磁透镜有三种,如图 9-10 所示。最简单的电磁透镜只有一个线圈,产生非均匀轴对称磁场,如图 9-10(a)所示。励磁效果较好的电磁透镜将线圈用内部开口的铁壳封装起来,可以降低磁通的泄露,同时使开口处的磁场增强,如图 9-10(b)所示。为了实现更强的磁场,可以在开口的两侧装上两个极靴,极靴是由软磁材料制成的中心穿孔的柱体芯子,当电流通过线圈时,极靴被磁化,使磁场线集中在上下极靴间隙附近区域,如图 9-10(c)所示。

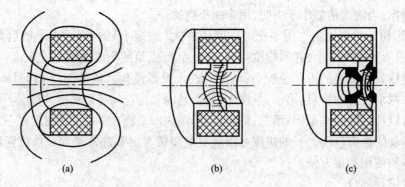

图 9-10　三种不同类型的电磁透镜

(a)简单电磁透镜　(b)带铁壳的电磁透镜　(c)带有极靴和铁壳的电磁透镜

2.电磁透镜工作原理

运动电子在磁场中受到洛伦兹力的作用,其表达式为

$$\boldsymbol{F} = -e\boldsymbol{V} \times \boldsymbol{B}$$

式中:e 为运动电子电荷;$\boldsymbol{V}$ 为电子运动速度矢量;$\boldsymbol{B}$ 为磁感应强度矢量;$\boldsymbol{F}$ 为洛伦兹力,$\boldsymbol{F}$ 的

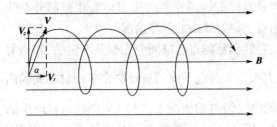

图 9-11　电子在均匀磁场的运动方式

方向垂直于矢量 **V** 和 **B** 所决定的平面，力的方向可由右手法则确定。若 **V**∥**B**，则 F=0，电子不受磁场力作用，其运动速度的大小及方向不变；若 **V**⊥**B**，则 **F** 方向反平行于 **V**×**B**，即只改变运动方向，不改变运动速度，从而使电子在垂直于磁场线方向的平面上作匀速圆周运动（见图 9-11）。若 **V** 与 **B** 既不垂直也不平行，而成一定夹角，则其运动轨迹为螺旋线。如果电子只是在均匀磁场中运动，则电子至多只能作螺旋运动，无法起到放大作用。

电磁透镜可以放大和汇聚电子束，是因为它产生的磁场沿透镜长度方向是不均匀的，但却是轴对称的（如图 9-12），其等磁位面的几何形状与光学玻璃透镜的界面相似，使得电磁透镜与光学玻璃凸透镜具有相似的光学性质。

如图 9-13 所示，把磁场任一点 A 的磁场强度 H 分解为 H_z 和 H_r，将运动到 A 点的电子速度 V 也分解成 V_z 和 V_r。当 H_z∥V_z，H_r∥V_r 时，两者不发生作用。当 H_z⊥V_r，H_r⊥V_z，电子分别受到作用力 F_1 和 F_2，力的方向都是由里向外。电子在力 F_1+F_2 作用

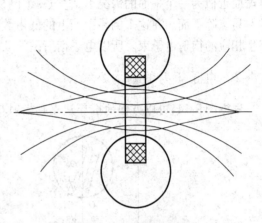

图 9-12　电磁透镜的磁场

下获得切向速度 $V_{1,2}$，而 $V_{1,2}$⊥H_z，于是又使电子受 F_r 向心力，使电子向轴偏转，同时电子束旋转了一个角度。电子束离轴越远，作用力越大。因此电子束（平行的或从一点发出的）都将汇聚在一点。

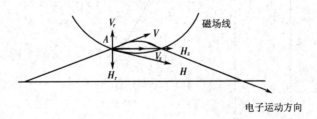

图 9-13　运动电子和非均匀磁场的相互作用

9.4　电子衍射物相分析

9.4.1　电子衍射花样的形成

由厄瓦尔德作图法（第 7 章）可知，倒易点 G（指数为 hkl）正好落在衍射球的球面上时，其对应的晶面可以发生衍射，产生的衍射线沿着球心 O_1 到倒易点 G 的方向，当该衍射线于底片（或荧光屏）相交时，形成一个衍射斑点 G'，所有参与衍射晶面的衍射斑点构成了一张

电子衍射花样。所以说,电子衍射花样实际上是晶体的倒易点阵与衍射球面相截部分在荧光屏上的投影,电子衍射图取决于倒易阵点相对于衍射球面的分布情况。

由于晶体样品的点阵单胞参数是确定的,它的倒易阵点的空间分布也是确定的,与衍射球面相交的倒易阵点取决于衍射球曲率 $\frac{1}{\lambda}$ 的大小。入射电子束的波长决定了衍射球面的曲率和衍射球面与倒易点阵的相对位置。在高能电子衍射的情况下,100 kV 加速电压产生的电子束的波长是 0.003 7 nm,衍射球的半径是 270 nm^{-1}。而典型金属晶体低指数晶面间距约为 0.2 nm,相应的倒易矢量长度约为 5 nm^{-1}。这就是说,衍射球的半径比晶体低指数晶面的倒易矢量长度大 50 多倍。在倒易点阵原点附近的低指数倒易点阵范围内,衍射球面非常接近平面。电子显微镜的加速电压越高,衍射球的半径越大,衍射球面越接近平面。在衍射球面近似为一个平面的情况下,它与三维倒易点阵交截得到的曲面为一个平面,即一个二维倒易点阵平面。在这个倒易平面上的低指数倒易阵点都和衍射球面相交,满足衍射方程,产生相应的衍射电子束。所以电子衍射图的几何特征与一个二维倒易点阵平面相同。

9.4.2 电子衍射的基本公式

根据图 9-14,可以方便地推导建立起衍射花样与晶面间距的关系。

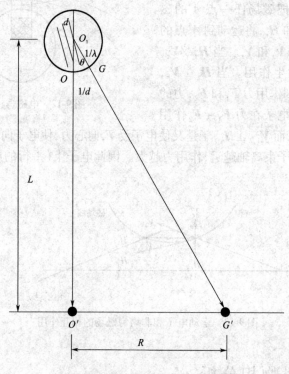

图 9-14 衍射斑点的形成示意图

图中,O' 是荧光屏上的透射斑点,G' 是衍射斑点。衍射球的曲率很大,画成平面只是一个近似的画法。如上所述,由于电子束波长很短,衍射球的半径很大,在倒易点阵原点 O 附近,衍射球面非常接近平面。因此如果倒易点 G 落在衍射球面上,$OG \perp O_1O$,$\triangle O_1OG$ 和 $\triangle O_1O'G'$ 都是直角三角形,且共用一个顶角,所以是相似三角形。

$$\frac{O_1 O}{O_1 O'} = \frac{OG}{O'G'}$$

将它们的长度值代入上式,得

$$\frac{1/\lambda}{L} = \frac{1/d}{R}$$

即

$$Rd = L\lambda \tag{9-2}$$

　　这就是电子衍射的基本公式。在恒定的实验条件下,$L\lambda$ 是一个常数,称为衍射常数,或仪器常数,已知 $L\lambda$,可由 R 值求出 d 值。因此可以根据衍射谱求出晶面间距及某些晶面的夹角,这是利用电子衍射谱进行结构分析的基本原理。

9.4.3　各种结构的衍射花样

　　材料的晶体结构不同,其电子衍射图中存在明显的差异。

　　(1)单晶体的衍射花样　单晶材料的衍射斑点形成规则的二维网格形状(如图 9-15);衍射花样与二维倒易点阵平面上倒易阵点的分布是相同的;电子衍射图的对称性可以用一个二维倒易点阵平面的对称性加以解释。随着与电子束入射方向平行的晶体取向不同,其与衍射球相交得到的二维倒易点阵不同,因此衍射花样也不同。

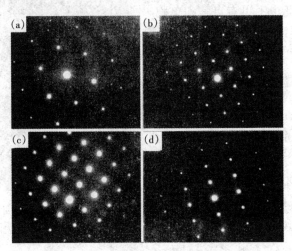

图 9-15　不同入射方向的 $C - ZrO_2$ 衍射斑点
(a) $[111]$　(b) $[011]$　(c) $[001]$　(d) $[112]$

　　(2)多晶材料的电子衍射　如果晶粒尺度很小,且晶粒的结晶学取向在三维空间是随机分布的,任意晶面组 $\{hkl\}$ 对应的倒易阵点在倒易空间中的分布是等几率的,形成以倒易原点为中心,$\{hkl\}$ 晶面间距的倒数为半径的倒易球面。无论电子束沿任何方向入射,$\{hkl\}$ 倒易球面与反射球面相交的轨迹都是一个圆环形,由此产生的衍射束为圆形环线。所以多晶的衍射花样是一系列同心的环,环半径正比于相应的晶面间距的倒数。当晶粒尺寸较大时,参与衍射的晶粒数减少,使得这些倒易球面不再连续,衍射花样为同心圆弧线或衍射斑点,如图 9-16 所示。

　　(3)非晶态物质衍射　非晶态结构物质的特点是短程有序、长程无序,即每个原子的近邻原子的排列仍具有一定的规律,仍然较好地保留着相应晶态结构中所存在的近邻配位情

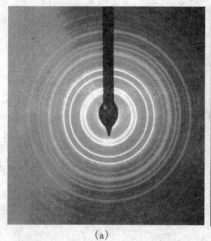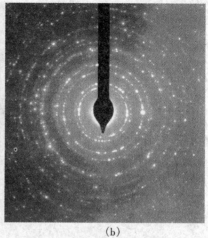

(a)　　　　　　　　　　　　(b)

图 9-16　NiFe 多晶纳米薄膜的电子衍射

（a）晶粒细小的薄膜　（b）晶粒较大的薄膜

况；但非晶态材料中原子团形成的这些多面体在空间的取向是随机分布的，非晶的结构不再具有平移周期性，因此也不再有点阵和单胞。由于单个原子团或多面体中的原子只有近邻关系，反映到倒空间也只有对应这种原子近邻距离的一或两个倒易球面。反射球面与它们相交得到的轨迹都是一或两个半径恒定的，并且以倒易点阵原点为中心的同心圆环。由于单个原子团或多面体的尺度非常小，其中包含的原子数目非常少，倒易球面也远比多晶材料的厚。所以，非晶态材料的电子衍射图只含有一个或两个非常弥散的衍射环，如图 9-17 所示。

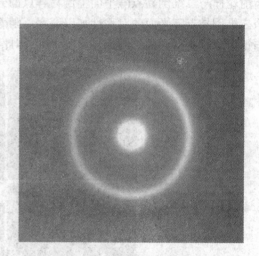

图 9-17　典型的非晶衍射花样

9.4.4　选区电子衍射

电子衍射的一个长处是可以对特定微小区域的物相进行分析，这种功能是通过选区衍射实现的。由于选区衍射所选的区域很小，因此能在晶粒十分细小的多晶体样品内选取单个晶粒进行分析，从而为研究材料单晶体结构提供了有利的条件。如图 9-18，在 NiAl 的多层膜组织中含有很多晶粒，如果对整个观察区域进行物相分析，只能得到多晶环，如图（b）所示，无法知道每个晶粒具体属于哪种物相；但通过选取特定区域（如白色环内区域）进行衍射分析，可得到该区域的物相信息，如图（c）所示。

实现选区衍射的方式如下：首先得到组织形貌像，此时中间镜的物平面落在物镜的像面上；在物镜像平面内插入选区光阑，套住目标微区，此时除目标微区以外，其他部分的电子束全部被选区光阑挡掉，只能看到所选微区的图像；降低中间镜激磁电流，使中间镜的物平面落在物镜的后焦面上，使电镜从成像模式转变为衍射模式，这时得到的衍射花样就只包括来

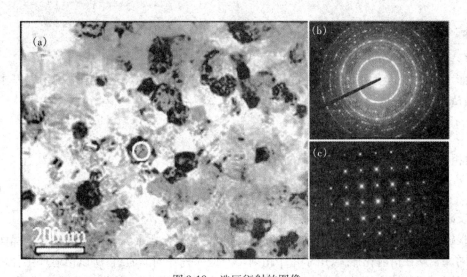

图 9-18　选区衍射的图像
（a）NiAl 多层模的组织形貌　（b）大范围衍射花样　（c）单个晶粒的选区衍射

自所选区域的信息。

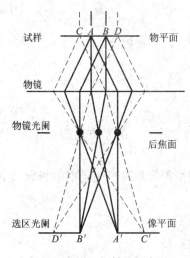

图 9-19　选区衍射的示意图

为什么在图像上选择区域，就能对样品上对应的区域进行衍射分析呢？这是因为电子束的光路具有可逆回溯的特点。图 9-19 为选区电子衍射的原理图，入射电子束通过样品后，透射束和衍射束将汇集到物镜的背焦面上形成衍射花样，然后各斑点经干涉后重新在像平面上成像。如果在物镜的像平面处加入一个选区光阑，只有 $A'B'$ 范围内的成像电子能通过选区光阑，并最终在荧光屏上形成衍射花样，这一部分花样实际上是由样品上 AB 区域提供的，所以在像平面上放置选区光阑的作用等同于在物平面上放置一个光阑。

选区光阑的直径在 $20 \sim 300\ \mu m$ 之间，若物镜放大倍数为 50 倍，那么在物镜的像平面上放直径为 $50\ \mu m$ 的选区光阑就相当于在物平面处放 $1\ \mu m$ 的视野光阑，可以套取样品上任何直径为 $1\ \mu m$ 的结构细节，可实现对 $1\ \mu m$ 范围的微区作选区衍射。

选区光阑的水平位置在电镜中是固定不变的，因此在进行正确的选区操作时，物镜的像平面和中间镜的物平面都必须与选区光阑的水平位置平齐，即图像和光阑孔边缘都聚焦清晰，说明他们在同一个平面上。如果物镜的像平面和中间镜的物平面重合于光阑的上方或下方，在荧光屏上仍能得到清晰的图像，但因所选的区域发生偏差而使衍射斑点不能和图像一一对应。

9.4.5 衍射花样分析

1. 多晶体结构分析

如前所述,完全无序的多晶体的衍射花样为一系列同心的环。根据电子衍射基本公式(9-2)$Rd = L\lambda$,得

$$R = \frac{L\lambda}{d}$$

$L\lambda$ 为相机常数,环半径正比于相应的晶面间距的倒数,即

$$R_1 : R_2 : \cdots : R_j : \cdots = \frac{1}{d_1} : \frac{1}{d_2} : \cdots : \frac{1}{d_j} : \cdots \tag{9-3}$$

上式反映了 R 的比值与各种晶体结构的晶面间距的关系。

根据结构消光原理,不同结构有各自不同的消光条件,因而其参与衍射的等同晶面组也不相同。表现在衍射花样上,由于每个衍射环对应一种等同晶面组,所以衍射环半径之比的规律不同。每种结构显示出自己的特征衍射环,这是鉴别不同结构类型晶体的依据。

立方晶系结构是材料科学研究中最经常碰到,也是最简单的,本书以这一晶系为例讨论结构与衍射花样的关系。立方晶体的晶面间距

$$d = \frac{a}{\sqrt{h^2 + k^2 + l^2}} = \frac{a}{\sqrt{N}} \tag{9-4}$$

式中:a 是点阵常数;$N = h^2 + k^2 + l^2$。将式(9-4)带入式(9-3),于是得

$$R_1 : R_2 : R_3 : \cdots = \sqrt{N_1} : \sqrt{N_2} : \sqrt{N_3} : \cdots$$

$$R_1^2 : R_2^2 : R_3^2 : \cdots = N_1 : N_2 : N_3 : \cdots \tag{9-5}$$

因为 N 都是整数,所以立方晶体的电子衍射花样中各个衍射环半径的平方比值一定满足整数比。

立方晶系包括四种不同类型的常见结构,各类结构根据消光条件产生衍射的指数如下:

简单立方结构:100,110,111,200,210,220,221,……

体心立方结构:110,200,112,220,310,222,312,……

面心立方结构:111,200,220,311,222,400,……

金刚石立方结构 111,220,311,400,331,422,……

相应地,各种结构的衍射花样中,衍射环半径平方之比遵循如下规律:

简单立方结构:1:2:3:4:5:6:8:9:10:11……

体心立方结构:2:4:6:8:10:12:14:16:18……

面心立方结构:3:4:8:11:12:16:19:20:24……

金刚石立方结构:3:8:11:16:19:24:27……

因此在测量了衍射环的半径,并对其平方之比进行对照后,可以确定晶格类型。

多晶衍射花样的分析是非常简单的。其基本程序如下:

①测量环的半径 R。

②计算 R_i^2 及 R_i^2/R_1^2,其中 R_1 为直径最小的衍射环的半径,找出最接近的整数比规律,由此确定了晶体的结构类型,并可写出衍射环的指数。

③根据 $L\lambda$ 和 R_i 值可计算出不同晶面族的 d_i。根据衍射环的强度确定 3 个强度最大的

衍射环的 d 值,借助索引就可找到相应的 ASTM 卡片。全面比较 d 值和强度,就可最终确定晶体是什么物相。

2. 单晶体结构分析

对于单晶体的衍射花样分析主要有两类工作:对已知的晶体结构,确定晶面取向;对未知的结构,进行物相鉴定。

单晶体结构分析的理论依据为:单晶电子衍射谱相当于一个倒易平面,每个衍射斑点与中心斑点的距离符合电子衍射的基本公式($Rd = L\lambda$),从而可以确定每个倒易矢量对应的晶面间距和晶面指数;两个不同方向的倒易点矢量遵循晶带定律($hu + kv + lw = 0$),因此可以确定倒易点阵平面(uvw)的指数;该指数也是平行于电子束的入射方向的晶带轴的指数。

1) 已知晶体结构,需要确定晶面取向

这类工作的基本程序如下。

①测量距离中心斑点最近的三个衍射斑点到中心斑点的距离 R。

②测量所选衍射斑点之间的夹角 ϕ。

③根据公式 $Rd = L\lambda$,将测得的距离换算成面间距 d。

④因为晶体结构是已知的,将求得的 d 值与该物质的面间距表(如 PDF 卡片)相对照,得出每个斑点的晶面族指数 $\{hkl\}$。

⑤决定离中心斑点最近衍射斑点的指数。若 R_1 最短,则相应斑点的指数可以取等价晶面 $\{h_1 k_1 l_1\}$ 中的任意一个 $(h_1 k_1 l_1)$。

⑥决定第二个斑点的指数。第二个斑点的指数不能任选,因为它和第一个斑点间的夹角必须符合夹角公式。对立方晶系来说,两者的夹角可用下式求得:

$$\cos \phi = \frac{h_1 h_2 + k_1 k_2 + l_1 l_2}{\sqrt{(h_1^2 + k_1^2 + l_1^2)} \sqrt{(h_2^2 + k_2^2 + l_2^2)}} \tag{9-6}$$

在决定第二个斑点指数时,应进行所谓尝试校核,即只有 $(h_2 k_2 l_2)$ 代人夹角公式后求出的 ϕ 角和实测的一致时,$(h_2 k_2 l_2)$ 指数才是正确的,否则必须重新尝试。应该指出的是 $\{h_2 k_2 l_2\}$ 晶面族可供选择的特定 $(h_2 k_2 l_2)$ 值往往不止一个,因此第二个斑点的指数也带有一定的任意性。

⑦决定了两个斑点后,其他斑点可以根据矢量运算法则求得:

$$(h_3 k_3 l_3) = (h_1 k_1 l_1) + (h_2 k_2 l_2)$$

⑧根据晶带定理,求晶带轴的指数,即零层倒易截面法线的方向:

$$[uvw] = g_{h_1 k_1 l_1} \times g_{h_2 k_2 l_2}$$

其中

$$u = k_1 l_2 - k_2 l_1$$
$$v = l_1 h_2 - l_2 h_1$$
$$w = h_1 k_2 - h_2 k_1$$

下面用一个例子说明以上的标定程序。

已知纯镍的结构为面心立方(fcc),晶格常数 $a = 0.352\ 3$ nm,相机常数为 1.12 mm·nm,根据衍射花样(图 9-20)确定晶面指数和晶体取向。

①测量的各衍射斑点离中心斑点的距离为:$R_1 = 5.5$ mm,$R_2 = 13.9$ mm,$R_3 = 14.25$ mm;夹角 $\phi_1 = 82°$,$\phi_2 = 76°$。

②由 $Rd = L\lambda$ 算出 d:

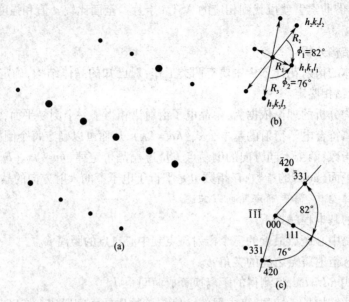

图 9-20 单晶镍电子衍射的标定
(a)衍射花样 (b)测量结果 (c)标定结果

$d_1 = 0.203\ 8$ nm,查表得$\{111\}$

$d_2 = 0.080\ 5$ nm,查表得$\{331\}$

$d_3 = 0.078\ 4$ nm,查表得$\{420\}$

③任意确定$(h_1k_1l_1)$为(111)。

④试选$(h_2k_2l_2)$为$(\bar{3}31)$。

由立方晶系夹角公式

$$\cos\phi = \frac{h_1h_2 + k_1k_2 + l_1l_2}{\sqrt{(h_1^2 + k_1^2 + l_1^2)}\sqrt{(h_2^2 + k_2^2 + l_2^2)}} = \frac{(-3) + 3 + 1}{\sqrt{3}\sqrt{19}} = 0.132\ 4$$

解得　　$\phi = 83.388°$

符合实测值,而其他指数如$(3\bar{1}3)$不符合夹角要求。

⑤根据矢量运算得

$$(h_3k_3l_3) = (h_1k_1l_1) + (\bar{h}_2\ \bar{k}_2\ \bar{l}_2) = (111) + (3\ \overline{31}) = (4\ \overline{2}0)$$

⑥由晶带定律可求得晶带方向为

$$[111] \times [\bar{3}31] = [\bar{1}23]$$

2)对未知的结构进行物相鉴定

一张电子衍射图能列出三个独立的方程(两个最短的倒易矢量长度和它们之间的夹角),而一个点阵单胞的参数有六个独立变量$(a,b,c,\alpha,\beta,\gamma)$;从另一个角度来看,一张电子衍射图给出的是一个二维倒易面,无法利用二维信息唯一地确定晶体结构的三维单胞参数,因此从一张电子衍射图上无法得到完整的晶体结构的信息。为了得到晶体的三维倒易点阵需要绕某一倒易点阵方向倾转晶体,得到包含该倒易点阵方向的一系列衍射图,由它们重构出整个倒易空间点阵。

具体操作时,应在几个不同的方位摄取电子衍射花样,保证能测出长度最小的 8 个 R 值。根据公式 $Rd = L\lambda$,将测得的距离换算成面间距 d;查 ASTM 卡片和各 d 值都相符的物相即为待测的晶体。因为电子显微镜的精度所限,很可能出现几张卡片上 d 值均和测定的 d 值相近,此时应根据待测晶体的其他资料例如化学成分、处理工艺等来排除不可能出现的物相。

3) 标准花样对照法

以上介绍的衍射花样的标定是建立在计算基础上的,实际操作过程中常常用到另外一种经验方法——标准花样对照法,即将实际观察、记录到的衍射花样直接与标准花样对比,写出斑点的指数并确定晶带轴的方向。所谓标准花样就是各种晶体点阵主要晶带的倒易截面,它可以根据晶带定理和相应晶体点阵的消光规律绘出。一个较熟练的电镜工作者,对常见晶体的主要晶带标准衍射花样是熟悉的。因此,在观察样品时,一套衍射斑点出现(特别是当样品的材料已知时),基本可以判断是哪个晶带的衍射斑点。应注意的是,在摄取衍射斑点图像时,应尽量将斑点调得对称,即通过倾转使斑点的强度对称均匀,这时表明晶带轴与电子束平行,这样的衍射斑点特别是在晶体结构未知时更便于和标准花样比较。在系列倾转摄取不同晶带斑点时,应采用同一相机常数,以便对比。综上所述,标准花样对比法是一种简单易行而又常用的方法,可以收到事半功倍的效果。

4) 单晶花样出现大量斑点的原因

在实际观察单晶花样时,可看到大量强度不等的斑点,如果按照严格符合布拉格方程或厄瓦尔德图解才能发生衍射的理论,不能圆满解释这种现象,而可用以下四点来说明。

①在第 7 章 7.3.4 节中曾经讲到,由于实际样品有确定的形状和有限的尺寸,因而它们的衍射点在空间上沿晶体尺寸较小的方向会有扩展,扩展量为该方向上实际尺寸的倒数。晶体在电子束入射方向很薄,衍射点(倒易点)在这个方向拉长成倒易杆。当与精确的布拉格条件存在偏差时,只要扩展后的倒易点接触厄瓦尔德球面,就将产生衍射,如图 9-21 所示。用偏离矢量 s 来表示这种偏差,s 是一个矢量,由倒易点阵的中心指向厄瓦尔德球面。$s=g \cdot \Delta\theta$,s 越大,衍射强度就越弱。

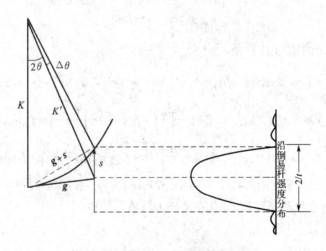

图 9-21　倒易点的扩展和偏离矢量

②电子束有一定的发散度,这相当于倒易点不动而入射电子束在一定角度内摆动。

③薄晶体试样弯曲,相当于入射电子束不动而倒易点阵在一定角度内摆动。

④另外,当加速电压不稳定,入射电子束波长并不单一,Ewald 球面实际上具有一定的厚度,也使衍射机会增多。

所有这些都增大了与反射球面相截的可能性,因此只要被衍射的单晶试样足够薄,就可得到有大量衍射斑点的电子衍射谱。

3. 复杂电子衍射花样

除了以上介绍的简单的晶体衍射花样外,在复杂的晶体结构和不同的电子作用方式下,还会出现一些复杂的电子衍射花样,这里介绍几种最常见的情况。

1) 超点阵花样

在无序的晶体结构(如体心立方、面心立方、金刚石结构)中,由于结构因子的存在,会造成某些晶面的衍射线消失,称为结构消光(详见第7章7.3.3)。但当晶体为有序结构时,情况就会发生变化。在无序结构中,各个晶体阵点的原子类型是随机的,如在 $AuCu_3$ 的无序相 α 中,Au 原子和 Cu 原子随机地出现在各个阵点上,可以认为每个晶体阵点上出现 Au 原子的概率为25%,而 Cu 原子的概率为75%,记为 0.75Cu0.25Au(图9-22(a)),每个阵点上的原子散射因子为考虑了两种原子权重的混合因子,且所有阵点的散射因子 f_j 相同。有序相是指不同种类的原子分别占据晶格中不同的位置,在 $AuCu_3$ 有序相 α 中,Au 原子占据顶点位置而 Cu 原子位于面心位置(图9-22(b))。因此各个阵点上的原子类型不同,原子散射因子分别为 Au 原子的散射因子 f_{Au} 和 Cu 原子的散射因子 f_{Cu}。这种在晶体点阵之上仍然存在原子有序分布的结构称为超点阵结构。

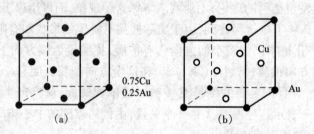

图9-22　$AuCu_3$ 无序相和有序相的晶胞结构
(a)无序相　(b)有序相

这种有序相 α' 的结构因子为

$$|F_{hkl}|^2 = \Big[\sum_{j=1}^{n} f_j \cos 2\pi (hx_j + ky_j + lz_j) \Big]^2 + \Big[\sum_{j=1}^{n} f_j \sin 2\pi (hx_j + ky_j + lz_j) \Big]^2$$

$$= \Big[f_{Au} \cos 2\pi(0) + f_{Cu} \cos 2\pi \Big(\frac{h+k}{2} \Big) + f_{Cu} \cos 2\pi \Big(\frac{k+l}{2} \Big) + f_{Cu} \cos 2\pi \Big(\frac{h+l}{2} \Big) \Big]^2$$

$$+ \Big[f_{Au} \sin 2\pi(0) + f_{Cu} \sin 2\pi \Big(\frac{h+k}{2} \Big) + f_{Cu} \sin 2\pi \Big(\frac{k+l}{2} \Big) + f_{Cu} \sin 2\pi \Big(\frac{h+l}{2} \Big) \Big]^2$$

$$= [f_{Au} + f_{Cu} \cos \pi(h+k) + f_{Cu} \cos \pi(k+l) + f_{Cu} \cos \pi(h+l)]^2$$

当 h、k、l 全奇全偶时,$h+k$、$h+l$、$k+l$ 全为偶数。所以

$$|F_{hkl}|^2 = [f_{Au} + 3f_{Cu}]^2$$

有衍射产生。

当 h、k、l 中奇偶混杂时,$h+k$、$h+l$、$k+l$ 中必有两个为奇数,一个为偶数,故

$$|F_{hkl}|^2 = [f_{Au} - f_{Cu} + f_{Cu} - f_{Cu}]^2 = [f_{Au} - f_{Cu}]^2$$

由于两种原子的散射因子不同,因此结构因子不为零,有衍射产生,只不过衍射强度很低。

图9-23为实际的电子束沿 $AuCu_3$[001]方向入射的衍射花样。在无序相中只有符合晶面指数全奇全偶,如(020)(200)(220)等的衍射斑点,而在有序相中出现了奇偶混杂的晶面

的衍射斑点,如(010)(100)(110),但这些超点阵斑点的强度相对正常斑点要弱很多。

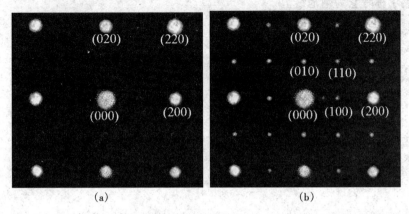

图 9-23　$AuCu_3$ 无序相和有序相沿[001]方向的衍射花样

(a)无序相　(b)有序相

2)高阶劳厄带

由于衍射球的半径不是无穷大,除了通过倒易原点的零层倒易面上的阵点可能与衍射球相截外,与此平行的其他高阶倒易面上的阵点也可能与 Ewald 球相截,从而产生另外一套或几套斑点,称为高阶劳厄带,如图 9-24(a)所示。这些高阶劳厄带中的斑点满足广义晶带定律:

$$hu + kv + lw = N, N = 0, \pm 1, \pm 2 \cdots$$

$N = 0$,为零阶劳厄带(即简单电子衍射谱);$N \neq 0$,为 N 阶劳厄带。

零阶与高阶劳厄带结合在一起就相当于二维倒易平面在三维空间的堆垛。高阶劳厄带提供了倒空间中的三维消息,弥补了二维电子衍射谱不唯一性的缺陷,对于相分析和研究取向关系极为有用。

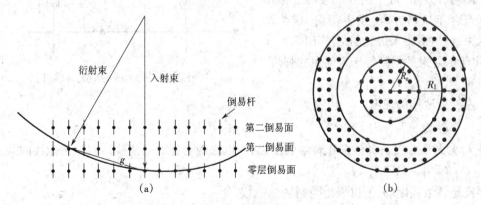

图 9-24　高阶劳厄带的形成机理和衍射花样

(a)形成机理　(b)一阶劳厄带与零阶劳厄带共存的衍射花样

3)菊池线

若试样厚度较大($100 \sim 150$ nm)时,且单晶又较完整,在衍射照片上除了衍射斑点外,还会有一系列平行且成对出现的亮暗线。其亮线通过衍射斑点或在其附近,暗线通过透射斑点或在其附近,当厚度再继续增加时,点状花样会完全消失,只剩下大量亮、暗平行线对

（图 9-25）。这些线对是菊池正士于 1928 年在云母的电子衍射花样中首次发现的，人们用发现者的名字称呼它为菊池线。

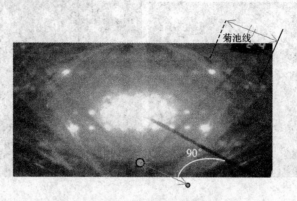

图 9-25　晶体衍射花样中的菊池线

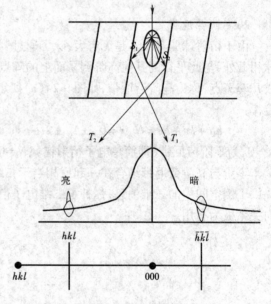

图 9-26　菊池线的形成示意图

菊池线是晶体内一次非弹性散射电子再发生弹性散射的现象，产生的机理如下（见图 9-26）：由于样品的尺寸较厚，入射电子在晶体中运动的过程中遭受非弹性散射，散射强度随散射方向而变，此时犹如在晶体内部形成一个新的散射光源，光源的发射强度随方向变化而有所不同，在入射电子束周围低角度的散射波具有较大的强度，而高角度的散射波具有较低的强度，这些非弹性散射的电子构成了背底强度。对于一组特定的晶面在散射光源两侧均有分布，每一侧分别会有一束散射光符合布拉格方程，发生衍射，成为衍射光束，但这两束入射光的强度不同，$S_1 < S_2$，由于衍射束的强度等于入射束的强度，所以 $T_2 = S_2 > S_1$，$T_1 = S_1 < S_2$。

左侧菊池线的强度

$$I = I_B + T_2 - S_1 > I_B$$

其中 I_B 为背底强度。其强度比背景强度强，所以表现为亮的菊池线。右侧菊池线的强度

$$I = I_B + T_1 - S_2 < I_B$$

其强度比背景强度弱，所以表现为暗的菊池线。

菊池线具有以下特点：hkl 菊池线对与中心斑点到 hkl 衍射斑点的连线正交，而且菊池线对的间距与上述两个斑点的距离相等；一般情况下，菊池线对的增强线在衍射斑点附近，减弱线在透射斑点附近。hkl 菊池线对的中线对应于（hkl）面与荧光屏的截线。两条中线的交点称为菊池极，为两晶面所属晶带轴与荧光屏的交点；倾动晶体时，菊池线好像与晶体固定在一起一样发生明显的移动，精度达 $0.1°$。

菊池花样随入射电子束相对于晶体的取向连续的变化，对晶体的转动非常敏感，所以可

以被用来准确地确定晶体的取向,也可以用来测定偏离矢量 s。

9.5　电子显微衬度像

以上电子衍射花样是对物镜后焦面的图像的放大结果,如果对物镜像面上的图像进行放大,就可得到电子显微图像。电子显微图像携带材料组织结构信息,电子束受物质原子的散射,在离开下表面时,除了沿入射方向的透射束以外,还有受晶体结构调制的衍射束,它们的振幅和相位都发生了变化。选取不同的成像信息,可以形成不同类型的电子衬度图像。例如选择单束(透射束或一个衍射束)可以成衍射衬度相,选择多束(透射束和若干衍射束)可以成相位衬度像,选择高角衍射束可以成原子序数衬度像等。

从 1965 年开始,Hirsh 等将 TEM 用于直接观察薄晶体试样,并利用电子衍射效应来成像(阿贝成像原理)。不仅显示了材料内部的组织形貌衬度,而且获得许多与材料晶体结构有关的信息(包括点阵类型、位相关系、缺陷组态等),如果配备加热、冷却、拉伸等装置,还能在高分辨率条件下进行金属薄膜的原位动态分析,直接研究材料的相变和形变机理,以及材料内部缺陷的发生、发展、消失的全过程,能更深刻地揭示其微观组织和性能之间的内在联系。目前还没有任何其他的方法可以把微观形貌和结构特征如此有机地联系在一起。

9.5.1　衬度定义

透射电镜中,所有的显微像都是衬度像。所谓衬度是指两个相邻部分的电子束强度差,衬度 C 大小用下式表示,即

$$C = \frac{I_1 - I_2}{I_2} = \frac{\Delta I}{I_2} \tag{9-7}$$

对于光学显微镜,衬度来源是材料各部分反射光的能力不同。在透射电镜中,当电子逸出试样下表面时,由于试样对电子束的作用,使得透射到荧光屏上的强度是不均匀的,这种强度不均匀的电子像称为衬度像。

9.5.2　四种衬度

透射电镜中按照成像机制不同,可以将衬度像分为四种。

①质厚衬度(Mass-thickness contrast):由于材料的质量厚度差异造成的透射束强度的差异而产生的衬度。(主要用于非晶材料)

②衍射衬度(Diffraction contrast):由于试样各部分满足布拉格条件的程度不同以及结构振幅不同而产生的。(主要用于晶体材料)

③相位衬度(Phase contrast):试样内部各点对入射电子作用不同,导致它们在试样出口表面上相位不一,经放大让它们重新组合,使相位差转换成强度差而形成的。

④原子序数衬度(Z contrast):衬度正比于 Z^2。在原子序数衬度中同时包含相位衬度和振幅衬度的贡献。

质厚衬度和衍射衬度都是由入射波的振幅改变引起的,都属于振幅衬度。试样厚度大于 10 nm 时,以振幅衬度为主;试样厚度小于 10 nm 时,以相位衬度为主。

1. 质厚衬度

质厚衬度是由于试样各处组成物质的原子种类不同和厚度不同造成的衬度。在元素周

期表上处于不同位置(原子序数不同)的元素,对电子的散射能力不同。重元素比轻元素散射能力强,成像时被散射出光阑以外的电子也越多;试样越厚,对电子的吸收越多,被散射到物镜光阑外的电子就越多,而通过物镜光阑参与成像的电子强度就越低,即衬度与质量、厚度有关,故叫质厚衬度。衬度与原子序数 Z、密度 ρ 及厚度 t 有关:

$$C = \frac{\pi N_0 e^2}{V^2 \theta^2} \left(\frac{Z_2^2 \rho_2 t_2}{A_2} - \frac{Z_1^2 \rho_1 t_1}{A_1} \right) \tag{9-8}$$

用小的光阑(θ 小)衬度大;降低电压 V,能提供高质厚衬度。

图 9-27(b)给出了 GaAs 表面上的 $In_x Ga_{1-x} As$ 量子点的质厚衬度图像,由于量子点含有较重的 In 原子,同时量子点在薄膜的表面上,因此厚度较大,所以量子点在图中为黑色斑点区域。

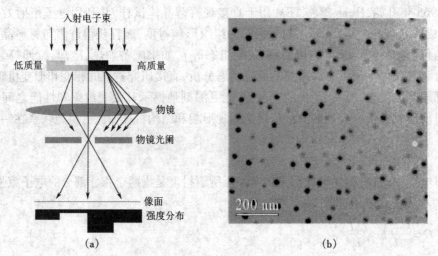

图 9-27 质厚衬度的原理和实例

(a)质厚衬度的原理图　(b)GaAs 表面上的 $In_x Ga_{1-x} As_x$ 量子点的质厚衬度图像

2. 衍射衬度

衍射衬度是由晶体满足布拉格反射条件程度不同而形成的衍射强度差异。如图 9-28 所示,晶体薄膜里有两个晶粒 A 和 B,它们之间的唯一的差别在于它们的晶体学位向不同,其中 A 晶粒内的所有晶面组与入射束不成布拉格角,强度为 I_0 的入射束穿过试样时,A 晶粒不产生衍射,透射束强度等于入射束强度,即 $I_A = I_0$,而 B 晶粒的某(hkl)晶面组恰好与入射方向成精确的布拉格角,而其余的晶面均与衍射条件存在较大的偏差,即 B 晶粒的位向满足"双光束条件"。此时,(hkl)晶面产生衍射,衍射束强度为 I_{hkl},如果假定对于足够薄的样品,入射电子受到的吸收效应可不予考虑,且在所谓"双光束条件"下忽略所有其他较弱的衍射束,则强度为 I_0 的入射电子束在 B 晶粒区域内经过散射之后,将成为强度为 I_{hkl} 的衍射束和强度为 $I_0 - I_{hkl}$ 的透射束两个部分。如果让透射束进入物镜光阑,而将衍射束挡掉,在荧光屏上,A 晶粒比 B 晶粒亮,就得到明场像。如果把物镜光阑孔套住(hkl)衍射斑,而把透射束挡掉,则 B 晶粒比 A 晶粒亮,就得到暗场像。

图 9-29 的 Al-Cu 合金组织明场像形貌中,较暗的晶粒都含有符合布拉格方程较好的晶面,经过这些晶粒的大部分入射束都被衍射开来,并被光阑挡掉,无法参与成像,因此图像较暗;而越明亮的晶粒,透过的电子越多,说明衍射束较弱,偏离布拉格条件较远。

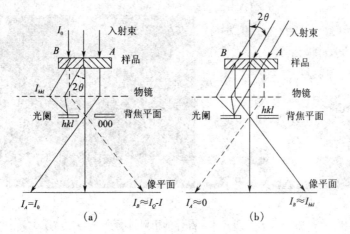

图 9-28　衍射衬度的形成

（a）明场像　（b）中心暗场像

图 9-29　Al-Cu 合金的衍射衬度明场像

衍衬成像中,某一最符合布拉格条件的(hkl)晶面组起十分关键的作用,它直接决定了图像衬度,特别是在暗场像条件下,像点的亮度直接等于样品上相应物点在光阑孔所选定的那个方向上的衍射强度,而明场像的衬度特征是跟暗场像互补的,如图 9-30 所示。正因为衍衬像是由衍射强度差别所产生的,所以衍衬图像是样品内不同部位晶体学特征的直接反映。

3. 相位衬度

以上两种衬度像发生在较厚的样品中,透射束的振幅发生变化,因而透射波的强度发生了变化,产生了衬度。当在极薄的样品(小于 10 nm)条件下,不同样品部位的散射差别很小,或者说在样品各点散射后的电子基本上不改变方向和振幅,因此无论衍射衬度或质厚衬度都无法显示,但在一个原子尺度范围内,电子在距原子核不同地方经过时,散射后的电子能量会有 10 ~ 20 eV 的变化,从而引起频率和波长的变化,并引起相位差别。

例如一个电子在离原子核较远处经过,基本上不受散射,用波 T 表示,另一个电子在距离原子核很近处经过,被散射,变成透射波 I 和散射波 S,T 波和 I 波相差一个散射波 S,而 S

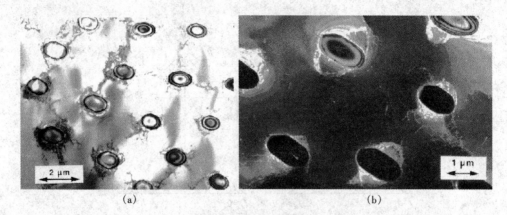

图 9-30　晶体的衍射衬度

(a)明场像　(b)暗场像

波和 I 波位相差为 $\dfrac{\pi}{2}$，在无像差的理想透镜条件下，S 波和 I 波在像平面上可以无像差地再叠加成像，所得结果振幅和 T 一样(如图 9-31 所示)，仍然不会有振幅的差别，但如果使 S 波改变相位 $\dfrac{\pi}{2}$，波 $I+S$ 与波 T 的振幅就会产生差异，造成相位衬度，如图 9-31(c)。由于这种衬度变化是在一个原子的空间范围内，所以可以用来辨别原子，形成原子分辨率的图像。

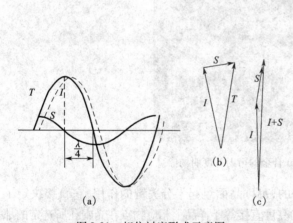

图 9-31　相位衬度形成示意图

(a)不同的透射波及其差别　(b)不改变散射波的位相

(c)改变散射波位相

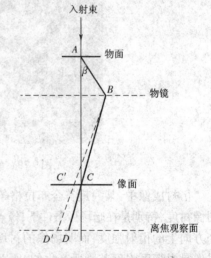

图 9-32　物镜球差和欠焦量引入的光程差

在透射电镜中，有两种方法可以引入附加相位：物镜的球差(C_α)和欠焦量，如图 9-32。由于透镜球差引入的程差

$$ABC - ABC' = C_\alpha \beta^4$$

如果观察面位于像面之下(物镜欠焦 Δf)，引进的程差则是

$$DC - D'C' \approx -0.5\Delta f \beta^2$$

虽然物镜的球差是无法改变的，但通过适当选择欠焦量，使两种效应引起的附加相位变化是 $\dfrac{\pi}{2}$，就可使相位差转换成强度差，使相位衬度得以显现。

图 9-33 展示了在 Al-Cu-Li 合金中的一片 T_1 析出物的高分辨相位衬度像,该析出物只有一层原子厚,在析出物附近的基体相原子发生了弛豫,偏离了正常晶格节点位置。对于这种单原子层析出物的直接观察,透射电镜的相位衬度像显示了强大的优势。

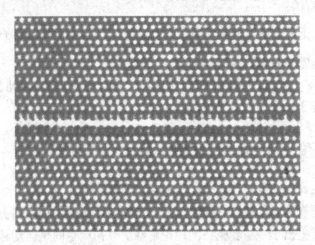

图 9-33　Al-Cu-Li 合金中的 T_1 析出物的高分辨图像

4. 原子序数衬度

原子序数衬度的产生基于扫描透射电子显微术(Annular-dark-field scanning transmission electron microscopy,STEM)。STEM 是将扫描附件加于 TEM 上,STEM 的像来源于当精细聚焦电子束(<0.2 nm)扫描样品时,逐一照射每个原子柱,在环形探测器上产生强度的变化图,从而提供原子分辨水平的图像(如图 9-34 所示)。因为电子束是精确聚焦和高度汇聚的,所以每个衍射点实际上是个盘。环形暗场探测器收集很高角度的衍射盘,角度大于 35 ~100 mrad(由 200 kV 电子引起 Au 的(200)面的衍射角约为 6 mrad)。

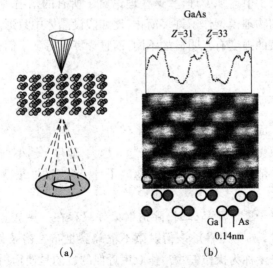

(a)　　　　　　　　　　(b)

图 9-34　STEM 的原理和实例

(a)工作模式图　(b)原子序数像

当探测高角度散射信号时,探测器上的强度主要来自声子散射项,即热漫反射(Thermal

diffuse scattering,TDS）。每一个被照明的原子柱的强度与热漫反射散射截面（σ_{TDS}）直接相关，σ_{TDS}的值等于在探测器的环形范围内对原子类型因子进行积分，即

$$\sigma_{\text{TDS}} \propto \int_{\text{detector}} f^2(s)\left[1 - \exp(-2Ms^2)\right] \mathrm{d}^2 s \tag{9-9}$$

式中：$f(s)$为原子对于弹性散射的波形系数；$s = \dfrac{\theta}{2\lambda}$；$\theta$ 为散射角；λ 为电子波长；M 为 Debye-Waller 因子，定义为原子的均方热振动振幅。

由于 σ_{TDS} 正比于 $f(s)$ 的平方，而 $f(s)$ 是同原子序数成正比的，因此 STEM 提供了原子序数衬度，衬度正比于原子序数的平方。

9.6 衍射衬度理论解释——运动学理论

目前，透射电镜获得的电子显微图像大部分都是衍射衬度图像，在衍射衬度图像中，存在许多常见的现象，如等厚条纹、等倾条纹、位错图像的规律性出现与消失等等，对于这些现象，透射电镜工作者提出了一整套完备的理论解释。最初产生的是运动学理论，这种理论假定透射束与衍射束之间无相互作用，随着电子束进入样品的深度增加，透射束不断减弱，衍射束不断加强。用运动学理论能解释大部分衍衬现象。随后又发展出动力学理论，这种理论认为随着电子束进入样品的深度增加，透射束和衍射束的能量交互变换，动力学理论更加符合实际，可以很好地解释衍射衬度图像的各种现象。由于动力学理论较为复杂，本书只介绍运动学理论。

在衍射衬度图像中，暗场像是由衍射束形成的图像，计算衍射束强度 I_D 就是求完整晶体的暗场像衬度。而明场像和暗场像是互补的，因此，通过计算衍射束强度可以解释所有的衍射衬度。

在第 7 章已经介绍了衍射强度理论，这些理论对于所有的衍射现象是普遍适用的。运动学理论对电子衍射的物理模型作了许多简化，比如假设晶体中只形成一束衍射束，使衍射束的强度与普通衍射束的强度有了明显的不同，而且计算也得到了简化，使衍射强度公式变得简单具体。

9.6.1 运动学理论的基本假设

运动学理论是以下面的基本假设为推导基础的。

①透射束与衍射束无相互作用。（偏离矢量 s 越大，厚度 t 越小，这一假设就越成立）

②电子束在晶体内部多次反射及吸收可忽略不计。（当试样很薄，电子速度很快时，假设成立）

③双束近似。当电子通过薄晶体时，除透射束外只存在一束较强的衍射束（其他衍射束大大偏离布拉格条件，强度为零），该衍射束不精确满足布拉格条件（存在偏离矢量 s）。该衍射束对应的倒易矢量称为操作矢量。作双束近似的目的是使衍射束强度比入射束小很多，以便二者的交互作用可被忽略；并且透射束强度和衍射束强度互补，$I_0 = I_T + I_g$。

④柱体近似。所谓柱体近似就是把成像单元缩小到一个晶胞的尺度。可以假定透射束和衍射束都能在一个和晶胞尺寸相当的晶柱内通过，此晶柱的截面积等于一个晶胞的底面积，相邻晶柱内的衍射波不相干扰，晶柱底面上的衍射强度代表一个晶柱内晶体结构的情

况,每个晶胞作为一个像点,将每个像点的衬度结果连接成像,可以得到组织缺陷形貌。

9.6.2 完整晶体衍射衬度的运动学理论

1. 完整晶体的衍射束强度

完整晶体是指无点、线、面缺陷(如位错、层错、晶界和第二相物质等微观晶体缺陷)的晶体。根据以上假设,将晶体看成是由沿入射电子束方向 n 个晶胞叠加组成一个小晶柱,并将每个小晶柱分成平行于晶体表面的若干层,相邻晶柱之间不发生任何作用,则 P 点的衍射振幅是入射电子束作用在柱体内各层晶体上产生振幅的叠加。

考虑厚度为 t 的理想晶体内柱体所产生的衍射强度,对于在柱体内距上表面 r 处单位厚度的晶体,由倒易矢量为 g 的晶面造成的衍射波 k 的振幅为

$$\mathrm{d}\phi_g = \frac{\mathrm{i}\lambda F_g}{\cos\theta}\mathrm{e}^{-2\pi\mathrm{i}k\cdot r}$$

明场像与暗场像是互补的,入射波与衍射波的相位相差 $\frac{\pi}{2}$,i 表示衍射束相对于入射束相位改变 $\frac{\pi}{2}$,$\frac{\lambda F_g}{\cos\theta}$ 是单位厚度的散射振幅,F_g 是一个单胞在反射 g 方向上的结构因子。当衍射方向偏离布拉格条件时 $k = k_g - k_0 = g + s$,则

$$-2\pi\mathrm{i}k\cdot r = -2\pi\mathrm{i}(g+s)\cdot r = -2\pi\mathrm{i}(g\cdot r + s\cdot r)$$

由于

$$g = ha^* + kb^* + lc^*, r = ua + vb + wc$$

所以 $g\cdot r =$ 整数,$\mathrm{e}^{-2\pi\mathrm{i}\cdot g\cdot r} = 1$,且 $s\,/\!/\,r\,/\!/\,z, r = z$,于是

$$\mathrm{d}\phi_g = \frac{\mathrm{i}\lambda F_g}{\cos\theta}\mathrm{e}^{-2\pi\mathrm{i}\cdot g\cdot r}\cdot\mathrm{e}^{-2\pi\mathrm{i}s\cdot r} = \frac{\mathrm{i}\lambda F_g}{\cos\theta}\mathrm{e}^{-2\pi\mathrm{i}sz}$$

如果该原子面的间距为 d,则在厚度元 $\mathrm{d}z$ 范围内原子面数为 $\frac{\mathrm{d}z}{d}$,而散射振幅

$$\mathrm{d}\phi_g = \frac{\mathrm{i}n\lambda F_g}{\cos\theta}\mathrm{e}^{-2\pi\mathrm{i}sz}\frac{\mathrm{d}z}{d} = \frac{\mathrm{i}n\lambda F_g}{d\cos\theta}\mathrm{e}^{2\pi\mathrm{i}sz}\mathrm{d}z$$

引入消光距离 $\xi_g = \frac{\pi d\cos\theta}{\lambda F_g}$,则有

$$\mathrm{d}\phi_g = \frac{\mathrm{i}\pi}{\xi_g}\exp(-2\pi\mathrm{i}sz)\cdot\mathrm{d}z$$

于是,柱体 OA 内所有厚度元的散射振幅按相互之间的位置关系叠加,即得晶体表面 A 点处衍射能的合成振幅

$$\phi_g = \frac{\mathrm{i}\pi}{\xi_g}\sum_{\text{柱体}}\mathrm{e}^{-2\pi\mathrm{i}sz}\mathrm{d}z = \frac{\mathrm{i}\pi}{\xi_g}\int_0^t\mathrm{e}^{-2\pi\mathrm{i}sz}\mathrm{d}z = \frac{\mathrm{i}\pi}{\xi_g}\cdot\frac{\sin(\pi st)}{\pi s}\mathrm{e}^{-\pi\mathrm{i}st} \tag{9-10}$$

于是衍射束的强度

$$I_g = \Phi_g\cdot\Phi_g^* = \left(\frac{\pi}{\xi_g}\right)^2\cdot\frac{\sin^2(\pi ts)}{(\pi s)^2} \tag{9-11}$$

上式表明,暗场像的强度 I_D 是厚度 t 与偏离矢量 s 的正弦周期函数。

2. 等厚消光

当偏离矢量 s 一定时,厚度 t 变化会引起衍射强度变化。

$$I_g = \frac{\sin^2(\pi ts)}{\xi_g^2 s^2} = \frac{1 - \cos^2 \pi st}{\xi_g^2 \cdot s^2}$$

当 $t = \dfrac{n}{s}$（n 为整数），$I_D = 0$。这称为等厚消光，相应的衍衬像称为等厚消光轮廓线。I_g 随厚度 t 的变化成为周期性振荡曲线，如图 9-35（b）所示，振荡周期 $t_g = \dfrac{1}{s}$。

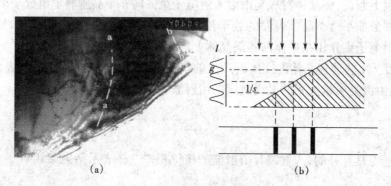

(a)   (b)

图 9-35　等厚条纹和形成原理
(a)等厚轮廓线　(b)形成原理

3. 等倾消光

当厚度 $t =$ 常数时，I_D 随 s 而变化。$s = 0$，衍射强度有极大值；$s = \dfrac{n}{t}$（n 为整数）时，$I_D = 0$，出现衍射极小值，称为等倾消光，相应的衍衬像称为等倾消光轮廓线，如图 9-36 所示。

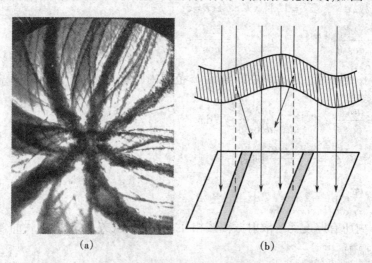

(a)   (b)

图 9-36　等倾条纹和形成原理
(a)等倾条纹图像　(b)形成示意图

等倾消光轮廓线说明存在样品弯曲和晶面倾斜的现象。晶面倾斜相当于入射电子束发生了转动，使得偏离矢量发生连续的变化，如图 9-37 所示。晶面从严格符合布拉格条件的位置绕入射点 O 顺时针转动，$s < 0$，随后，当晶面逆时针旋转时，$|s|$ 开始减少，通过倒易点后增大，最后 $s > 0$。由于样品的弯曲使得晶面发生渐变的倾斜，偏移矢量也连续变化，因此会

出现 $s = \dfrac{n}{t}$（n 为整数）的情况，发生等倾消光，形成等倾条纹。

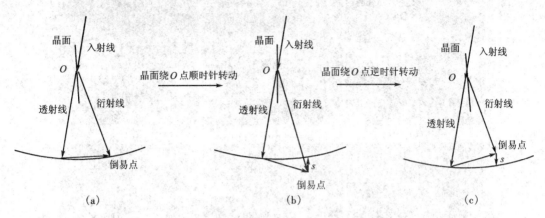

图 9-37 晶面偏转时，偏离矢量的变化情况

(a)$s = 0$ (b)$s < 0$ (c)$s > 0$

9.6.3 不完整晶体的衍射衬度理论

1.不完整晶体的衍射束强度

完整晶体样品中，各处的衍射强度 I_D 一样，除了等厚和等倾条纹以外，完整晶体不显示衬度。而实际晶体是不完整的，包括各种晶体缺陷（如点、线、面、体缺陷）。由于缺陷的存在，使得晶体中某一区域的原子偏离了原来正常位置而产生畸变，畸变使缺陷处晶面与电子束相对方向发生了变化，有缺陷区域和无缺陷区域满足布拉格条件的程度不一样，产生了衬度。根据这种衬度效应，人们可以判断晶体内存在什么缺陷和相变。

对不完整晶体的暗场像，可采用与完整晶体相似的处理方法，唯一的不同是，非理想晶体由于畸变产生了缺陷位移 R，使理想晶体中的位移矢量 r 变成 $r' = r + R$，于是，非理想晶体晶柱底部衍射波振幅

$$\phi_g = \frac{i\pi}{\xi_g} \sum_{\text{柱体}} e^{-2\pi i k \cdot r'} \mathrm{d}z$$

其中 $k \cdot r' = (g_{hkl} + s) \cdot (r + R) = g \cdot r + g \cdot R + s \cdot r + s \cdot R$，$g \cdot r$ 为整数，$s \cdot r = s \cdot z$，$s \cdot R$ 很小，所以可得到

$$\phi_g = \frac{i\pi}{\xi_g} \sum_{\text{柱}} e^{-i 2\pi (s \cdot z + g \cdot R)} \mathrm{d}z = \frac{i\pi}{\xi_g} \sum_{\text{柱}} e^{-i(\varphi + \alpha)} \mathrm{d}z \tag{9-12}$$

对照式（9-10）和式（9-12）可以看出，二者的差别在于式（9-12）多出一项 $e^{-2\pi i g \cdot R}$。$e^{-2\pi i g \cdot R}$ 为晶体结构不完整性引入的相位因子，称为附加相位因子。当 $g \cdot R =$ 整数或 0 时，$e^{-2\pi i g \cdot R} = 1$，$\phi_g$ 与完整晶体一样，故缺陷不可见。$g \cdot R = n$ 是缺陷晶体学定量分析的重要依据和出发点。如果 $g \cdot R \neq$ 整数，则有 $\exp(-2\pi i g \cdot R)$ 这一项，ϕ_g 与完整晶体不同，缺陷可见；当 $g /\!/ R$ 时，$g \cdot R$ 有最大值，此时晶体缺陷有最大的衬度。

2.位错分析

对于位错这种缺陷而言，其引起的缺陷位移 R 通常用位错的柏氏矢量 b 表示，根据以上分析，如果 $g \cdot b = 0$，则位错的衍衬像不可见。因此 $g \cdot b = 0$ 是位错不可见的判据。由此规则可以确定位错的 Burgers 矢量：$g_1 \cdot b = 0$，$g_2 \cdot b = 0$，则 $b /\!/ g_1 \times g_2$。图 9-38 是通过变化

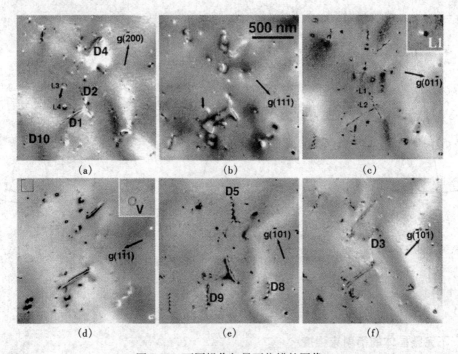

图 9-38 不同操作矢量下位错的图像

(a)$g=(\bar{2}00)$　(b)$g=(11\bar{1})$　(c)$g=(01\bar{1})$　(d)$g=(1\bar{1}1)$　(e)$g=(\bar{1}01)$　(f)$g=(\bar{1}0\bar{1})$

操作矢量 g 判别位错柏氏矢量 b 的例子。六张图分别是在六个操作矢量$(\bar{2}00)$、$(11\bar{1})$、$(01\bar{1})$、$(1\bar{1}1)$、$(\bar{1}01)$、$(\bar{1}0\bar{1})$下获得的位错图像。

　　将位错不可见条件与表 9-3 的结果结合,就可以计算出图像中出现的所有位错的柏氏矢量,结果列于表 9-3 的最后一行。

表 9-3　各种操作矢量条件下位错的出现与消失情况

g	$D1$	$D2$	$D3$	$D4$	$D5$	$D8$	$D9$	$D10$
$\bar{2}00$	v	v	i	v	r	i	r	v
$11\bar{1}$	r	v	i	r	r	i	r	v
$01\bar{1}$	v	v	i	v	i	i	r	v
$1\bar{1}1$	v	i	i	v	i	i	i	r
$\bar{1}01$	i	v	v	v	v	v	v	v
$\bar{1}0\bar{1}$	v	i	v	v	v	v	v	i
b	110	$\bar{1}10$	011	101	011	011	011	$\bar{1}01$

注:i 表示不可见(invisible),v 表示可见(visible),r 表示有残余衬度(residual contrast)。

3. 层错分析

　　层错是在完整晶体中插入或抽出一层原子面,由于层错的存在,使晶体以层错为界,分为上下两部分,其中上半部分为完整晶体,而下半部分存在一个缺陷位移,如图 9-39 所示。

　　衍射束振幅是上下两部分贡献的合成,即

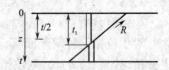

图 9-39　层错对衍射束的影响

$$\phi_g = \frac{\mathrm{i}\pi}{\xi_g}\phi_0 \int_0^t \mathrm{e}^{-2\pi\mathrm{i}g\boldsymbol{R}} \mathrm{e}^{-2\pi\mathrm{i}sz} \mathrm{d}z$$

$$\boldsymbol{g} \cdot \boldsymbol{R} = 0, 0 \leqslant z \leqslant t_1$$

$$\boldsymbol{g} \cdot \boldsymbol{R} \neq 0, t_1 < z \leqslant t$$

令 $\phi_0 = 1$,则

$$\phi_g = \frac{\mathrm{i}}{\xi_g}\exp\left(-\frac{\mathrm{i}\alpha}{2}\right)\exp(-\pi\mathrm{i}st)\left\{\sin\left(\pi st + \frac{\alpha}{2}\right) - \sin\frac{\alpha}{2}\exp\left[2\pi\mathrm{i}s\left(\frac{t}{2} - t_1\right)\right]\right\}$$

$$I_g = \frac{1}{(\xi_g s)^2}\left\{\sin^2\left(\pi st + \frac{\alpha}{2}\right) - \sin^2\frac{\alpha}{2} - 2\sin\frac{\alpha}{2}\sin\left(\pi\mathrm{i}s + \frac{\alpha}{2}\right)\cos\left[2\pi s\left(\frac{t}{2} - t_1\right)\right]\right\}$$

衍射强度公式给出了以下的重要信息:

①I_g 随 $t/2 - t_1$ 作周期性变化,故层错像为平行于层错与膜面交线的条纹,如图 9-40 所示;

②$\boldsymbol{g} \cdot \boldsymbol{R} = n$ 时,层错条纹不可见,由此可测定 R。

图 9-40　GaN 晶体中的层错图像

第 3 篇　成分和价键(电子)结构分析

第 10 章　成分和价键分析概论

在材料科学与工程领域内,常常需要对各种样品进行化学成分的分析。大部分成分和价键分析手段都是基于同一个原理,即核外电子的能级分布反应了原子的特征信息。利用不同的入射波激发核外电子,使之发生层间跃迁,在此过程中产生元素的特征信息。

10.1　原子中电子的分布和跃迁

在原子系统中,电子的能量和运动状态可以通过 n,l,m,m_s 四个量子数来表示。n 为主量子数,具有相同 n 值的电子处于同一电子壳层,每个电子的能量主要(并非完全)取决于主量子数。l 为轨道角动量量子数,它决定电子云的几何形状,不同的 l 值将同一电子壳层分成几个亚壳层。m 是轨道磁量子数,它决定电子云在空间伸展的方向。m_s 是自旋磁量子数,决定了自旋方向。对于特定的原子,每个能级上的电子能量是固定的。

原子内的电子遵从泡利不相容原理,分布在一系列不连续能级壳层上,各壳层的能量由里到外逐渐增加 $E_K < E_L < E_M < \cdots$。电子按能量最低原理首先填充最靠近原子核的低能级壳层,然后按 L,M,N…由低到高依次填充各壳层。当入射的电磁波或粒子所具有的动能足以将原子内层的电子击出其所属的电子壳层,迁移到能量较高的外部壳层,或者将该电子击出原子系统而使原子电离,导致原子的总能量升高,并处于激发状态。这种激发态不稳定,有自发向低能态转化的趋势,因此原子较外层电子将跃迁入内层填补空位,使总能量重新降低,趋于稳定。跃迁的始态和终态的能量差为 ΔE,能量 ΔE 为原子的特征能量,它由元素种类决定,并受原子所处环境的影响。因此可以根据一系列的 ΔE 确定样品中的原子种类和价键结构。

10.2　各种特征信号的产生机制

上述能量差 ΔE 会体现为电子跃迁产生的各种信号(特征 X 射线、光电子、俄歇电子、特征能量损失电子)的能量。根据信号种类的不同,形成了各种不同的测试手段。各种信号的产生机制如下。

1. 特征 X 射线

激发态和基态的能量差能够以 X 射线光子的形式放出,形成特征 X 射线,波长由下式确定:

$$\Delta E = E_h - E_1 = h\nu = hc/\lambda \tag{10-1}$$

式中: E_h 和 E_1 分别表示电子处于高能量状态和低能量状态时所具有的能量。对于原子序数为 Z 的物质,各原子能级所具有的能量是固定的,如图 10-1 所示,因此特征 X 射线波长为定值。

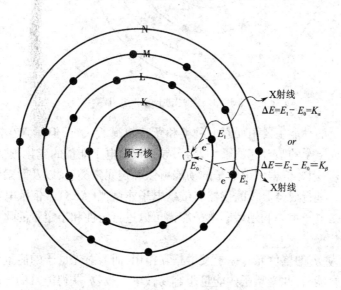

图 10-1　特征 X 射线的产生机制

X 射线荧光光谱分析(XFS)和电子探计 X 射线显微分析(EPMA)都是以特征 X 射线作为信号的分析手段。X 射线荧光光谱分析的入射束是 X 射线,而电子探计 X 射线显微分析的入射束是电子束。二者的分析仪器都分为能谱仪(EDS)和波谱仪(WDS)两种。能谱仪是将特征 X 射线光子按照能量大小进行分类和统计,最后显示的是以 X 射线光子能量为横坐标、能量脉冲数(表示 X 射线光子产额即荧光强度)为纵坐标的能谱图。由于 X 射线光子能量(取决于原子能级结构)是元素种类的特征信息,而其产率(强度)则与元素含量相关,根据能谱仪的谱图即可实现材料化学成分的定性与定量分析。波谱仪将特征 X 射线光子按照波长大小进行分类和统计,不同能量(或波长)的 X 射线信号的鉴别是由晶体衍射进行的,最后显示的是以 X 射线光子波长为横坐标、脉冲数为纵坐标的 X 射线荧光波谱图。

2. 俄歇电子

激发态和基态的能量差能够转移给外层电子,使该外层电子脱离原子核的束缚,成为自由电子发射出去,该电子称为俄歇电子。设原子的原子序数为 Z,能级 2 上的电子填充空位给出能量 $E_1(Z) - E_2(Z)$,这里 $E_1(Z)$ 和 $E_2(Z)$ 分别为处在 1 和 2 能级的电子的结合能。该能量使能级 3 上的电子电离出去,扣除结合能 $E_3(Z)$,剩下的便是俄歇电子的动能。(图 10-2)所以俄歇电子的能量

$$\Delta E \approx E_1(Z) - E_2(Z) - E_3(Z) \tag{10-2}$$

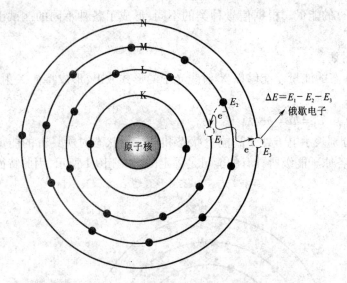

图 10-2   俄歇电子的产生机制

虽然俄歇电子的动能主要由元素的种类和跃迁轨道所决定,但元素在样品中所处的化学环境同样会造成电子的结合能的微小差异,导致俄歇电子能量的变化,这种变化就称做元素的俄歇化学位移,因此根据俄歇电子的动能可以确定元素类型,以及元素的化学环境。

利用俄歇电子进行成分分析的仪器有俄歇电子能谱仪(AES)。俄歇电子能谱仪所用的信号电子激发源是电子束。利用俄歇电子能谱可以进行定性和半定量的化学成分分析。

3. 光电子

当一束能量为 $h\nu$ 的单色光与原子发生相互作用,而入射光量子的能量大于激发原子某一能级电子的结合能时,此光量子的能量很容易被电子吸收,获得能量的电子便可脱离原子核束缚,并带有一定的动能从内层逸出,成为自由电子,这种效应称为光电效应,(图 10-3)在光激发下发射的电子,称为光电子。在光电效应过程中,根据能量守恒原理:

$$h\nu = E_B + E_K \qquad (10\text{-}3)$$

即光子的能量转化为电子的动能 E_K 并克服原子核对核外电子的束缚(结合能 E_B)。

$$E_B = h\nu - E_K \qquad (10\text{-}4)$$

这便是著名的爱因斯坦光电发射定律。如前所述,各原子的不同轨道电子的结合能是一定的,具有标识性;此外,同种原子处于不同化学环境也会引起电子结合能的变化,因此,可以检测光电子的动能。由光电发射定律得知相应能级的结合能,来进行元素的鉴别、原子价态的确定以及原子所处的化学环境的探测。

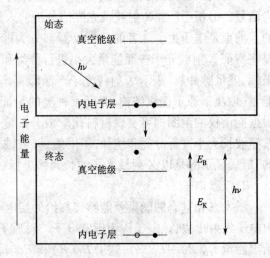

图 10-3   光电子的产生机制

利用光电子进行成分分析的仪器有 X 射线光电子谱仪(XPS)和紫外光电子谱仪(UPS),分别采用 X 射线和紫外光作为入射光源。其中,X 光电子能谱已发展成为具有表面元素分析、化学态和能带结构分析以及微区化学态成像分析等功能的强大的表面分析仪器。

4. 特征能量损失电子

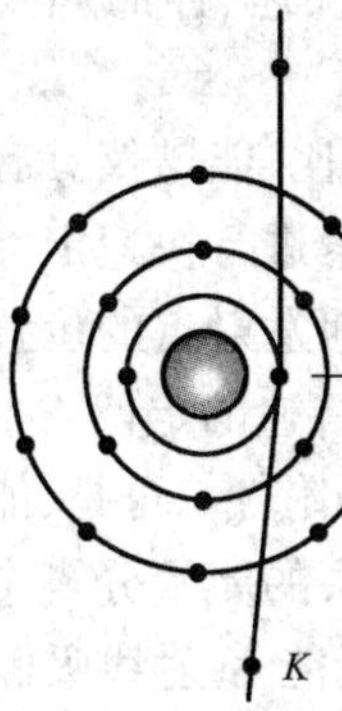

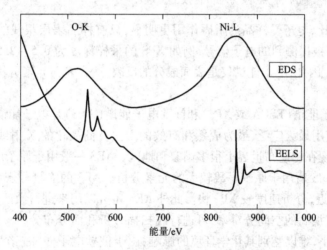

图 10-4　特征能量损失电子的产生机制

当入射电子与样品原子的核外电子相互作用时,入射电子的部分能量传递给核外电子,使核外电子跃迁到费米能级以上的空能级(图10-4),由于跃迁的终态与费米能级以上的空能级分布有关,而始态为核外电子的初始能级,因此跃迁吸收的能量由原子种类决定,并受周围化学环境的影响。进一步地,入射电子损失的能量由样品中的原子种类和化学环境决定。因此检测透过样品的入射电子(透射电子)的能量,并按其损失能量的大小对透射电子进行分类,可以得到能量损失谱。

利用特征能量损失电子进行元素分析的仪器叫做电子能量损失谱仪(EELS),它作为透射电子显微镜的附件出现。和同为透射电镜附件的能谱仪(EDS)相比,EELS 的能量分辨率高得多(为 0.3 eV),且特别适合轻元素的分析,如图 10-5 所示。因此,目前 EELS 得到越来越广泛的应用。

图 10-5　NiO 样品的 EDS 和 EELS 谱图比较

10.3　各种成分分析手段的比较

按照出射信号的不同,成分分析手段可以分为两类:X 光谱和电子能谱,出射信号分别是 X 射线和电子。X 光谱包括 XFS 和 EPMA 两种技术,而电子能谱包括 XPS、AES、EELS 等分析手段。

10.3.1　X 光谱的特点和分析手段比较

X 光谱的 X 光子可以从很深的样品内部(500 nm ~ 5 μm)出射,因此它不仅是表面成分的反映,还包含样品内部的信息,反映的成分更加综合全面。但 X 光子产生的区域范围相对电子信号大得多,因此 X 光谱的空间分辨率通常不是太高。同时由于现有仪器对于 X 光子能量分辨率较低(5 ~ 10 eV),因此无法探测元素的化学环境。

在两种主要的 X 光谱技术中,XFS 适用于原子序数大于等于 5 的元素,可以实现定性与定量的元素分析,但灵敏度不够高,只能分析含量超过万分之几的成分;而 EPMA 所用的电子束激发源可以聚焦,因此具有微区($1\ \mu m$)、灵敏(10^{-14} g)、无损、快速、样品用量少(10^{-10} g)等优点。

X 光谱的分析仪器分为能谱仪(EDS)和波谱仪(WDS)两种。二者相比,能谱仪具有如下一些突出的优点:采谱速度快,能在几分钟的时间内对 $Z \geqslant 4$ 的所有元素进行快速定性分析;灵敏度高,可比波谱仪高一个数量级;结构紧凑,稳定性好,对样品表面发射点的位置没有严格的限制,适合于粗糙表面的分析工作。能谱仪的这些优点,使它对快速的定性或半定量分析特别具有吸引力,并且适宜于在扫描电子显微镜中用作元素分析的附件。可是,能谱仪还有一些弱点,因而在许多方面仍然无法完全取代波谱仪:能谱仪探头的能量分辨率低(130 eV),谱线的重叠现象严重,特别是在低能部分;由于探头窗口对低能 X 射线吸收严重,使轻元素的分析尚有相当大的困难;能谱仪探头直接对着样品,杂散信号干扰严重,定量分析精度差。而波谱仪借助晶体衍射来鉴别不同能量的 X 射线信号,因此能量分辨率较高,为 5~10 eV。

10.3.2　电子能谱的特点和分析手段比较

与 X 光子相比,电子受样品的阻碍作用更明显,只有样品表层很浅的出射电子才能逸出样品,成为能够被探测到的电子信号,例如 XPS 的采样深度为 0.5~2.5 nm,AES 采样深度为 0.4~2 nm。因此,电子能谱仪是表面成分的反映,适合表面元素分析和表面元素价态的研究。

X 射线光电子能谱(ESCA 或 XPS)和俄歇电子能谱(AES)是电子能谱分析技术中两种最有代表性的,应用最为广泛、最为成熟和有效的方法。商品化的 X 射线光电子能谱仪和俄歇电子能谱仪现在已遍布世界上很多国家和地区。AES 一般用于原子序数较小($Z < 33$)的元素分析,而 XPS 适用于原子序数较大的元素分析。AES 的能量分辨率较 XPS 低,相对灵敏度和 XPS 接近,分析速度较 XPS 快。此外 AES 还可以用来进行微区分析,且由于电子束斑非常小,具有很高的空间分辨率,可进行线扫描分析和面分布分析。此外,某些元素的XPS 化学位移很小,难以鉴别其化学环境的影响,由于俄歇电子涉及三个原子轨道能级,其化学位移要比 XPS 的化学位移大得多,显然,后者更适合于表征化学环境的影响。因此俄歇电子能谱的化学位移在表面科学和材料学的研究中具有广阔的应用前景。

第 11 章　原子光谱分析

原子光谱是由气态原子中的电子在能量变化时所发射或吸收的一系列波长的光所组成的光谱。原子吸收光源中部分波长的光形成吸收光谱,原子发射光子时则形成发射光谱,两种光谱都不是连续的,且吸收光谱条纹可与发射光谱——对应。每一种原子都具有自己的特征光谱,原子光谱分析法就是利用特征光谱研究物质结构和测定化学成分的方法,是最常用的元素成分分析法。

11.1　原子发射光谱分析

气态原子或离子受到热致、电致等激发时,核外电子吸收能量从基态跃迁到激发态,由于电子处于能量较高的激发态,原子不稳定,经过 10^{-8} s 的时间,电子就会从高能量状态返回低能量状态,下降的这部分能量以电磁辐射即光的形式释放出来,这一现象称为原子发射或发光。由于每一种元素都有其特有的电子构型,即特定的能级层次,所以各元素的原子只能发射出它特有的那些波长的光,经过分光系统得到各元素发射的互不相同的光谱,即各种元素的特征光谱,可根据特征光谱进行元素的组成和含量的定性与定量分析,这就是原子发射光谱法。

原子发射光谱法具有以下特点。

(1)多元素同时检测能力　可同时测定一个样品中的多种元素。每一个样品一经激发,不同元素都发射特征光谱,这样可同时测定多种元素。

(2)灵敏度高　可进行痕量分析,一般激发源检出限可达 $0.1 \sim 10$ $\mu g \cdot g^{-1}$(或 $\mu g \cdot mL^{-1}$),新激发源电感耦合高频等离子体(ICP)检出限可达 $ng \cdot g^{-1}$ 级。

(3)选择性好　一般不需化学处理即可直接进行分析,由于每种元素都可产生各自的特征谱线,依此可以确定不同元素的存在,是进行元素定性分析的较好方法。

(4)准确度较高　采用一般激发源,相对误差为 $5\% \sim 10\%$;采用 ICP,相对误差在 1% 以下。

(5)样品用量少,测定范围广　一般只需几毫克到几十毫克样品即可进行全分析,还可对特殊样品进行表面、微区和无损分析。目前可测定 70 余种元素。

但发射光谱也有一定的局限性,它一般只用于元素总量分析,而无法确定物质的空间结构和官能团,也无法进行元素的价态和形态分析,而且一些常见的非金属元素如氧、硫、氮等谱线在远紫外区,目前一般的光谱仪尚无法检测。

11.1.1 原子发射光谱的产生

由于核外电子能级是量子化的,当核外电子由激发态 $E_{高}$ 返回到基态 E_0 时,所发射的电

子的能量为跃迁前后的能级差,它决定了光子的波长 λ,即

$$\Delta E = E_{高} - E_0 = hc/\lambda \tag{11-1}$$

用足够的能量使原子受激发而发光时,只要根据某元素的特征频率或波长的谱线是否出现,即可确定样品中是否存在该种原子,这就是发射光谱的定性分析。分析样品中待测原子数目越多(浓度越高),被激发的该种原子的数目也就越多,相应发射的特征谱线的强度也就越大,把它和已知含量标样的谱线强度相比较,即可测定样品中该种元素的含量,这就是原子发射光谱的定量分析。

11.1.2   原子发射光谱线

原子发射光谱线产生的条件是电子必须处于激发态,通常将原子从基态跃迁到发射该谱线的激发态所需要的能量称为该谱线的激发能或激发电位,常以电子伏特(eV)为单位表示。原子发生能级跃迁可产生许多谱线。在原子发射的所有谱线中,凡是由高能态跃迁回基态时所发射的谱线叫共振(发射)线。在共振线中从第一激发态跃迁到基态所发射的谱线叫主共振(发射)线。如果原子获得的能量足够大,可能使其外层电子脱离原子核的束缚而逸出,使原子成为带正电荷的离子,即电离。原子失去电子后变为离子,失去一个电子称为一级电离,失去两个电子称为二级电离,依此类推。各元素的离子也与中性原子一样,在得到足够大的外界能量时,外层电子同样可以被激发到更高的能级上去,并像中性原子的发光机理一样产生发射光谱,称为离子发射光谱。离子的外层电子受激发后所产生的谱线称为离子线。由于离子比原子少了一个或几个电子,它的电子构型有些不同,故同一元素的原子光谱与离子光谱有些不同。各元素的离子光谱也有自己的特征,在光谱分析中同样被采用。在一般的光谱分析激发源的激发下,同一光谱中往往既有原子光谱又有离子光谱。

11.1.3   谱线强度

电子在不同能级之间的跃迁只要符合光谱选律就可能发生,跃迁发生的可能性的大小称为跃迁几率(A)。因在热力学平衡条件下,共有 N_i 个原子处在第 i 激发态,其发射的谱线频率为 ν,故产生的谱线强度

$$I = N_i A_i h\nu \tag{11-2}$$

因为 N_i 遵守统计热力学中的麦克斯韦－玻尔兹曼分布定律,即

$$N_i = N_0 \frac{g_i}{g_0} \mathrm{e}^{-\frac{E_i}{KT}} \tag{11-3}$$

式中:N_i、N_0 分别为单位体积内处于第 i 激发态和基态的原子数;g_i、g_0 分别为第 i 激发态和基态的统计权重与相应能级的简并度有关的常数;E_i 为由基态激发到第 i 激发态所需要的能量;K 为玻尔兹曼常数;T 为光源温度。

将式(11-3)带入式(11-2),有

$$I = N_0 \frac{g_i}{g_0} \mathrm{e}^{-\frac{E_i}{KT}} A_i h\nu \tag{11-4}$$

对上式进行化简,可将谱线强度写为

$$I = K^0 N \mathrm{e}^{-\frac{E_i}{KT}} \tag{11-5}$$

式中:K^0 为式(11-4)中各常数项合并而来的谱线常数;N 为等离子体中该元素处于各种状态的原子总数。

由式(11-3)可见,当 N 和 T 一定时,被激发的原子所处的激发态 E_i 越低,处于这种状态的原子数 N_i 就越多,相应的跃迁概率 A_i 就越大,谱线强度则越强。元素的主共振线的激发能最小,是原子中最易激发的谱线,因此,主共振线通常是最强的谱线。

气体温度既影响原子的激发过程,又影响原子的电离过程。由式(11-5)可见,在温度较低时,随着温度的升高,原子被激发的数目增多,因此谱线强度增强。但是,超过某一温度后,随着电离的增加,原子线强度逐渐减弱,离子线强度增强。温度再升高时,由于高一级的离子线将会出现,该级离子线强度开始下降。因此,每一条谱线都有一个最合适的温度,在这个温度下谱线强度最大。所以,提高谱线强度,不能单纯地靠提高激发源的温度来实现。

由式(11-5)可知,谱线强度与产生该谱线的原子(或离子)的数目 N 成正比,而且实验证明,在一定条件下,N 与样品的元素含量(浓度 c)成正比,在激发能和激发温度一定时,式中的其他各项均为常数项,合并及化简后,可得出谱线强度 I 与样品中元素浓度 c 的关系为

$$I = a \cdot c \tag{11-6}$$

式中:a 为与谱线性质、实验条件有关的常数。

上式表明,在一定的分析条件下,谱线强度与该元素在样品中的浓度成正比。若浓度较大,物质在高温下被激发时,中心区域激发态原子多,边缘处基态及低能级的原子较多。某元素的原子从中心发射某一波长的辐射光必须通过边缘射出,其辐射可能被处在边缘的同一元素的基态或较低能级的原子吸收,因此检测器接收到的谱线强度就会减弱。这种原子在高温区发射某一波长的辐射被处在边缘的低温状态的同种原子所吸收的现象称为自吸。

考虑到自吸现象,式(11-6)应修正为

$$I = a \cdot c^b \tag{11-7}$$

或

$$\lg I = b \lg c + \lg a \tag{11-8}$$

式中:b 是由自吸现象决定的常数。在浓度较低时,自吸现象可忽略,b 值接近 1。

式(11-7)是原子发射光谱法定量分析的基本公式。

11.1.4　原子发射光谱仪

原子发射光谱仪主要由光源、光谱仪及检测器组成。

(1)光源　光源的主要作用是为样品的蒸发和激发提供能量,使激发原子产生辐射信号,常用的光源有直流电弧、交流电弧、电火花及电感耦合等离子炬(ICP)等。

(2)光谱仪　光谱仪是利用色散元件和光学系统对光源发射的复合光波按照波长进行接收的仪器。

(3)检测器　在原子发射光谱中,常用的检测器工作原理有摄谱法和光电法,其中摄谱法是用感光板记录光谱,而光电法是用光电倍增管检测谱线的强度。

11.1.5　分析方法和应用

1. 光谱定性分析

由于各种元素均可发射各自的特征谱线,因此原子发射光谱法是一种比较理想、简便快速的定性分析方法,目前采用该方法可鉴别 70 余种元素。

1)元素的灵敏线、最后线和分析线

每种元素发射的特征谱线有许多,在进行定性分析时,只要检出几条合适的谱线就可以

了。这些用来进行定性或定量分析的特征谱线被称为分析线。常用的分析线是元素的灵敏线或最后线。每种元素的原子光谱线中,凡是具有一定强度、能标记某元素存在的特征谱线称为该元素的灵敏线。灵敏线通常都是一些容易激发(激发电位较低)的谱线,其中最后线是每一种元素的原子光谱中特别灵敏的谱线。如果把含有某种元素的溶液不断稀释,原子光谱线的数目就会不断减少,当元素含量减少到最低限度时,仍能够出现的谱线称为最后线或最灵敏线。应该指出的是,由于工作条件的不同和存在自吸,最后线不一定是最强的谱线。在定性分析微量元素时,待测元素的谱线容易被基体的谱线和邻近的较强谱线所干扰或重叠,所以在光谱的定性分析中,确定一种元素是否存在,一般要根据该元素的两条以上谱线来判定,以避免由于其他谱线的干扰而判断错误。

2)定性分析

光谱的定性分析就是根据光谱图中是否有某元素的特征谱线(一般是最后线)出现来判定样品中是否含有某种元素。常用定性分析方法有以下两种。

(1)纯样光谱比较法 将待测元素的纯物质与样品在相同条件下同时并列摄谱于同一感光板上,然后在映谱仪上进行光谱比较,如果样品光谱中出现与纯物质光谱波长相同的谱线(一般看最后线),则表明样品中有与纯物质相同的元素存在。

(2)铁光谱比较法 测定复杂组分尤其是要进行全定性分析时,需要用铁光谱比较法,即元素光谱图法。铁的谱线较多,而且分布在较广的波长范围内(210～660 nm内有几千条谱线),相距很近,每条谱线的波长都已精确测定,载于谱线表内。铁光谱比较法是以铁的光谱线作为波长的标尺,将各个元素的最后线按波长位置标插在铁光谱(上方)相关的位置上,制成元素标准光谱图(图11-1)。在定性分析时,将待测样品和纯铁同时并列摄谱于同一感光板上,然后在映谱仪上将元素标准光谱图与样品的光谱对照检查。如待测元素的谱线与标准光谱图中标明的某元素谱线(最后线)重合,则可认为可能存在该元素。应用铁光谱比较法可同时进行多元素定性分析。在很多情况下,还可根据最后线的强弱进一步判断样品中的主要成分和微量成分。

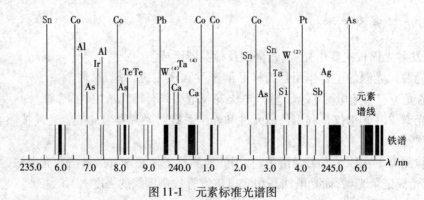

图11-1 元素标准光谱图

2. 光谱定量分析

1)定量分析的基本原理

原子发射光谱的定量分析是根据样品光谱中待测元素的谱线强度来确定元素浓度。式(11-8)给出了谱线强度和物质浓度之间的关系。该式表明,在一定浓度范围内,$\lg I$ 与 $\lg c$ 之间呈线性关系。但当样品浓度较高时,由于自吸现象严重($b<1$),标准曲线发生弯曲,如图11-2所示。b 和 a 与样品中待测元素的含量和实验条件(如蒸发、激发条件、样品组成、

取样量等)有关,若直接按式(11-8)进行定量分析,要求 a、b 为常数,即要求实验条件恒定不变,并无自吸现象,在实际工作中有一定难度。因此,原子发射光谱可采用内标法来消除实验条件对测定结果的影响。

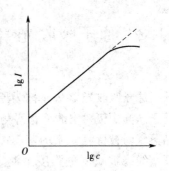

图 11-2　原子发射光谱的谱线强度与物质浓度的关系图

2) 内标法

内标法属相对强度法,是在待测元素的谱线中选一条谱线作为分析线,然后在基体元素(样品中除了待测元素之外的其他共存元素)或在加入固定量的其他元素的谱线中选一条非自吸谱线作为内标线(所选内标线的元素为内标元素),两条谱线构成定量分析线对。设分析线和内标线的谱线强度分别为 I 和 I_i,则

$$I = ac^b \tag{11-9}$$

$$I_i = a_i c_i^{b_i} \tag{11-10}$$

因内标元素的浓度 c_i 恒定,无自吸现象时,$b_i = 1$,所以 $c_i^{b_i}$ 为常数,由于实验条件相同,$a = a_i$,令分析线和内标线的绝对强度之比(即相对强度)为 R,则

$$R = \frac{I}{I_i} = \frac{ac^b}{a_i c_i^{b_i}} = \frac{a}{a_i c_i^{b_i}} c^b = Kc^b \tag{11-11}$$

等式两边取对数,得

$$\lg R = \lg \frac{I}{I_i} = b\lg c + \lg K \tag{11-12}$$

这就是内标法定量分析的基本关系式。采用内标法时,尽管操作条件的变化影响 a 和 a_i,但二者受影响的程度基本相同,所以它们的相对强度基本上保持不变,这样就减小了实验条件对于谱线强度的影响,从而提高了定量分析的准确度。

3) 定量分析

在原子发射光谱分析中,常用的定量分析方法有三标准试样法和标准加入法。

(1)三标准试样法　在确定的分析条件下,将三个或三个以上含有不同浓度的待测元素的标准样品和待测样品在相同条件下激发产生光谱,以分析线的强度或内标法分析线对强度比的对数值对浓度的对数值作工作曲线。如摄谱法以各标样中分析线对的黑度差对各标样浓度的对数值绘制工作曲线,然后由样品中待测元素分析线对的黑度差从工作曲线上查出待测元素的含量线,再由工作曲线求得样品中待测元素的含量。三标准试样法在很大程度上消除了测定条件的影响,因此在实际工作中应用较多。

(2)标准加入法　测定低含量元素时,找不到合适的基体来配制标准样品,此时采用标准加入法比较好。设样品中待测元素含量为 c_x,在几个样品中加入含不同浓度待测元素的标准溶液,在同一激发条件下激发光谱,然后测量加入不同量待测元素的样品分析线对的强度比。待测元素浓度低时自吸系数 $b = 1$,R 与 c 呈线性关系,见图11-3,将直线外推,与横坐标相交,横坐标截距的绝对值即为样品中待测元素的含量。

11.2 原子吸收光谱分析

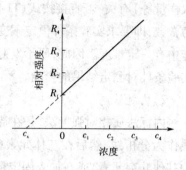

图 11-3 标准加入法

原子吸收光谱法又称为原子吸收分光光度法,它是基于从光源辐射出的具有待测元素特征谱线的光通过样品蒸气时被待测元素的基态原子所吸收,从而由辐射特征谱线光被减弱的程度来测定样品中待测元素含量的方法。

原子吸收光谱法有以下特点。

(1)灵敏度高,检出限低 火焰原子吸收光谱法的检出限可达 $\mu g \cdot mL^{-1}$ 级;无火焰原子吸收光谱法的检出限可达 $10^{-14} \sim 10^{-10}$ g。

(2)准确度高 火焰原子吸收光谱法的相对误差小于 1%,其准确度接近经典化学方法。石墨炉原子吸收法的准确度一般为 3% ~5%。

(3)选择性好 用原子吸收光谱法测定元素含量时,通常共存元素对待测元素干扰少,若实验条件合适一般可以在不分离共存元素的情况下直接测定。

(4)操作简便,分析速度快 准备工作做好后,一般几分钟即可完成一种元素的测定。

(5)应用广泛 原子吸收光谱法被广泛应用在各领域中,它可以直接测定 70 多种金属元素,也可以间接测定一些非金属和有机化合物。

原子吸收光谱法的不足之处是:由于分析不同元素必须使用不同元素灯,因此多元素同时测定尚有困难;有些元素的灵敏度还比较低(如钍、铪、铼、钽等);复杂样品需要进行复杂的化学预处理,否则干扰将比较严重。

11.2.1 原子吸收光谱线

电子吸收一定能量从基态跃迁到能量最低的激发态时所产生的吸收谱线称为共振吸收线,简称共振线。电子从第一激发态跃回基态时,会发射出同样频率的光辐射,其对应的谱线称为共振发射线,也简称共振线。

由于不同元素的原子结构不同,共振线也各有其特征。由于原子从基态到最低激发态的跃迁最容易发生,因此对大多数元素来说,共振线也是元素的最灵敏线。原子吸收光谱分析法就是利用处于基态的待测原子的蒸气对从光源发射的共振发射线的吸收来进行分析的,因此元素的共振线又称分析线。

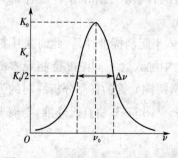

图 11-4 原子吸收光谱曲线的轮廓

从理论上讲,原子吸收光谱应该是线状光谱。但实际上任何原子发射或吸收的谱线都不是绝对单色的几何线,而是具有一定宽度的谱线。若在各种频率 ν 下测定吸收系数 K_ν,以 K_ν 为纵坐标,ν 为横坐标,可得如图 11-4 所示的曲线,称为吸收曲线。曲线极大值对应的频率 ν_0 称为中心频率。中心频率所对应的吸收系数称为峰值吸收系数。在峰值吸收系数一半($K_0/2$)处,吸收曲线呈现的宽度称为吸收曲线的半宽度,以频率差 $\Delta\nu$ 表示。吸收曲线的半宽度 $\Delta\nu$ 的数量级为 $10^{-3} \sim 10^{-2}$ nm(折合成波长)。

影响谱线宽度的因素有原子本身的内在因素及外界条件因素两个方面。

(1)自然宽度　在没有外界条件影响的情况下,谱线仍有一定的宽度,这种宽度称为自然宽度,用 $\Delta\nu_N$(或 $\Delta\lambda_N$)表示。自然宽度与激发态原子的平均寿命有关,平均寿命愈长,谱线宽度愈窄。不同元素的不同谱线的自然宽度不同,多数情况下约为 10^{-5} nm 数量级。$\Delta\nu_N$ 很小,相对于其他的变宽因素,这个宽度可以忽略。

(2)热变宽　原子在空间作无规则热运动所引起的谱线变宽称为热变宽。根据多普勒效应,一个运动的原子发出光,如果运动方向远离观测者,则在观测者看来,其频率较静止原子发出的光的频率低;反之,如果原子向观测者运动,则其频率较静止原子发出的光的频率高。在原子吸收光谱分析中,气体中的原子处于无规则热运动中,在沿观测者(仪器检测器)的观测方向上就具有不同的运动速度分量,使观测者接收到很多频率稍有不同的光,于是谱线变宽。热变宽也称为多普勒(Doppler)变宽,用 $\Delta\nu_D$ 表示。$\Delta\nu_D$ 或 $\Delta\lambda_D$ 随温度的升高或相对原子质量的减小而变大。对于大多数元素来说,多普勒变宽约为 10^{-3} nm 数量级。

(3)压力变宽　吸光原子与共存的其他粒子碰撞能引起能级的微小变化,使吸收光频率改变而导致的谱线变宽称为压力变宽。这种变宽与吸收区气体的压力有关,压力变大时,碰撞的概率增大,谱线变宽也变大。根据与吸光原子碰撞的粒子不同,压力变宽分为两种类型。吸光原子与其他粒子碰撞引起的变宽称为劳伦兹(Lorentz)变宽;同类原子碰撞产生的变宽称为共振变宽。只有在被测元素的浓度较高时,同种原子的碰撞才表露出来,因此,在原子吸收光谱分析中,共振变宽一般可以忽略,压力变宽主要是劳伦兹变宽。压力变宽与热变宽具有相同的数量级,可达 3~10 nm 共振变宽。

11.2.2　原子吸收值与待测元素浓度的定量关系

(1)积分吸收　原子蒸气层中的基态原子吸收共振线的全部能量称为积分吸收,它相当于如图 11-4 所示吸收线轮廓下面所包围的整个面积,根据理论推导谱线的积分吸收与基态原子数的关系为

$$\int_{-\infty}^{+\infty} K_\nu \mathrm{d}\nu = \frac{\pi e^2}{mc} N_0 f \tag{11-13}$$

式中:e 为电子电荷;m 为电子质量;c 为光速;N_0 为单位体积原子蒸气中吸收辐射的基态原子数,即基态原子密度;f 为振子强度,代表每个原子对特定频率光的吸收概率。

根据这一公式,积分吸收与单位体积基态原子数呈简单的线性关系,这是原子吸收光谱分析的一个重要理论基础。若能测得积分吸收,即可计算出待定元素的原子浓度。但由于原子吸收线的半宽度很小,要测定半宽度如此小的吸收线的积分吸收,需要分辨率高达 50 万的单色器,在目前的技术情况下尚无法实现。

(2)峰值吸收　吸收线轮廓中心波长处的吸收系数 K_0 称为峰值吸收系数,简称为峰值吸收。在温度不太高的稳定火焰条件下,峰值吸收系数 K_0 与火焰中被测元素的原子浓度 N_0 成正比。

原子吸收光谱法必须进行峰值吸光度的测量才能实现定量分析,因此必须采用锐线光源。所谓锐线光源,就是能发射出谱线宽度很窄的发射线的光源,它所产生的供原子吸收的辐射必须具备两个条件:一是能发射待测元素的共振线,即发射线的中心频率与吸收线的中心频率(ν_0)一致;二是发射线的半峰宽($\Delta\nu_e$)远小于原子吸收线的半峰宽($\Delta\nu_a$),如图 11-5 所示。

空心阴极灯利用待测元素在低温低压下发射待测元素的共振线达到原子吸收测定的要求,使原子吸收测定得以实现。使用锐线光源时,吸光度与基态原子数之间的关系为

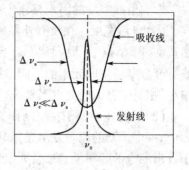

图 11-5 锐线光源的必备条件

$$A = kLN_0 \tag{11-14}$$

式中:k 为常数;L 为光程;N_0 为基态原子数。

（3）吸收定律 实际分析中一般要求测定样品中待测元素的浓度,而非原子数。只要保证样品的原子化效率恒定,在一定的浓度范围和一定的吸光介质厚度 L 下,原子数与待测元素的浓度成正比,则有

$$A = kLN_0 = k'LN = Kc \tag{11-15}$$

式中:K 为与待测元素和分析条件有关的常数;c 为待测元素的浓度。该式是原子吸收光谱分析的定量依据。

11.2.3 原子吸收分光光度计

原子吸收光谱分析用的仪器称为原子吸收分光光度计或原子吸收光谱仪。原子吸收分光光度计主要由光源、原子化系统、单色器、检测系统等四个部分组成。

（1）光源 光源的作用是发射待测元素的特征光谱,供测量用。为了保证峰值吸收的测量,要求光源必须能发射出比吸收线宽度窄,强度大而稳定,背景信号低,噪声小,使用寿命长的线光谱。空心阴极灯、无极放电灯、蒸气放电灯和激光光源灯都能满足上述要求,其中应用最广泛的是空心阴极灯。空心阴极灯又称元素灯,它由一个在钨棒上镶钛丝或钽片的阳极和一个由发射所需特征谱线的金属或合金制成的空心筒状阴极组成。阳极和阴极封闭在带有光学窗口的硬质玻璃管内。管内充有几百帕低压惰性气体(氖或氩)。在两电极施加 300 ~ 500 V 的电压时,阴极灯开始辉光放电。电子从空心阴极射向阳极,并与周围的惰性气体碰撞,使之电离。所产生的惰性气体的阳离子获得足够的能量,在电场作用下撞击阴极内壁,使阴极表面的自由原子溅射出来,溅射出的金属原子再与电子、正离子、气体原子碰撞而被激发,当激发态原子返回基态时,辐射出具有特征频率的锐线光谱。为了保证光源仅发射频率范围很窄的锐线,要求阴极材料具有很高的纯度。通常单元素的空心阴极灯只能用于一种元素的测定,这类灯的发射线干扰少、强度高,但每测一种元素需要更换一种灯。若阴极材料使用多种元素的合金,可制得多元素灯。多元素灯工作时可同时发出多种元素的共振线,可连续测定几种元素,减少了换灯的麻烦,但光强度较弱,容易产生干扰,使用前应先检查测定波长附近有无单色器无法分开的非待测元素的谱线。在目前应用的多元素灯中,一种灯最多可测 6 ~ 7 种元素。

（2）原子化系统 将样品中的待测元素变成气态的基态原子的过程称为样品的"原子化"。完成样品的原子化所用的设备称为原子化器或原子化系统。原子化系统的作用是将样品中的待测元素转化为原子蒸气。样品原子化的方法主要有火焰原子化法和非火焰原子化法两种。火焰原子化法利用火焰的热能使样品转化为气态原子。非火焰原子化法利用电加热或化学还原等方式使样品转化为气态原子。原子化系统在原子吸收分光光度计中是一个关键装置,它的质量对原子吸收光谱分析法的灵敏度和准确度有很大影响,甚至起到决定性的作用,是分析误差最大的一个来源。

（3）单色器　单色器由入射狭缝、出射狭缝和色散元件（棱镜或光栅）组成。单色器的作用是将待测元素的吸收线与邻近的谱线分开。由锐线光源发出的共振线谱线比较简单，对单色器的色散率和分辨率要求不高。在进行原子吸收光谱测定时，单色器既要将谱线分开，又要有一定的出射光强度。所以当光源强度一定时，需要选用适当的光栅色散率和狭缝宽度配合，以形成适于测定的光谱通带来满足上述要求。

（4）检测系统　检测系统由光电元件、放大器和显示装置等组成。光电元件一般采用光电倍增管，其作用是将经过原子蒸气吸收和单色器分光后的微弱信号转换为电信号。放大器的作用是将光电倍增管输出的电压信号放大后送入显示装置。放大器放大后的信号经对数转换器转换成吸光度信号，用数字显示器显示。

11.2.4　原子吸收光谱分析的定量方法

原子吸收光谱分析的定量方法有标准曲线法和标准加入法。

（1）标准曲线法　配制不同浓度的标准溶液系列，由低浓度到高浓度依次分析，将获得的吸光度 A 对浓度作标准曲线。在相同条件下，测定待测样品的吸光度 A_x，在标准曲线上查出对应的浓度值。或由标准样品的数据获得线性方程，将待测样品的吸光度 A_x 代入方程计算浓度。在实际分析中，有时会出现标准曲线弯曲的现象，如在待测元素浓度较高时，曲线向浓度坐标弯曲。这是因为待测元素的含量较高时，由于热变宽和压力变宽的影响，光吸收相应减少，结果标准曲线向浓度坐标弯曲。另外，火焰中的各种干扰效应，如光谱干扰、化学干扰、物理干扰等也可导致曲线弯曲。因此，使用标准曲线法时要注意以下几点：

①所配制的标准溶液的浓度应在吸光度与浓度呈直线关系的范围内；

②标准溶液与样品溶液都应进行相同的预处理；

③应该扣除空白值；

④在整个分析过程中操作条件应保持不变。

标准曲线法简便、快速，但仅适用于组成简单的样品。

（2）标准加入法　当样品中被测元素成分很少，基体成分复杂，难以配制与样品组成相似的标准溶液时，可采用标准加入法。其基本原理和方法与原子发射光谱的标准加入法类似，在此不再赘述。

第 12 章　X 射线光谱分析

当用 X 射线、高速电子或其他高能粒子轰击样品时,若试样中各元素的原子受到激发,将处于高能量状态;当它们向低能量状态转变时,将产生特征 X 射线。产生的特征 X 射线按波长或能量展开,所得谱图即为波谱或能谱,从谱图中可辨认元素的特征谱线,并测得它们的强度,据此进行材料的成分分析,这就是 X 射线光谱分析。

用于探测样品受激产生的特征 X 射线的波长和强度的设备,称为 X 射线谱仪。常用 X 射线谱仪有两种:一种是利用特征 X 射线的波长不同来展谱,实现对不同波长 X 射线检测的波长色散谱仪,简称波谱仪(Wave Dispersive Spectrometer,WDS);另一种是利用特征 X 射线能量不同来展谱,实现对不同能量 X 射线分别检测的能量色散谱仪,简称能谱仪(Energy Dispersive Spectrometer,EDS)。就 X 射线的本质而言,波谱和能谱是一样的,不同的仅仅是横坐标按波长标注还是按能量标注。但如果从它们的分析方法来说,差别就比较大,前者是用光学的方法,通过晶体的衍射来分光展谱,后者却是用电子学的方法展谱。

12.1　电子探针仪

任何能谱仪或波谱仪并不能独立地工作,它们均需要一个产生和聚焦电子束的装置,现代扫描电镜和透射电镜通常将能谱仪或波谱仪作为常规附件,能谱仪或波谱仪借助电子显微镜电子枪的电子束工作。但也有专门利用能谱仪或波谱仪进行成分分析的仪器,它使用微小的电子束轰击样品,使样品产生 X 射线光子,用能谱或波谱仪检测样品表面某一微小区域的化学成分,所以称这种仪器为电子探针 X 射线显微分析仪,简称电子探针仪(EPMA)。类似地有离子探针,它是用离子束轰击样品表面,使之产生 X 射线,得到元素组成的信息。计算机技术使波谱仪、能谱仪得到迅速发展。X 射线波谱、能谱分析已经广泛用于地质、矿冶、建筑、化工、半导体等各种材料的分析工作,也用于生产过程的质量监测和生产工艺的控制。

电子探针由电子光学系统(镜筒)、光学系统(显微镜)、电源系统和真空系统以及波谱仪或能谱仪组成。

(1)电子光学系统　电子光学系统包括电子枪、电磁聚光镜、样品室等部件。由电子枪发射并经过聚焦的极细的电子束打在样品表面的给定微区,激发产生 X 射线。样品室位于电子光学系统的下方。

(2)光学显微系统　为了便于选择和确定样品表面上的分析微区,镜筒内装有与电子束同轴的光学显微镜(100～500 倍),确保从目镜中观察到微区位置与电子束轰击点精确地重合。

(3)真空系统和电源系统　真空系统的作用是建立能确保电子光学系统正常工作、防止样品污染所必需的真空度,一般情况下要求保持优于 10^{-2} Pa 的真空度。电源系统由稳压、稳流及相应的安全保护电路所组成。

12.2　能谱仪

目前最常用的能谱仪是应用 Si(Li) 半导体探测器和多道脉冲高度分析器将入射 X 光子按能量大小展成谱的能量色散谱仪——Si(Li) X 射线能谱仪,其关键部件是 Si(Li) 检测器,即锂漂移硅固态检测器。

12.2.1　Si(Li) 半导体探测器

Si(Li) 半导体探测器实质上是一只半导体二极管,只是在 p 型硅与 n 型硅之间有一层厚的中性层。厚中性层的作用是使入射的 X 射线光子能量在层内全部被吸收,不让散失到层外,并产生电子－空穴对。在 Si(Li) 探测器中产生一对电子－空穴对所需能量为 3.8 eV,因此每一个能量为 E 的入射光子,可产生的电子－空穴对数目为 $N = E/3.8$。如一个 Mn K_α 光子被吸收,由于它的能量为 5 895 eV,就在中性层内产生 1 551 对电子－空穴对,这些电子－空穴对在外加电场作用下形成一个电脉冲,脉冲高度正比于光子能量。故半导体探测器的作用与正比计数器相仿,都是把所接收的 X 光子变成电脉冲信号,脉冲高度与被吸收光的能量成正比。由于半导体探测器有厚的中性层,对 X 射线光子的计数效率接近于 100%,且不随波长改变而有所变化,这是它的优点。

锂漂移硅探测器是用渗了微量锂的高纯硅制成的,加"漂移"二字是说明用漂移法渗锂。在高纯硅中渗锂的作用是抵消其中存在的微量杂质的导电作用,使中性层未吸收光子时在外加电场作用下不漏电。由于锂在室温下也容易扩散,所以 Si(Li) 探测器不但要在液氮温度下使用,以降低电子噪声,而且要在液氮温度下保存,以免 Li 发生扩散,这显然是很不方便的。半导体探测器性能指标中最重要的是分辨率。由于标识谱线有一定的固有宽度,同时在探测器中产生的电离现象是一种统计性事件,这就使探测出来的能谱谱线有一定宽度,加上与之联用的场效应晶体管产生的噪声对半高宽有影响,能谱谱线就变得更宽些。

12.2.2　能量色散谱仪的结构和工作原理

能量色散谱仪主要由 Si(Li) 半导体探测器、多道脉冲高度分析器以及脉冲放大整形器和记录显示系统组成,如图 12-1 所示。由 X 射线发生器发射的连续辐射投射到样品上,使样品发射所含元素的荧光标识 X 射线谱和所含物相的衍射线束。这些谱线和衍射线被 Si(Li) 半导体探测器吸收。进入探测器中被吸收的每一个 X 射线光子都使硅电离成许多电子－空穴对,构成一个电流脉冲,经放大器转换成电压脉冲,脉冲高度与被吸收的光子能量成正比。

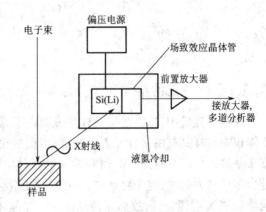

图 12-1　能量色散谱仪的结构

被放大了的电压脉冲输至多道脉冲高度分析器。多道分析器是许多个单道脉冲高度分析器的组合,一个单道分析器叫作一个通道。各通道的窗宽都一样,都是满刻度值 V_m 的 1/1 024,但各通道的基线不同,依次为 0、V_m/1 024、$2V_m$/1 024……。由放大器来的电压脉冲按其脉冲高度分别进人相应的通道而被储存起来。每进入一个时钟脉冲,存储单元记录一个光子数,因此通道地址和 X 光子能量成正比,而通道的计数则为 X 光子数,记录一段时间后,每一通道内的脉冲数就可迅速记录下来,最后得到以通道(能量)为横坐标、通道计数(强度)为纵坐标的 X 射线能量色散谱,如图 12-2 所示。

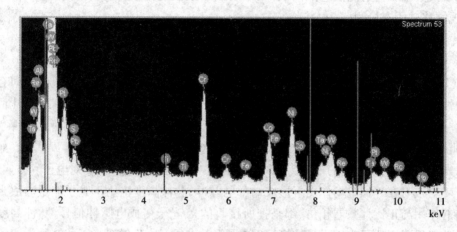

图 12-2　X 射线能量色散谱

　　能谱中的各条谱线及衍射花样的各条衍射线是同时记录的,并且由试样发射到探测器的射线束是未经任何滤光和单色化处理的,因而保持原强度。由于这两方面的原因,就使得用能量色散谱仪来记录能谱和衍射花样所需时间很短,一般只要十数分钟。如果把它与转动阳极管那样的强光源联用,记录时间就可能只要几十秒钟。

　　根据上面的分析,能量色散谱仪有下述优点:

　　①效率高,可以作衍射动态研究;

　　②各谱线和各衍射线都是同时记录的,在只测定各衍射线的相对强度时,稳定度不高的 X 射线源和测量系统也可以用;

　　③谱线和衍射花样同时记录,因此可同时获得试样的化学元素成分和相成分,提高相分析的可靠性。

12.3　波谱仪

12.3.1　波谱仪的结构和工作原理

　　在电子探针中,X 射线是由样品表面以下微米数量级的作用体积中激发出来的,如果这个体积中的样品是由多种元素组成,则可激发出各个相应元素的特征 X 射线。若在样品上方水平放置一块具有适当晶面间距 d 的晶体,入射 X 射线的波长、入射角和晶面间距三者符合布拉格方程时,这个特征波长的 X 射线就会发生强烈衍射。波谱仪利用晶体衍射把不同波长的 X 射线分开,故称这种晶体为分光晶体。被激发的特征 X 射线照射到连续转动的分光晶体上实现分光(色散),即不同波长的 X 射线将在各自满足布拉格方程的 2θ 方向上被检测器接收,如图 12-3 所示。

　　虽然分光晶体可以将不同波长的 X 射线分光展开,但就收集单一波长 X 射线信号的效率来看是非常低的。如果把分光晶体作适当弹性弯曲,并使射线源、弯曲晶体表面和检测器窗口位于同一个圆周上,这样就可以达到把衍射束聚焦的目的,此时整个分光晶体只收集一种波长的 X 射线,使这种单色 X 射线的衍射强度大大提高。这个圆周就称为聚焦圆或罗兰(Rowland)圆。在电子探针中常用的弯晶谱仪有约翰(Johann)型和约翰逊(Johansson)型两种聚焦方式,如图 12-4 所示。

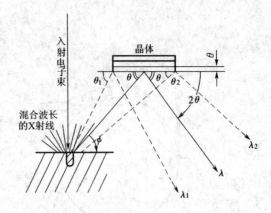

图 12-3　分光晶体对 X 射线的衍射

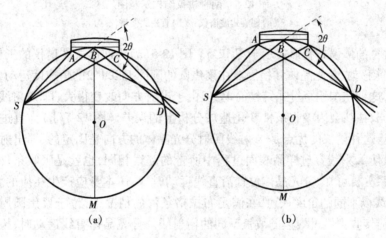

图 12-4　弯曲晶体谱仪的聚焦方式
(a)约翰型聚焦法　(b)约翰逊型聚焦法

　　约翰型聚焦法(图 12-4(a)),系将平板晶体弯曲但不加磨制,使其中心部分曲率半径恰好等于聚焦圆之半径。聚焦圆上从 S 点发出的一束发散的 X 射线,经过弯曲晶体的衍射,聚焦于聚焦圆上的另一点 D,由于弯曲晶体表面只有中心部分位于聚焦圆上,因此不可能得到完美的聚焦,弯曲晶体两端与圆不重合会使聚焦线变宽,出现一定的散焦。所以,约翰型谱仪只是一种近似的聚焦方式。

　　改进的聚焦方式叫作约翰逊型聚焦法(图 12-4(b)),这种方法是先将晶体磨制再加以弯曲,使之成为曲率半径等于聚焦圆半径的弯晶,这样的布置可以使 A、B、C 三点的衍射束正好聚焦在 D 点,所以这种方法叫全聚焦法。

　　在实际检测 X 射线时,点光源发射的 X 射线在垂直于聚焦圆平面的方向上仍有发散性,分光晶体表面不可能处处精确符合布拉格条件,加之有些分光晶体虽然可以进行弯曲,但不能磨制,因此不大可能达到理想的聚焦条件,如果检测器上的接收狭缝有足够的宽度,即使采用不大精确的约翰型聚焦法,也能满足聚焦要求。

　　电子束轰击样品后,被轰击的微区就是 X 射线源。要使 X 射线分光、聚焦,并被检测器

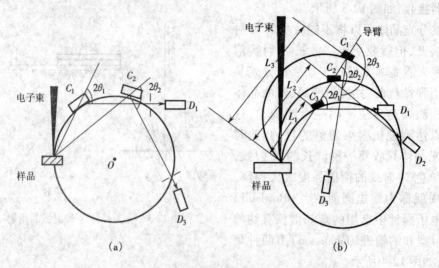

图 12-5　两种谱仪结构示意图
(a)回旋式波谱仪　(b)直进式波谱仪

接收,两种常见的谱仪布置形式示于图 12-5。图 12-5(a)为回旋式波谱仪的工作原理,聚焦圆圆心 O 不能移动,分光晶体和检测器在聚焦圆的圆周上以 1:2 的角速度运动,以保证满足布拉格条件,这种结构比直进式结构简单,但由于出射方向改变很大,即 X 射线在样品内行进的路线不同,往往会因吸收条件变化造成分析上的误差。图 12-5(b)为直进式波谱仪的工作原理图。这种谱仪的优点是 X 射线照射分光晶体的方向是固定的,即出射角 φ 保持不变,这样可以使 X 射线穿过样品表面过程中所走的路线相同,也就是吸收条件相等。由图中的几何关系分析可知,分光晶体位置沿直线运动时,晶体本身应产生相应的转动,使不同波长的 X 射线以不同的角度入射,在满足布拉格条件的情况下,位于聚焦圆周上协调滑动的检测器都能接收到经过聚焦的波长不同的衍射线。分光晶体直线运动时,检测器能在几个位置上接收到衍射束,表明在试样被激发的体积内存在着相应的几种元素,衍射束的强度大小和元素含量成正比。

12.3.2　波谱图

　　X 射线探测器是检测 X 射线强度的仪器。波谱仪使用的 X 射线探测器有充气正比计数管和闪烁计数管等。探测器每接受一个 X 光子便输出一个电脉冲信号,脉冲信号输入计数仪,提供在仪表上显示计数率读数。波谱仪记录的波谱图是一种衍射图谱,由一些强度随 2θ 变化的峰曲线与背景曲线组成,每一个峰都是由分析晶体衍射出来的特征 X 射线;至于样品相干的或非相干的散射波,也会被分光晶体所反射,成为波谱的背景。连续谱波长的散射是造成波谱背景的主要因素。直接使用来自 X 射线管的辐射激发样品,其中强烈的连续辐射被样品散射,引起很高的波谱背景,这对波谱的分析是不利的;用特征辐射照射样品,可克服连续谱激发的缺点。

　　图 12-6 为从一个测量点获得的谱线图,横坐标代表波长,纵坐标代表强度,谱线上有许多强度峰,每个峰在坐标上的位置代表相应元素特征 X 射线的波长,峰的高度代表这种元素的含量。

　　直接影响波谱分析的因素有两个:分辨率和灵敏度,表现在波谱图上就是衍射峰的宽度

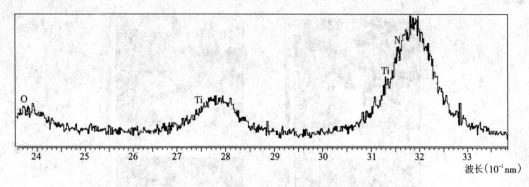

图 12-6　TiN 的 WDS 谱图

和高度。

（1）分辨率　波长分散谱仪的波长分辨率是很高的。

（2）灵敏度　波谱仪的灵敏度取决于信号噪声比，即峰高度与背景高度的比值。实际上就是峰能否辨认的问题。高的波谱背景降低信噪比，使仪器的测试灵敏度下降。轻元素的荧光产率较低，信号较弱，是影响其测试灵敏度的因素之一。波长分散谱仪的灵敏度比较高，可能测量的最低浓度对于固体样品达 0.000 1%（wt），对于液体样品达 0.1 g/mL。

12.4　波谱仪和能谱仪的分析模式及应用

利用 X 射线波谱法进行微区成分分析通常有如下三种分析模式。

（1）以点、线、微区、面的方式测定样品的成分和平均含量　被分析的选区尺寸可以小到 1 μm，用电镜直接观察样品表面，用电镜的电子束扫描控制功能，选定待分析点、微区或较大的区域，采集 X 射线波谱或能谱，可对谱图进行定性定量分析。定点微区成分分析是扫描电镜成分分析的特色工作，它在合金沉淀相和夹杂物的鉴定方面有着广泛的应用。此外，在合金相图研究中，为了确定各种成分的合金在不同温度下的相界位置，提供了迅速而又方便的测试手段，并能探知某些新的合金相或化合物。

（2）测定样品在某一线长度上的元素分布分析模式　对于波谱和能谱，分别选定衍射晶体的衍射角或能量窗口，当电子束在试样上沿一条直线缓慢扫描时，记录被选定元素的 X 射线强度（它与元素的浓度成正比）分布，就可以获得该元素的线分布曲线。入射电子束在样品表面沿选定的直线轨迹（穿越粒子或界面）扫描，可以方便地取得有关元素分布不均匀性的资料，比如测定元素在材料内部相区或界面上的富集或贫化。

（3）测定元素在样品指定区域内的面分布分析模式　与线分析模式相同，分别选定衍射晶体的衍射角或能量窗口，当电子束在试样表面的某区域作光栅扫描时，记录选定元素的特征 X 射线的计数率，计数率与显示器上亮点的密度成正比，则亮点的分布与该元素的面分布相对应。图 12-7 给出了一张元素的面分布图。

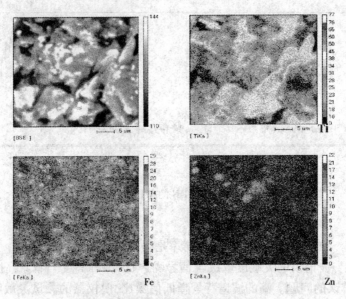

图 12-7　化妆粉底粉末的元素分布图

12.5　波谱仪与能谱仪的比较

波谱仪与能谱仪的异同可从以下几方面进行比较。

(1)分析元素范围　波谱仪分析元素的范围为 $_4B \sim _{92}U$。能谱仪分析元素的范围为 $_{11}Na \sim _{92}U$,对于某些特殊的能谱仪(例如无窗系统或超薄窗系统)可以分析 $_6C$ 以上的元素,但对各种条件有严格限制。

(2)分辨率　谱仪的分辨率是指分开或识别相邻两个谱峰的能力,它可用波长色散谱或能量色散谱的谱峰半高宽——谱峰最大高度一半处的宽度 $\Delta\lambda$、ΔE 来衡量,也可用 $\Delta\lambda/\lambda$、$\Delta E/E$ 的百分数来衡量。半高宽越小,表示谱仪的分辨率越高,半高宽越大,表示谱仪的分辨率越低。如图 12-8(a)所示,目前能谱仪的分辨率为 145 ~ 155 eV,波谱仪的分辨率在常用 X 射线波长范围内要比能谱仪高一个数量级以上,在 5 eV 左右,从而减少了谱峰重叠的可能性。

(3)探测极限　谱仪能测出的元素最小百分浓度称为探测极限,它与被分析元素种类、样品的成分、所用谱仪以及实验条件有关。波谱仪的探测极限为 0.01% ~ 0.1%,能谱仪的探测极限为 0.1% ~ 0.5%。

(4)X 光子几何收集效率　谱仪的 X 光子几何收集效率是指谱仪接收 X 光子数与光源出射的 X 光子数目的百分比,它与谱仪探测器接收 X 光子的立体角有关。波谱仪的分光晶体处于聚焦圆上,聚焦圆的半径一般是 150 ~ 250 nm,照射到分光晶体上的 X 射线的立体角很小,X 光子收集效率很低,小于 0.2%,并且随分光晶体位置而变化。由于波谱仪的 X 光子收集效率很低,由辐射源射出的 X 射线需要精确聚焦才能使探测器接收的 X 射线有足够的强度,因此要求试样表面平整光滑。能谱仪的探测器放在离试样很近的地方(约为几厘米),探测器对辐射源所张的立体角较大,能谱仪有较高的 X 光子几何收集效率,约 2%。由于能谱仪的 X 光子几何收集效率高,X 射线不需要聚焦,因此对试样表面的要求不像波谱

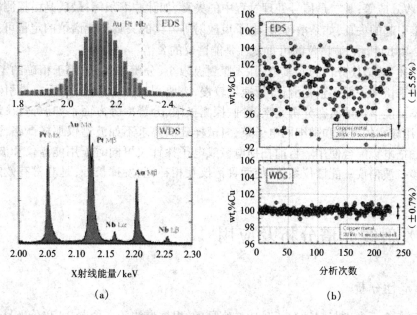

图 12-8　EDS 和 WDS 的比较

(a)能量分辨率　(b)定量分析的重复性

仪那样严格。

(5)量子效率　量子效率是指探测器 X 光子计数与进入谱仪探测器的 X 光子数的百分比。能谱仪的量子效率很高,接近 100%,波谱仪的量子效率低,通常小于 30%。由于波谱仪的几何收集效率和量子效率都比较低,X 射线利用率低,不适于低束流、X 射线弱情况下使用,这是波谱仪的主要缺点。

(6)瞬时的 X 射线谱接收范围　瞬时的 X 射线谱接收范围是指谱仪在瞬间所能探测到的 X 射线谱的范围,波谱仪在瞬间只能探测波长满足布拉格条件的 X 射线,能谱仪在瞬间能探测各种能量的 X 射线,因此波谱仪是对试样元素逐个进行分析,而能谱仪是同时进行分析。

(7)最小电子束斑　电子探针的空间分辨率(能分辨不同成分的两点之间的最小距离)不可能小于电子束斑直径,束流与束斑直径的 8/3 次方成正比。波谱仪的 X 射线利用率很低,不适于低束流使用,分析时的最小束斑直径约为 200 nm。能谱仪有较高的几何收集效率和高的量子效率,在低束流下仍有足够的计数,分析时最小束斑直径为 5 nm。但对于块状试样,电子束射入样品之后会发生散射,也使产生特征 X 射线的区域远大于束斑直径,大体上为微米数量级。在这种情况下继续减少束斑直径对提高分辨率已无多大意义。要提高分析的空间分辨率,唯有采用尽可能低的入射电子能量 E_0,减小 X 射线的激发体积。综上所述,分析厚样品,电子束斑直径大小不是影响空间分辨率的主要因素,波谱仪和能谱仪均能适用;但对于薄膜样品,空间分辨率主要决定于束斑直径大小,因此使用能谱仪较好。

(8)分析速度　能谱仪分析速度快,几分钟内能把全部能谱显示出来,而波谱仪一般需要十几分钟。

(9)谱的失真　波谱仪不大存在谱的失真问题。能谱仪在测量过程中,存在使能谱失真的因素主要有:一是 X 射线探测过程中的失真,如硅的 X 射线逃逸峰、谱峰加宽、谱峰畸变、铍窗吸收效应等;其二是信号处理过程中的失真,如脉冲堆积等;最后是由探测器样品室的周围环境引起的失真,如杂散辐射、电子束散射等。谱的失真使能谱仪的定量可重复性很差,如图12-8(b)所示,波谱仪的可重复性是能谱仪的8倍。

综上所述,波谱仪分析的元素范围广、探测极限小、分辨率高,适用于精确的定量分析;其缺点是要求试样表面平整光滑,分析速度较慢,需要用较大的束流,从而容易引起样品和镜筒的污染。能谱仪虽然在分析元素范围、探测极限、分辨率等方面不如波谱仪,但其分析速度快,可用较小的束流和微细的电子束,对试样表面要求不如波谱仪那样严格,因此特别适合于与扫描电镜配合使用。目前扫描电镜或电子探针仪可同时配用能谱仪和波谱仪,构成扫描电镜—波谱仪—能谱仪系统,使两种谱仪互相补充、发挥长处,是非常有效的材料研究工具。

12.6 X 射线光谱分析及应用

12.6.1 定性分析

对样品所含元素进行定性分析是比较容易的,根据谱线所在位置2θ和分光晶体的面间距d,按布拉格方程就可测算出谱线波长,从而鉴定出样品中含有哪些元素。对于配备微机的波谱仪,可以直接在图谱上打印谱线的名称,完成定性分析。

定性分析必须注意一些具体问题。例如,要确认一个元素的存在,至少应该找到两条谱线,以避免干扰线的影响而误认。又如要区分哪些峰是来自样品的,哪些峰是由 X 射线管特征辐射的散射而产生的。如果样品中所含的元素的原子序数很接近,则其荧光波长相差甚微,就要注意波谱是否有足够的分辨率把间隔很近的两条谱线分离。

12.6.2 定量分析

荧光 X 射线定量分析是在光学光谱分析方法基础上发展建立起来的。可归纳为数学计算法和实验标定法。

(1)计算法 样品内元素发出的荧光 X 射线的强度应该与该元素在样品内的原子分数成正比,就是与该元素的质量分数W_i成正比,即$W_i = k_i I_i$,原则上,系数k_i可从理论上计算出来,但计算结果误差可能比较大。

一般情况下,人们宁愿采用相似物理化学状态和已知成分的标样进行实验测量标定,常用的有外标法和内标法两类。

(2)外标法 外标法是以样品中待测元素的某谱线强度,与标样中已知含量的这一元素的同一谱线强度相比较,来校正或测定样品中待测元素的含量。在测定某种样品中元素 A 的含量时,应预先准备一套成分已知的标样,测量该套标样中元素 A 在不同含量下荧光 X 射线的强度I_A与纯 A 元素的荧光 X 射线的强度$(I_A)_0$,作出相对强度与元素 A 百分含量之间的关系曲线,即定标曲线。然后测出待测样品中同一元素的荧光 X 射线的相对强度,再从定标曲线上找出待测元素的百分含量。

(3)内标法 内标法是在未知样品中混入一定数量的已知元素 j,作为参考标准,然后测出待测元素 i 和内标元素 j 相应的 X 射线强度I_i、I_j;设它们混合样品中的质量分数用W_i、W_j表示,则有

$$W_i / W_j = I_i / I_j$$

第 13 章　X 射线光电子能谱分析

　　早在 19 世纪末赫兹就观察到了光电效应,20 世纪初爱因斯坦建立了有关光电效应的理论公式,但由于受当时技术设备条件的限制,没有把光电效应用到实际分析中去。直到 1954 年,瑞典 Uppsala 大学 K. Seigbahn 教授领导的研究小组创立了世界上第一台光电子能谱仪,他们精确地测定了元素周期表中各元素的内层电子结合能,但当时没有引起重视。到了 20 世纪 60 年代,他们在硫代硫酸钠($Na_2S_2O_3$)的常规研究中,意外地观察到硫代硫酸钠的 X 射线光电子(XPS)谱图上出现两个完全分离的 S 2p 峰,且这两个峰的强度相等。而在硫酸钠的 XPS 谱图中只有一个 S 2p 峰。这表明 $Na_2S_2O_3$ 的两个硫原子(+6 价, -2 价)周围的化学环境不同,从而造成了两者内层电子结合能的不同。正是由于这个发现,自 60 年代起,XPS 开始得到人们的重视,并迅速在不同的材料研究领域得到应用。随着微电子技术的发展,X 光电子能谱已发展成为具有表面元素分析、化学态和能带结构分析以及微区化学态成像分析等功能的强大的表面分析仪器。

13.1　X 射线光电子能谱分析的基本原理

13.1.1　光电子的产生

1. 光电效应

　　光与物质相互作用产生电子的现象称为光电效应。当一束能量为 $h\nu$ 的单色光与原子发生相互作用,而入射光量子的能量大于原子某一能级电子的结合能时,此光量子的能量很容易被电子吸收,获得能量的电子便可脱离原子核束缚,并获得一定的动能从内层逸出,成为自由电子,留下一个离子。电离过程可表示为

$$M + h\nu = M^{*+} + e^-　　　　　　　　　　　　　　　　(13-1)$$

式中:M 为中性原子;$h\nu$ 为辐射能量;M^{*+} 为处于激发态的离子;e^- 为光激发下发射的光电子。

　　光与物质相互作用产生光电子的可能性称为光电效应几率。光电效应几率与光电效应截面成正比。光电效应截面 σ 是微观粒子间发生某种作用的可能性大小的量度,在计算过程中它具有面积的量纲(cm^2)。光电效应过程同时满足能量守恒和动量守恒。入射光子和光电子的动量之间的差额是由原子的反冲来补偿的,由于需要原子核来保持动量守恒,因此光电效应的几率随着电子同原子核结合的加紧而很快地增加。所以只要光子的能量足够大,被激发的总是内层电子。如果入射光子的能量大于 K 壳层或 L 壳层的电子结合能,那么外层电子的光电效应几率就会很小,特别是价带,对于入射光来说几乎是"透明"的。

　　当入射光能量比原子 K 壳层电子的结合能大得多时,光电效应截面 σ_K 可用下式表示:

$$\sigma_K = \Phi_0 4\sqrt{2} \times \frac{Z^5}{1\,374}\left(\frac{mc^2}{h\nu}\right)^{1/2} \tag{13-2}$$

式中:mc^2 为静止电子的能量;Z 为受激原子的原子序数;$h\nu$ 为入射光子的能量;Φ_0 为汤姆逊散射截面(光子被静止电子散射),其值

$$\Phi_0 = \frac{8\pi}{3}\left(\frac{e^2}{mc^2}\right)^2 = 6.65 \times 10^{-25}\,\text{cm}^2$$

当入射光子的能量与原子 K 壳层电子的结合能相差不大时,σ_K 可用以下近似表达式表示

$$\sigma_K \approx \frac{6.31 \times 10^{-18}}{Z^2}\left(\frac{\nu_K}{\nu}\right)^{8/3} \tag{13-3}$$

式中 ν_K 为 K 吸收限的频率。

从以上两个关系式可以得出下面的结论:①由于光电效应必须由原子的反冲来支持,所以同一原子中轨道半径小的壳层,σ 较大。②轨道电子结合能与入射光能量越接近,σ 越大。③对于同一壳层,原子序数 Z 越大的元素,σ 越大。

2. 电子结合能

一个自由原子中电子的结合能定义为:将电子从它的量子化能级移到无穷远静止状态时所需的能量,这个能量等于自由原子的真空能级与电子所在能级的能量差。

在光电效应过程中,根据能量守恒原理,电离前后能量的变化为

$$h\nu = E_B + E_K \tag{13-4}$$

即光子的能量转化为电子的动能并克服原子核对核外电子的束缚(结合能)。则

$$E_B = h\nu - E_K \tag{13-5}$$

这便是著名的爱因斯坦光电发射定律,也是 XPS 谱分析中最基本的方程。如前所述,各原子的不同轨道电子的结合能是一定的,具有标志性。因此,可以通过光电子谱仪检测光电子的动能,由光电发射定律得知相应能级的结合能,用来进行元素的鉴别。

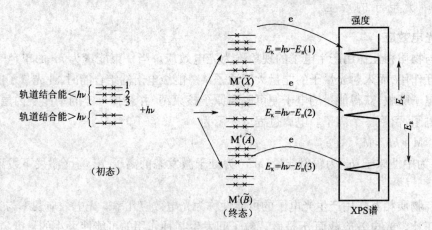

图 13-1　光电发射过程 XPS 谱的形成

对照图 13-1 所示,设 $h\nu$ 大于标号分别为 1,2,3 的三个能级的电子结合能,由光电发射定律可知,光电子动能大小的次序为 $E_K(1) > E_K(2) > E_K(3)$。结果便可以在 XPS 谱图上形成 3 个不同的锐峰,它们分别对应于三个不同能级的电子结合能及相应的离子激发态。由此建立了轨道电子结合能与谱峰位置的一一对应关系,从而确定原子的性质。

对孤立原子(气态原子或分子),结合能可理解为把一个束缚电子从所在轨道(能级)移

到完全脱离核势场束缚并处于最低能态时所需的能量,并假设原子在发生电离时其他电子维持原来的状态。

对固体样品,必须考虑晶体势场和表面势场对光电子的束缚作用以及样品导电特性所引起的附加项。电子的结合能可定义为把电子从所在能级移到费米(Fermi)能级所需的能量。费米能级相当于 0 K 时固体能带中充满电子的最高能级。固体样品中电子由费米能级跃迁到自由电子能级所需的能量为逸出功。

图 13-2 给出了导体电离过程的能级图。入射光子的能量 $h\nu$ 被分成了三部分:①电子结合能 E_B;②逸出功(功函数)Φ_S 和③自由电子动能 E_K,即

$$h\nu = E_B^F + E_K + \Phi_S \tag{13-6}$$

因此,如果知道了样品的功函数,则可以得到电子的结合能。由于固体样品逸出功不仅与材料性质有关,还与晶面、表面状态和温度等因素有关,其理论计算十分复杂,实验测定也不容易。但样品材料与谱仪材料的功函数存在确定的关系,因此可以避开测量样品功函数而直接获得电子结合能。对一台谱仪而言,当仪器条件不变时,它的材料功函数 Φ_{SP} 是固定的。如图 13-2 所示,当样品与样品台接触良好且一同接地时,若样品的功函数 Φ_S 小于仪器材料功函数 Φ_{SP},则功函数小的样品中的电子向功函数大的仪器迁移,并分布在仪器的表面,使谱仪的入口处带负电,而样品则因为少电子而带正电。于是在样品和谱仪之间产生了接触电位差,其值等于谱仪的功函数与样品功函数之差。这个电场阻止电子继续从样品向仪器移动,当两者达到动态平衡时,它们的化学势相同,费米能级完全重合。当具有动能 E_K 的电子穿过样品至谱仪入口之间的空间时,便受到上述电位差的影响而被减速,使自由光电子进入谱仪后,其动能由 E_K 减小到 E_K'(如图 13-2 所示),并满足以下关系

$$E_K + \Phi_S = E_K' + \Phi_{SP} \tag{13-7}$$

将式(13-7)代入式(13-6),则

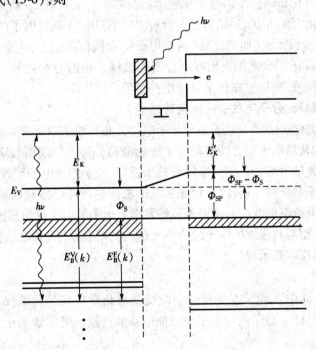

图 13-2　导体光电离过程能级图

$$hv = E_B^F + E_K' + \Phi_{SP} \tag{13-8}$$

这样只需要测定光电子进入谱仪后的动能 E_K'，就能得到电子的结合能。

3. 弛豫效应

Koopmans 定理是按照突然近似假定而提出的，即原子电离后除某一轨道的电子被激发外，其余轨道电子的运动状态不发生变化而处于一种"冻结状态"。但实际体系中这种状态是不存在的。电子从内壳层出射，结果使原来体系中的平衡势场被破坏，形成的离子处于激发态，其余轨道电子结构将作出重新调整，原子轨道半径会发生 1% ~ 10% 的变化。这种电子结构的重新调整叫电子弛豫。弛豫的结果使离子回到基态，同时释放出弛豫能。由于在时间上弛豫过程大体与光电发射同时进行，所以弛豫加速了光电子的发射，提高了光电子的动能。结果使光电子谱线向低结合能一侧移动。

弛豫可分为原子内项和原子外项。原子内项是指单独原子内部的重新调整所产生的影响，对自由原子只存在这一项。原子外项是指与被电离原子相关的其他原子电子结构的重新调整所产生的影响。对于分子和固体，这一项占有相当的比例。在 XPS 谱分析中，弛豫是一个普遍现象。例如，自由原子与由它所组成的纯元素固体相比，结合能要高出 5 ~ 15 eV；当惰性气体注入贵金属晶格后其结合能比自由原子低 2 ~ 4 eV；当气体分子吸附到固体表面后，结合能较自由分子时低 1 ~ 3 eV。

13.1.2　化学位移

同种原子处于不同化学环境而引起的电子结合能的变化，导致在谱线上的位移称为化学位移。所谓某原子所处的化学环境不同大体上有两方面含义：一是指与它结合的元素种类和数量不同；二是指原子具有不同的价态。$Na_2S_2O_3$ 中两个 S 原子价态不相同（ +6 价，-2 价），与它们结合的元素的种类和数量也不同。这造成了它们的 2p 电子结合能不同而产生了化学位移。再比如纯金属铝原子在化学上为零价（ Al^0 ），其 2p 轨道电子的结合能为 75.3 eV；当它与氧化合成 Al_2O_3 后铝为正三价（ Al^{3+} ），这时 2p 轨道电子的结合能为 78 eV，增加了 2.7 eV。除少数元素（如 Cu, Ag）内层电子结合能位移较小，在谱图上不太明显外，一般元素的化学位移在 XPS 谱图上均有可分辨的谱峰。正因为 X 射线光电子能谱可以测出内层电子结合能位移，所以它在化学分析中获得了广泛应用。

1. 化学位移的解释：分子电位——电荷势模型

由于轨道电子的结合能是由原子核和分子电荷分布在原子中所形成的静电电位所确定的，所以最直接影响轨道电子结合能的是分子中的电荷分布。该模型假定分子中的原子可用一个空心的非重叠静电球壳包围一个中心核来近似，原子的价电子形成最外电荷壳层，它对内层轨道上的电子起屏蔽作用，因此价壳层电荷密度的改变必将对内层轨道电子结合能产生一定的影响。电荷密度改变的主要原因是发射光电子的原子在与其他原子化合成键时发生了价电子转移，而与其成键的原子的价电子结构的变化也是造成结合能位移的一个因素。这样，结合能位移可表示成

$$\Delta E_B^A = \Delta E_V^A + \Delta E_M^A \tag{13-9}$$

式中：ΔE_V^A 表示分子 M 中 A 原子本身价电子的变化对化学位移的贡献；ΔE_M^A 则表示分子 M 中其他原子的价电子对 A 原子内层电子结合能位移的贡献。用 q^A 表示化学位移，则结合能位移也可表示为

$$\Delta E_B^A = K_A q^A + V_A + l \tag{13-10}$$

式中:q^A 为 A 原子上的价壳层电荷;V_A 为分子 M 中除原子 A 以外其他原子的价电子在 A 原子处所形成的电荷势,这里把 V_A 叫做原子间有效作用势;K_A,l 为常数。

上述计算结合能位移的方法看起来不是很严格,但方法简单,且同实验结果比较一致。实验结果表明,ΔE_B^A 和 q^A 之间有较好的线性关系,理论计算与实验结果相当一致。

2. 化学位移与元素电负性的关系

化学位移的原因有原子价态的变化、原子与不同电负性元素结合等,且其中结合原子的电负性对化学位移影响尤大。例如用卤族元素 X 取代 CH_4 中的 H,由于卤族元素 X 的电负性大于 H 的电负性,造成 C 原子周围的负电荷密度较未取代前有所降低,这时 C 1s 电子同原子核结合得更紧,因此 C 1s 的结合能会提高,可以推测,C 1s 的结合能必然随 X 取代数目的增加而增大,同时它还与电负性差 $\Sigma(X_i - X_H)$ 成正比,这里 X_i 是取代卤素原子的电负性,X_H 为氢原子的电负性。因此取代基的电负性越大,取代数越多,它吸引电子后,使 C 原子变得更正,内层 C 1s 电子的结合能越大。

下面以三氟醋酸乙酯($CF_3COOC_2H_5$)为例来观察 C 1s 电子结合能的变化。如图 13-3 所示,该分子中的四个 C 原子处于四种不同的化学环境中,即 F_3—C—，—C—O，O—CH_2—，—CH_3。元素的电负性大小次序为 F > O > C > H,所以 F_3—C—中的 C 1s 结合能变化最大,由原来的 284.0 eV 正位移到 292.2 eV;—CH_3 中的 C 1s 结合能变化最小。经研究表明,分子中某原子的内层电子结合能的化学位移与它结合的原子电负性之和有一定的线性关系。

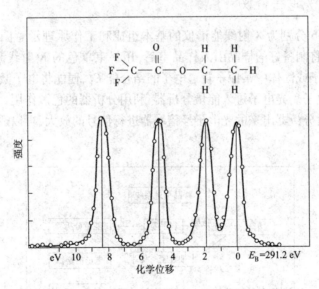

图 13-3　三氟醋酸乙酯中 C 1s 轨道电子结合能

3. 化学位移与原子氧化态的关系

当某元素的原子处于不同的氧化态时,它的结合能也将发生变化。从一个原子中移去一个原子所需要的能量将随着原子中正电荷的增加,或负电荷的减少而增加。

理论上,同一元素随氧化态的增高,内层电子的结合能增加,化学位移增大。从原子中移去一个电子所需的能量将随原子中正电荷增加或负电荷的减少而增加。但通过实测表明也有特例,如:Co^{2+} 的电子结合能位移大于 Co^{3+}。图 13-4 给出了金属及其氧化物的结合能

位移 ΔE_B 同原子序数 Z 之间的关系。

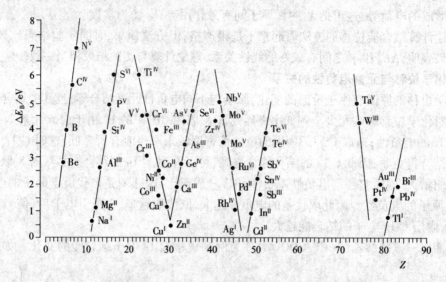

图 13-4　金属及其氧化物的结合能位移 ΔE_B 同原子序数 Z 之间的关系

13.2　X 射线光电子能谱实验技术

13.2.1　X 射线光电子谱仪

图 13-5 和 13-6 分别为 X 射线能谱仪的基本组成和工作原理示意图。从图中可知,实验过程大致如下:将制备好的样品引入样品室后,用一束单色的 X 射线激发。只要光子的能量大于原子、分子或固体中某原子轨道电子的结合能 E_B,便能将电子激发而离开,得到具有一定动能的光电子。光电子进入能量分析器,利用分析器的色散作用,可测得其按能量高低的数量分布。由分析器出来的光电子经倍增器进行信号的放大,再以适当的方式显示、记录,得到 XPS 谱图。

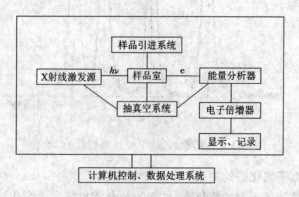

图 13-5　X 射线能谱仪的基本组成

评价光电子谱仪性能优劣的最主要技术指标是仪器的灵敏度和分辨率,在一张实测谱图上可分别用信号强度 S 和半峰高全宽来表示。显然,仪器的灵敏度高,有利于提高元素最低检测极限和一般精度,有利于在较短时间内获得高信噪比的测量结果。影响仪器灵敏度的最主要部件有:激发源、能量分析器和电子探测器。下面对它们分别介绍。

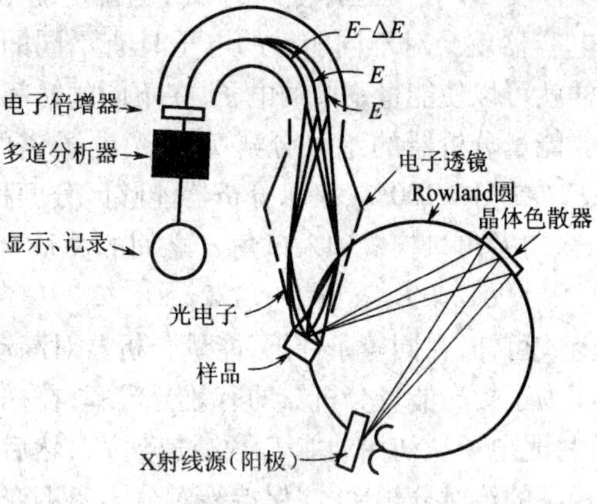

1. X 射线源

XPS 谱仪中的 X 射线源的工作原理是:由灯丝所发出的热电子被加速到一定的能量去轰击阳极靶材,引起其原子内壳层电离;当较外层电子以辐射跃迁方式填充内壳层空位时,释放出具有特征能量的 X 射线。X 射线的强度不仅同材料的性质有关,更取决于轰击电子束的能量高低。只有当电子束的能量为靶材材料电离能的 5 ~ 10 倍时才能产生强度足够的 X 射线。

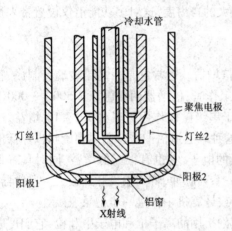

图 13-7 双阳极 X 射线枪的结构

图 13-6 X 射线能谱仪的工作原理示意图

目前应用较广泛的是双阳极 X 射线枪,如图 13-7。这种结构的特点是:灯丝的位置与阳极靶错开,以避免灯丝中的挥发物质对阳极的污染;设计一很薄的铝箔窗将样品室和激发源分开,以防止 X 射线源中散射电子进入样品室,并能滤去相当一部分的韧致辐射所形成的 X 射线本底;阳极处于高的正电位,而灯丝接地。这样能使散射电子重新回到阳极不进入样品室。在具体实验时,这种双阳极结构还有一个优点,就是不用破坏超高真空操作条件,便能得到两种能量的激发源,这对鉴别 XPS 谱图中的俄歇峰是十分方便的。

2. 光电子能量分析器

样品在 X 射线的激发下发射出来的电子具有不同的动能,必须把它们按能量大小分离,这个工作是由电子能量分析器完成的。分辨率是能量分析器的主要指标之一。XPS 的独特功能在于它能从谱峰的微小位移来鉴别试样中各元素的化学状态及电子结构,因此能量分析器应有较高的分辨率,同时要有较高的灵敏度。

筒镜分析器在低分辨率下工作有较高的灵敏度,而半球形分析器在高分辨率下工作且有较高的灵敏度。因此对于 XPS 来说,采用半球形分析器可以获得较高的分辨率和强度较高的图谱。图 13-8 为半球形电子能量分析器示意图。半球形电子能量分析器由两个通信半球面构成,内、外半球的半径分别是 r_1 和 r_2,两球间的平均半径为 r;两个半球间的电位差为 ΔV,内球接地,外球加负电压。若要能量为 E_K 的电子沿平均半

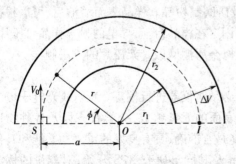

图 13-8 半球形电子能量分析器示意图

径 r 轨道运动,则需满足以下条件: $\Delta V = \dfrac{1}{e}\left(\dfrac{r_2}{r_1} - \dfrac{r_1}{r_2}\right)E_K$,$e$ 为电子的电荷。

改变 ΔV 便可选择不同的 E_K，也就是说，如果在球形电容器上加一个扫描电压，同心球形电容器就会对不同能量的电子具有不同的偏转作用，从而把能量不同的电子分离开来。这样就可以使能量不同的电子，在不同的时间沿着中心轨道通过，从而得到 XPS 谱图。

能量分析器的绝对分辨率用光电子谱峰的半高宽 $\Delta E_{1/2}$ 表示。相对分辨率定义为 $(\Delta E_{1/2}/E_K) \times 100\%$，表示分析器能够区分两种相近电子能量的能力，它与分析器的几何形状、入口及出口狭缝和入口角 α 之间的关系为

$$\Delta E_{1/2}/E_K = (r_2 - r_1)/2r + \alpha^2/2$$

从上式可知，在同等条件下，能量分析器对高动能电子的分辨率差。

为了提高能量分析器的有效分辨率，在样品和能量分析器之间设有一组减速 - 聚焦透镜，将光电子从初始动能 E_0 预减速到 E_1，然后再进入分析器。它的作用是：使能量分析器获得较高的绝对分辨率；在保持绝对分辨率不变的情况下，预减速可增加分析器的亮度，使仪器的灵敏度提高 $(E_0/E_1)^{1/2}$ 倍；同时，透镜使样品室和能量分析器分开一段距离，这不仅有利于改进信号背景比，同时也使样品室结构有比较大的自由度，这对多功能谱仪设置带来很大的方便。

3. 电子检测器

在 XPS 中使用最普遍的检测器是单通道电子倍增器。通常它是由高铅玻璃管制成，管内涂有一层具有很高次级电子发射系数的物质。工作时，倍增器两端施以 2 500 ~ 3 000 V 的电压，当具有一定动能的光电子打到管口后，由于串级碰撞作用可得到 $10^6 \sim 10^8$ 增益，这样在倍增器的末端可形成很强的脉冲信号输出。这种单通道倍增器常制成螺旋状以降低倍增器内少量离子所产生的噪声，即使对于动能较低的电子，它也有很高的增益，同时具有每分钟不到一个脉冲的本底计数。倍增器输出的是一系列脉冲，将其输入脉冲放大 - 鉴频器，再进入数—模转换器，最后将信号输入多道分析器或计算机中作进一步记录、显示。

除以上三部分外，在谱仪上还常常配有作深度剖析用的离子枪和电子中和枪，它们可以用于清洁表面和中和样品表面的荷电。

13.2.2 实验方法

1. 样品制备

对于用于表面分析的样品，保持表面清洁是非常重要的。所以在进行 XPS 分析前，除去样品表面的污染是重要的一步。除去表面污染的方法根据样品情况可以有很多种，如除气或清洗、Ar^+ 离子表面刻蚀、打磨、断裂或刮削及研磨制粉等。样品表面清洁后，可以根据样品的情况安装样品。块状样品可以用胶带直接固定在样品台上，导电的粉末样品可压片、固定。而对于不导电样品可以通过压在铟箔上或以金属栅网做骨架压片的方法制样。

2. 仪器校正

为了对样品进行准确测量，得到可靠的数据，必须对仪器进行校正。X 射线光电子谱的实验结果是一张 XPS 谱图，我们将据此确定试样表面的元素组成、化学状态以及各种物理效应的能量范围和电子结构，因此谱图所给结合能是否准确、具有良好的重复性并能和其他结果相比较，是获得上述信息的基础。从 Siegbahn 及其同事研究 XPS 开始，对能量的标定及校正就很重视。

实验中最好的方法是用标样来校正谱仪的能量标尺，常用的标样是 Au，Ag，Cu，纯度在 99.8% 以上。采用窄扫描（≤20 eV）以及高分辨（分析器的通过能量约 20 eV）的收谱方式。

目前国际上公认的清洁 Au,Ag,Cu 的谱峰位置见表 13-1。由于 Cu $2p_{3/2}$,Cu L_3MM 和 Cu 3p 三条谱线的能量位置几乎覆盖常用的能量标尺(0 ~ 1 000 eV),所以 Cu 样品可提供较快和简单的对谱仪能量标尺的检验。应用表 13-1 中的标准数据,可以建立能谱仪能量标尺的线性以及确定它的 E_B 位置。

表 13-1　清洁的 Au,Ag 和 Cu 各谱线结合能(E_B/eV)

谱线	Al K_α	Mg K_α
Cu 3p	75.14	75.13
Au $4f_{7/2}$	83.98	84.0
Ag $3d_{5/2}$	368.26	368.27
Cu L_3MM	567.96	334.94
Cu $2p_{3/2}$	932.67	932.66
Ag M_4NN	1 128.78	85.75

当样品导电性不好时,在光电子的激发下,样品表面产生正电荷的聚集,即荷电。荷电会抑制样品表面光电子的发射,导致光电子动能降低,使得 XPS 谱图上的光电子结合能高移,偏离其标准峰位置,一般情况下这种偏离为 3 ~ 5 eV。这种现象称为荷电效应。荷电效应还会使谱峰宽化,是谱图分析中主要的误差来源。因此,当荷电不易消除时,要根据样品的情况进行谱仪结合能基准的校正,通常采用的校正方法有内标法和外标法。

聚合物 XPS 分析中常用内标法,因为高分子聚合物中常含有共同的基团。内标法是将谱图中一个特定峰明确地指定一个准确的结合能(E_B),如在测得的谱中这个峰出现在 E_B $\pm\delta(eV)$ 处,那么所有其他谱峰能量一律按 $\pm\delta(eV)$ 荷电位移作适当校正。在聚合物 XPS 分析中常用的方法是令饱和碳氢化合物中 C 1s 结合能为 285.00 eV。这很方便,因为许多聚合物不是主链就是侧链中都会含有这种单元。曾经认为,所有那些只与碳本身或氢相结合的碳原子,不管其杂化模式如何,都具有这一相同的结合能(285.00 eV)。然而实验证明,非取代芳烃碳原子的结合能稍低(284.7 eV),因此非官能化的芳烃的 C 1s 结合能被建议为第二个标准。

当物质中以上两个参考结合能都不存在时,采用外标法。它利用谱仪真空扩散泵油中挥发物对材料表面的污染,在谱图中获得 C 1s 峰,将这种 C 1s 峰的结合能定为 284.6 eV,以此为基准对其他峰的峰位进行校正。

3. 收谱

对未知样品的测量程序为:首先宽扫采谱,以确定样品中存在的元素组分(XPS 检测量一般为 1% 原子百分比),然后收窄扫描谱,包括所确定元素的各个峰以确定化学态和定量分析。

(1)接收宽谱　扫描范围为 0 ~ 1 000 eV 或更高,它应包括可能元素的最强峰,能量分析器的通能(pass energy)约为 100 eV,接收狭缝选最大,尽量提高灵敏度,减少接收时间,增大检测能力。

(2)接收窄谱　用以鉴别化学态、定量分析和峰的解叠。必须使峰位和峰形都能准确测定。扫描范围 <25 eV,分析器通能选 ≤25 eV,并减小接收狭缝。可通过减少步长、增加接收时间来提高分辨率。

13.2.3 X射线光电子谱仪谱图分析

1.谱图的一般特点

图13-9为金属铝样品表面测得的一张XPS谱图,其中图(a)是宽能量范围扫描的全图,图(b)则是图(a)中高能端的放大。从这张图中可以归纳出XPS谱图的一般特点。

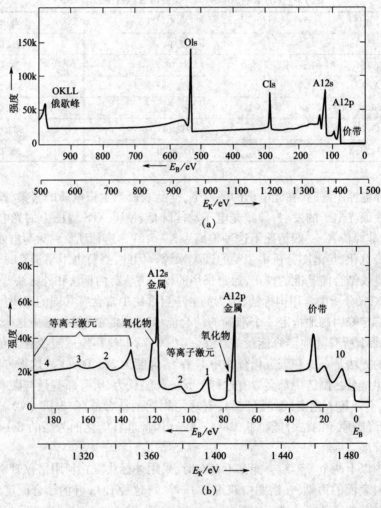

图13-9　金属铝的XPS谱图
(a)全扫描谱　(b)高能端的窄扫描谱

①图的横坐标是光量子动能或轨道电子结合能(eV),这表明每条谱线的位置和相应元素原子内层电子的结合能有一一对应的关系。谱图的纵坐标表示单位时间内检测到的光电子数。在相同激发源及谱仪接收条件下,考虑到各元素光电效应截面(电离截面)的差异后,表面所含某种元素越多,光电子信号越强。在理想情况下,每个谱峰所属面积的大小应是表面所含元素丰度的度量,是进行定量分析的依据。

②谱图中有明显而尖锐的谱峰,它们是未经非弹性散射的光电子所产生的,而那些来自样品深层的光电子,由于在逃逸的路径上有能量的损失,其动能已不再具有特征性,成为谱图的背底或伴峰,由于能量损失是随机的,因此背底是连续的。在高结合能端的背底电子较

多(出射电子能量低),反映在谱图上就是随结合能提高,背底电子强度呈上升趋势。

③谱图中除了 Al,C,O 的光电子谱峰外,还显示出 O 的 KLL 俄歇谱线,铝的价带谱和等离子激元等伴峰结构。将在以下的谱图分析中讨论伴峰的产生及其所反映的信息。

④在谱图中有时会看见明显的"噪音",即谱线不是理想的平滑曲线,而是锯齿般的曲线。通过增加扫描次数、延长扫描时间和利用计算机多次累加信号可以提高信噪比,使谱线平滑。

2. 光电子线及伴峰

1)光电子线

谱图中强度大、峰宽小、对称性好的谱峰一般为光电子峰。每种元素都有自己的最具表征作用的光电子线。它是元素定性分析的主要依据。一般来说,同一壳层上的光电子,总轨道角动量量子数(j)越大,谱线的强度越强。常见的强光电子线有 $1s,2p_{3/2},3d_{5/2},4f_{7/2}$ 等。除了主光电子线外,还有来自其他壳层的光电子线,如 O $2s$,Al $2s$,Si $2s$ 等。这些光电子线与主光电子线相比,强度有的稍弱,有的很弱,有的极弱,在元素定性分析中它们起着辅助的作用。纯金属的强光电子线常会出现不对称的现象,这是由于光电子与传导电子的耦合作用引起的。光电子线的高结合能端比低结合能端峰加宽 $1 \sim 4$ eV,绝缘体比良导体光电子谱峰宽约 0.5 eV。

2)X 射线卫星峰(X-ray satellites)

如果用来照射样品的 X 射线未经过单色化处理,那么在常规使用的 Al $K_{\alpha1,2}$ 和 Mg $K_{\alpha1,2}$ 射线里可能混杂有 $K_{\alpha3,4,5,6}$ 和 K_β 射线,这些射线统称为 $K_{\alpha1,2}$ 射线的卫星线。样品原子在受到 X 射线照射时,除了特征 X 射线($K_{\alpha1,2}$)所激发的光电子外,其卫星线也激发光电子,由这些光电子形成的光电子峰,称为 X 射线卫星峰。由于这些 X 射线卫星峰的能量较高,它们激发的光电子具有较高的动能,表现在谱图上,就是在主光电子线的低结合能端或高动能端产生强度较小的卫星峰。阳极材料不同,卫星峰与主峰之间的距离不同,强度亦不同。

3)多重分裂(Mulitiple splitting)

当原子或自由离子的价壳层拥有未成对的自旋电子时,光致电离所形成的内壳层空位便将与价轨道未成对自旋电子发生耦合,使体系出现不止一个终态,相应于每一个终态,在 XPS 谱图上将会有一条谱线,这便是多重分裂。

下面以 Mn^{2+} 离子的 $3s$ 轨道电离为例说明 XPS 谱图中的多重分裂现象。基态锰离子 Mn^{2+} 的电子组态为 $3s^23p^63d^5$,Mn^{2+} 离子 $2s$ 轨道受激后,形成两种终态,如图 13-10。两者的不同在于(a)态中电离后剩下的 1 个 $3s$ 电子与 5 个 $3d$ 电子是自旋平行的,而在(b)态中

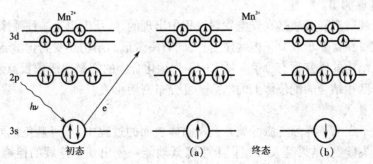

图 13-10　锰离子的 $3s$ 轨道电子电离时的两种终态

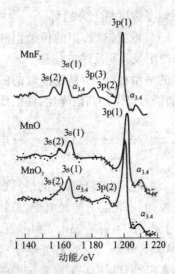

图 13-11 Mn 化合物的 XPS 谱图

电离后剩下的一个 3s 电子与 5 个 3d 电子是自旋反平行的。因为只有自旋反平行的电子才存在交换作用,显然(a)终态的能量低于(b)终态,导致 XPS 谱图上 Mn 的 3s 谱线出现分裂,如图 13-11。在实用的 XPS 谱图分析中,除了具体电离时的终态数、分裂谱线的相对强度和谱线的分裂程度外,还关心影响分裂程度的因素。从总的分析来看,①当 3d 轨道未配对电子数越多,分裂谱线能量间距越大,在 XPS 谱图上两条多重分裂谱线分开的程度越明显;②配位体的电负性越大,化合物中过渡元素的价电子越倾向于配位体,化合物的离子特性越明显,两终态的能量差值越大。

当轨道电离出现多重分裂时,如何确定电子结合能,至今尚无统一的理论和实验方法,一般地,对于 s 轨道电离只有两条主要分裂谱线,取两个终态谱线所对应的能量的加权平均代表轨道结合能。对于 p 轨道,电离时终态数过多,谱线过于复杂,可取最强谱线所对应的结合能代表整个轨道电子的结合能。

在 XPS 谱图上,通常能够明显出现的是自旋 - 轨道耦合能级分裂谱线,如 $p_{3/2}$,$p_{1/2}$,$d_{3/2}$,$d_{5/2}$,$f_{5/2}$,$f_{7/2}$ 等,但不是所有的分裂都能被观察到。

4)电子的震激与震离

样品受 X 射线辐射时产生多重电离的几率很低,但却存在多电子激发过程。吸收一个光子,出现多个电子激发过程的几率可达 20%,最可能发生的是两电子过程。

光电发射过程中,当一个核心电子被 X 射线光电离除去时,由于屏蔽电子的损失,原子中心电位发生突然变化,将引起价壳层电子的跃迁,这时有两种可能的结果。①价壳层的电子跃迁到最高能级的束缚态,则表现为不连续的光电子伴线,其动能比主谱线低,所低的数值是基态和具核心空位的离子激发态的能量差。这个过程称为电子的震激(shake up)。②如果电子跃迁到非束缚态成了自由电子,则光电子能谱示出从低动能区平滑上升到一阈值的连续谱,其能量差与具核心空位离子基态的电离电位相等。这个过程称为震离(shake off)。以 Ne 原子为例,这两个过程的差别和相应的谱峰特点,如图 13-12 所示,震激、震离过程的特点是它们均属单极子激发和电离,电子激发过程只有主量子数变化,跃迁发生只能是 ns→ns′,np→np′,电子的角量子数和自旋量子数均不改变。通常震激谱比较弱,只有高分辨的 XPS 谱仪才能测出。

由于电子的震激和震离是在光电发射过程中出现的,本质上也是一种弛豫过程,所以对震激谱的研究可获得原子或分子内弛豫信息,同时震激谱的结构还受到化学环境的影响,它的表现对分子结构的研究很有价值。图 13-13 为锰化合物的震激谱线位置及强度。它们结构的差别同与锰相结合的配位体上的电荷密度分布密切相关。

5)特征能量损失谱

部分光电子在离开样品受激区域并逃离固体表面的过程中,不可避免地要经历各种非弹性散射而损失能量,结果是 XPS 谱图上主峰低动能一侧出现不连续的伴峰,称之为特征能量损失峰。能量损失谱与固体表面特性密切相关。

当光电子能量在 100～150 eV 范围内时,它所经历的非弹性散射的主要方式是激发固

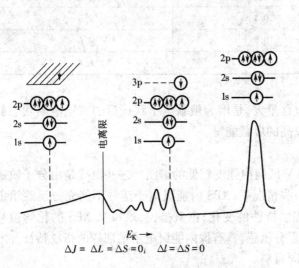

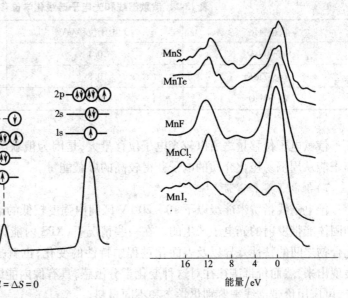

图 13-12　Ne 1s 电子发射时震激和震离过程示意图　　图 13-13　锰化合物中 Mn 2p$_{3/2}$ 谱线附近的震激谱图

体中的自由电子集体振荡,产生等离子激元。固体样品是由带正电的原子核和价电子云所组成的中性体系,因此它类似于等离子体,在光电子传输到固体表面所行经的路径附近将出现带正电区域,而在远离路径的区域将带负电,由于正负电荷区域的静电作用,使负电区域的价电子向正电区域运动。当运动超过平衡位置后,负电区与正电区交替作用,从而引起价电子的集体振荡(等离子激元),这种振荡的角频率为 w_p,能量是量子化的,$E_p = hw_p$。一般金属 $E_p = 10$ eV。可见等离子激元造成光电子能量的损失相当大。图 13-9 中显示了 Al 2s 和 Al 2p 的特征能量损失峰(等离子激元)。

6) 俄歇谱线

XPS 谱图中,俄歇电子峰的出现(如图 13-9 中 OKLL 峰)增加了谱图的复杂程度。由于俄歇电子的能量同激发源能量大小无关,而光电子的动能将随激发源能量增加而增加,因此,利用双阳极激发源很容易将其分开。事实上,XPS 中的俄歇线给分析带来了有价值的信息,是 XPS 谱中光电子信息的补充,主要体现在两方面。

(1) 元素的定性分析　用 X 射线和用电子束激发原子内层电子时的电离截面,相应于不同的结合能,两者的变化规律不同。对结合能高的内层电子,X 射线电离截面大,这不仅能得到较强的 X 光电子谱线,也为形成一定强度的俄歇电子创造了条件。

作元素定性分析时,俄歇电子谱线往往比光电子谱有更高的灵敏度。如 Na 在 265 eV 的俄歇线 Na KLL 强度为 Na 2s 光电子谱线的 10 倍。显然这时用俄歇线作元素分析更方便。

(2) 化学态的鉴别　某些元素在 XPS 谱图上的光电子谱线并没有显出可观测的位移,这时用内层电子结合能位移来确定化学态很困难,而这时 XPS 谱上的俄歇谱线却出现明显的位移,且俄歇谱线的位移方向与光电子谱线方向一致,如表 13-2 所示。

表 13-2 俄歇谱线和光电子谱线化学位移比较

状态变化	光电子位移/eV	俄歇位移/eV
Cu→Cu₂O	0.1	2.3
Zn→ZnO	0.8	4.6
Mg→MgO	0.4	6.4

俄歇电子位移量之所以较光电子位移量大,是因为俄歇电子跃迁后的双重电离状态的离子能从周围易极化介质的电子获得较高的屏蔽能量。

7)价电子线和谱带

价电子线指费米能级以下 10~20 eV 区间内强度较低的谱图。这些谱线是由分子轨道和固体能带发射的光电子产生的。在一些情况下,XPS 内能级电子谱并不能充分反映给定化合物之间的特性差异以及表面化过程中特性的变化,也就是说,难以从 XPS 的化学位移表现出来,然而价带谱往往对这种变化十分敏感,具有像内能级电子谱那样的指纹特征。因此,可应用价带谱线来鉴别化学态和不同材料。

3. 谱线识别

①首先要识别存在于任一谱图中的 C 1s、O 1s、C(KLL) 和 O(KLL) 谱线。有时它们还较强。

②识别谱图中存在其他较强的谱线。识别与样品所含元素有关的次强谱线。同时注意有些谱线会受到其他谱线的干扰,尤其是 C 和 O 谱线的干扰。

③识别其他和未知元素有关的最强,但在样品中又较弱的谱线,此时要注意可能谱线的干扰。

④对自旋分裂的双重谱线,应检查其强度比以及分裂间距是否符合标准。一般地说,对 p 线双重分裂必应为 1:2;对 d 线应为 2:3,对 f 线应为 3:4。(也有例外,尤其是 4p 线,可能小于 1:2)

⑤对谱线背底的说明。在谱图中,明确存在的峰均由来自样品中出射的未经非弹性散射能量损失的光电子组成。而经能量损失的那些电子就在峰的结合能较高的一侧增加背底。由于能量损失是随机和多重散射的,所以背底是连续的。谱中的噪音主要不是仪器造成的,而是计数中收集的单个电子在时间上的随机性造成的。所以叠加于峰上的背底、噪声是样品、激发源和仪器传输特性的体现。

4. 样品中元素分布的测定

1)深度分布

深度分布有四种测定方法。前两种方法利用谱图本身的特点,只能提供有限的深度信息。第三种方法,刻蚀样品表面以得到深度剖面,可提供较详细的信息,但也产生一些问题。第四种方法,在不同的电子逃逸角度下录谱测量。

(1)从有无能量损失峰来鉴别体相原子或表面原子 对表面原子,峰(基线以上)两侧应对称,且无能量损失峰。对均匀样品,来自所有同一元素的峰应有类似的非弹性损失结构。

(2)根据峰的减弱情况鉴别体相原子或表面原子 对表面物种而言,低动能的峰相对地要比纯材料中高动能的峰要强,因为在大于 100 eV 时,对体相物种而言,动能较低的峰的减弱要大于动能较大的峰的减弱。用此法分析的元素为 Na、Mg(1s 和 2s);Zn、Ga、Ge 和 As

$(2p_{3/2}$ 和 3d$)$；Sn、Cd、In、Sb、Te、I、Cs 和 Ba$(3p_{3/2}$ 和 4d 或 $3d_{5/2}$ 和 4d$)$。观察这些谱线的强度比并与纯体相元素的值比较，有可能推断所观察的谱线来自表层、次表面或均匀分布的材料。

（3）Ar 离子溅射进行深度剖析　也可用于有机样品，但须经校正。重要的是要知道离子溅射的速率。一些文献中的数据可供参考。但须注意，在离子溅射时，样品的化学态常会发生改变（如还原效应）。但是有关元素深度分布的信息还是可以获得的。

（4）改变样品表面和分析器入射缝之间的角度　在 90°（相对于样品表面）时，来自体相原子的光电子信号要大大强于来自表面的光电子信号。而在小角度时，来自表面层的光电子信号相对体相而言，会大大增强。在改变样品取向（或转动角度）时，注意谱峰强度的变化，就可以推定不同元素的深度分布。

2）表面分布

如果要测试样品表面一定范围（取决于分析器前入射狭缝的最小尺寸）内表面不均匀分布的情况，可采用切换分析器前不同入射狭缝尺寸的方式来进行。随着小束斑 XPS 谱仪的出现，分析区域的尺寸最小仅 5 μm。

13.3　X 光电子能谱的应用

X 光电子能谱原则上可以鉴定元素周期表上除氢、氦以外的所有元素。通过对样品进行全扫描，在一次测定中就可以检测出全部或大部分元素。另外，X 光电子能谱还可以对同一种元素的不同价态的成分进行定量分析。在对固体表面的研究方面，X 光电子能谱用于对无机表面组成的测定、有机表面组成的测定、固体表面能带的测定及多相催化的研究。它还可以直接研究化合物的化学键和电荷分布，为直接研究固体表面相中的结构问题开辟了有效途径。

由于 X 光电子能谱功能比较强，表面（约 5 nm）灵敏度又较高，所以它目前被广泛地用于冶金和材料科学领域，其大致应用可用表 13-3 加以概括。

表 13-3　XPS 的应用范围

应用领域	可提供的信息
冶金学	元素的定性，合金的成分设计
材料的环境腐蚀	元素的定性，腐蚀产物的化学（氧化）态，腐蚀过程中表面或体内（深度剖析）的化学成分及状态的变化
摩擦学	滑润剂的效应，表面保护涂层的研究
薄膜（多层膜）及黏合	薄膜的成分、化学状态及厚度测量，薄膜间的元素互扩散，膜/基结合的细节，粘接时的化学变化
催化科学	中间产物的鉴定，活性物质的氧化态，催化剂和支撑材料在反应时的变化
化学吸附	衬底及被吸附物在发生吸附时的化学变化，吸附曲线
半导体	薄膜涂层的表征，本体氧化物的定性，界面的表征
超导体	价态、化学计量比、电子结构的确定
纤维和聚合物	元素成分、典型的聚合物组合的信息，指示芳香族形成的携上伴线，污染物的定性
巨磁阻材料	元素的化学状态及深度分布，电子结构的确定

下面介绍几个应用实例。

13.3.1 半导体方面的研究

X 射线光电子能谱表面分析技术常常被用于半导体,如半导体薄膜表面氧化、掺杂元素的化学状态分析等。举例说明如下:SnO_2 薄膜是一种电导型气敏材料,常选用 Pd 作为掺杂元素来提高 SnO_2 薄膜器件的选择性和灵敏度,采用 X 射线光电子能谱可以对 Pd、Sn 元素的化学状态进行系统地表征,以此来分析影响薄膜性能的因素。

制备 Pd-SnO_2 薄膜需要在空气气氛下进行热处理工序,图 13-14 示出处理温度自室温至 600 ℃的 Sn $3d_{5/2}$ 的 XPS 谱。室温下自然干燥的薄膜中,Sn 元素有两种化学状态,结合能为 489.80 eV 和 487.75 eV,分别标志为 P_1 和 P_2 两个特征峰,各自对应于聚合物状态——$(Sn\text{-}O)_n$——和 Sn 的氧化物状态。随着处理温度的升高,P_1 峰逐渐减弱,P_2 峰不断增强,当处理温度高于 250 ℃时,只有 P_2 峰,表明薄膜已形成稳定的 SnO_2 结构。从图 13-14 不难看出:不论是纯 SnO_2 还是 Pd-SnO_2 薄膜,不同温度处理后,特征峰 P_2 所对应的结合能略有差别,低温处理后的试样特征峰 P_2 的结合能值略高,但经 450 ℃ 和 600 ℃ 处理后的试样没有差别,这可能同氧化是否完全以及氧化锡结晶效应有关。图 13-15 系统地反映了不同温度处理后薄膜中 Pd 元素化学状态的变化。室温下自然干燥的薄膜中 Pd $3d_{5/2}$ 轨道的结合能为 338.50 eV(特征峰 P_1),对应于 $[PdCl_4]^{2-}$ 结构。薄膜经 120 ℃ 热处理后,配合物 $[PdCl_4]^{2-}$ 分解为 $PdCl_2$(特征峰 P_3,$E_B = 337.25$ eV),部分 $PdCl_2$ 氧化为 PdO(特征峰 P_3,$E_B = 336.00$ eV)和 PdO_2(特征峰 P_4,$E_B = 338.00$ eV)。薄膜经 250 ℃ 热处理后,P_2 峰消失,Pd 元素主要以两种氧化态的形式存在,即 PdO 和 PdO_2。随着处理温度的进一步升高,峰 P_3 不断减弱,峰 P_4 不断增强。当处理温度高于 450 ℃ 时,Pd 元素主要以 PdO_2 形式存在。

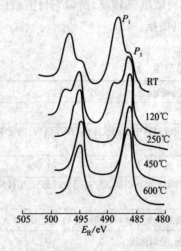
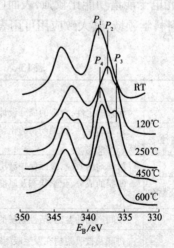

图 13-14 不同热处理温度时 Sn 3d 的 XPS 谱图

图 13-15 不同热处理温度时 Pd 3d 的 XPS 谱图

以上 XPS 分析结果清楚地表明:热处理温度不仅影响 Pd,SnO_2 气敏薄膜中 Pd、Sn 元素的化合物结构,同时也影响其电子结构,这些必然会影响薄膜的气敏特性。

13.3.2　生物医用材料聚醚氨酯的表面表征

嵌段聚醚氨酯高分子是一类重要的生物医用材料,它的表面性质如何往往决定它的应用。聚醚氨酯的合成,通常采用分子量为 400~2 000 的聚醚作为软段,二异氰酸酯加上扩链剂(二元胺或二元醇)构成聚醚氨酯的硬段。硬段和软段的组成以及相对含量的不同将使聚醚氨酯具有不同的性质,而且材料本体有微相分离的趋势,形成 10~20 nm 的微畴,因此,掌握聚醚氨酯的表面结构对于了解材料的生物相容性是非常重要的。

图 13-16(a)是以聚丙二醇(PPG)、MDI 和扩链剂丁二醇为原料制备的聚醚氨酯 C 1s 谱,只含氨基甲酸酯基(NH—CO—O),而图 13-16(b)中的聚醚氨酯,除扩链剂为乙二胺外,其他均相同,含有氨基甲酸酯基(NH—CO—O)和脲基(NH—CO—NH)。总体上看,这两种聚醚氨酯的 C 1s 谱差别不大,主要是高结合能端的小峰($>C=O$)在(b)中更宽,而且能拟合成两个小峰。高分辨的 XPS 对这一聚醚氨酯的表面偏析作了研究,主要取决于对硬段中氮的定量分析。当 PPG 基聚醚氨酯的软段与硬段摩尔比为 3.5 时,取最大的取样深度,氮的原子浓度约为 2%。当取样深度减小时,氮的原子浓度也随之减少。目前大多数的 XPS 谱仪在光电子出射角很小时,信噪比大大降低,而氮的控制极限约为 0.3%(原子浓度)。因此,从低出射角数据可以得出聚醚氨酯表面层完全由软段组成的结论。但是静态 SIMS 对硬段检测的灵敏度大于 XPS,结果表明情况并非完全如此。

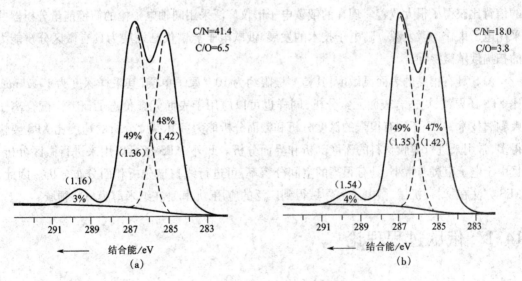

图 13-16　聚醚氨酯的 C 1s 谱

(a)以 PPG/MDI 丁二醇为基　(b)以 PPG/MDI 乙二胺为基

第 14 章　俄歇电子能谱

当具有足够能量的粒子(光子、电子或离子)与一个原子相撞时,原子内层轨道上的电子被激发出后,在原子的内层轨道上产生一个空位,形成了激发态正离子。这种激发态正离子的能量较高,不稳定,其恢复到基态的过程之一是外层电子填充到内层空位,同时有一外层电子发射出去,该电子称为俄歇电子。虽然 1925 年 Pierre Auger 在 Wilson 云雾室中发现了俄歇电子,但由于俄歇电子的信号很弱,形成过程复杂以及当时没有发现其实质性的应用价值,因此一直未能受到重视。直到 1953 年 J. J. Lander 首次使用了电子束激发的俄歇电子能谱(Auger Electron Microscopy, AES)并探讨了俄歇效应应用于表面分析的可能性后,才开始广泛地研究俄歇电子能谱。到 1967 年在 Harris 采用了微分锁相放大技术,使俄歇电子能谱获得了很高的信背比后,出现了商业化的俄歇电子能谱仪,并发展成为一种研究固体表面成分的重要分析技术。1969 年 Palmberg 等人引入了筒镜能量分析器,使得俄歇电子能谱仪的信背比获得了很大改善。现在的俄歇电子谱仪广泛采用同轴电子枪的筒镜能量分析器并采用电子束作为激发源。随电子技术的发展,俄歇电子能谱仪已发展为具有微区分辨能力的扫描俄歇微探针。

AES 具有很高的表面灵敏度,其检测极限约为 10^{-3} 原子单层,其采样深度为 $1 \sim 2$ nm,比 XPS 还要浅,更适合表面元素分析,同样也可以应用于表面元素价态的研究。配合离子束剥离技术,AES 还具有很强的深度分析和截面分析能力。其深度分析的速度比 XPS 要快得多,常用来进行薄膜材料的深度剖析和界面分析。此外,AES 还可以用来进行微区分析,且由于电子束斑非常小,具有很高的空间分辨率,可进行线扫描分析和面分布分析。因此,AES 方法在材料、机械、微电子等领域得到广泛的应用,尤其是在纳米薄膜材料领域。

14.1　俄歇过程理论

14.1.1　俄歇电子的能量

俄歇电子通常用参与俄歇过程的三个能级来命名,如 KL_1L_3,K 代表初态空位所在的能级,L_1 代表该能级上的电子填充初态空位,L_3 表示该能级上的电子作为俄歇电子发射出去。图 14-1 表示 KL_1L_3 俄歇电子产生的过程。

俄歇跃迁有 KLL、LMM、MNN 等系列,而相应于不同的始态和终态,每个系列都有多种俄歇跃迁。如 KLL 系列就包括六种俄歇跃迁:KL_1L_1,KL_1L_2,KL_1L_3,KL_2L_2,KL_2L_3,KL_3L_3,它们都可能发生。在俄歇谱上表现为六根谱线。

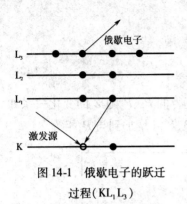

图 14-1　俄歇电子的跃迁
过程（KL_1L_3）

俄歇过程涉及三个能级：初始空位、填充电子和跃迁电子各自所在的能级，可以根据参与俄歇过程的能级的结合能计算出不同元素的各俄歇电子能量。设原子的原子序数为 Z，仍以 KL_1L_3 俄歇电子为例，从能量关系上看，L_1 能级电子填充 K 空位给出能量 $E_{L_1}(Z) - E_K(Z)$，这里 $E_{L_1}(Z)$ 和 $E_K(Z)$ 分别为处在 L_1 和 K 能级的电子的结合能。该能量克服结合能 $E_{L_3}(Z)$ 后，使 L_3 能级电子电离成为俄歇电子。俄歇电子 KL_1L_3 具有的能量

$$E_{KL_1L_3}(Z) \approx E_K(Z) - E_{L_1}(Z) - E_{L_3}(Z) \tag{14-1}$$

上式是近似的，因为 $E_{L_3}(Z)$ 是对于内层填满的原子 L_3 能级电子的结合能，而对于俄歇过程，内层有一空位，L_3 能级电子的结合能就要增大，故 L_3 能级电子电离出去需要花费的能量应是 $E_{L_3}(Z) + \Delta E$，它大于 $E_{L_3}(Z)$，这样式（13-1）表示为

$$E_{KL_1L_3}(Z) \approx E_K(Z) - E_{L_1}(Z) - E_{L_3}(Z) - \Delta E \tag{14-2}$$

实际工作中往往使用俄歇手册，查找每一种元素的标准俄歇谱图，图上标明了主要俄歇电子的能量，根据标准谱图中特征峰的能量确定待测样品中元素种类。

14.1.2　俄歇电子的强度

俄歇电子的强度是俄歇电子能谱进行元素定量分析的基础，但由于俄歇电子在固体中激发过程的复杂性，到目前为止还难以用俄歇电子能谱来进行绝对的定量分析。我们从俄歇效应的过程来分析俄歇电子的强度。

1. 内壳层产生空位

用电离截面来表示原子与外来粒子相互作用时发生电子跃迁产生空穴的几率。设入射电子的能量为 E_P，根据半经验方法，电离截面可以用下式来计算：

$$Q_W = \frac{6.51 \times 10^{-14} a_W b_W}{E_W^2} \left[\frac{1}{U} \ln \frac{4U}{1.65 + 2.35 e^{(1-U)}} \right] \tag{14-3}$$

式中：Q_W 为电离截面，cm^2；E_W 为 W 能级电子的电离能，eV；$U = E_p / E_W$；a_W，b_W 为常数。

从上式可见，电离截面（Q_W）是激发能与电离能比（U）的函数。

图 14-2 揭示了电离截面与 U 的关系。从图中可见，当 U 为 2.7 时，电离截面达到最大值。该图说明只有当激发源的能量为电离能的 2.7 倍时，才能获得最大的电离截面和俄歇电子能量。

2. 发生俄歇跃迁

上一节中已指出，电离原子的去激发，可以有两种不同的方式。一种是电子填充内层空位，辐射特征 X 射线的过程，称为荧光过程；另一种便是俄歇过程。记发生荧光过程的几率为 P_x，发生俄歇过程的几率为 P_a，则

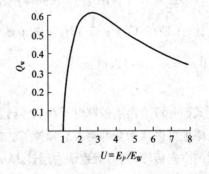

图 14-2　电离截面 Q_W 与 U 的关系

$$P_x + P_a = 1$$

E. H. S. Burhop 给出了 P_x 半经验公式

$$\left(\frac{P_x}{1-P_x}\right)^n = A + BZ + CZ^3 \tag{14-4}$$

式中 Z 是原子序数,而 n, A, B, C 都是常数。根据这些数值算得的 P_x、P_a 随 Z 的变化关系如图 14-3 所示。由图可见,$Z < 19$,P_a 在 90% 以上。直到 $Z = 33$,P_x 才增加到与 P_a 相等。

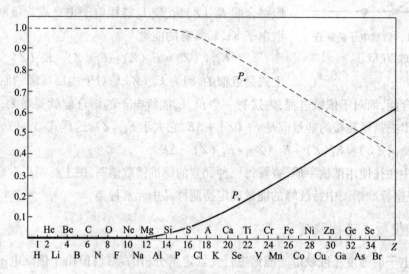

图 14-3 俄歇几率与荧光几率

3. 俄歇电子从产生处传输到表面,从固体表面逸出

俄歇电子从产生处向表面输运,可能会遭到弹性散射或非弹性散射(其中包括激发等离子激元,它是固体中大量价电子的集体振荡),方向会发生变化,如果是非弹性碰撞,能量会受到损失。这里特别要注意的是,如果俄歇电子能量受到损失,便会失去所携带的元素特征信息,就将从所考虑的俄歇峰中被排除,成为背底。用来进行表面分析的俄歇电子,应当是能量无损地输运到表面的电子,因而只能是在深度很浅处产生的,这就是用俄歇谱能进行表面分析的原因。

设有 N 个俄歇电子,在固体中经过 dz 距离,损失了 dN 个。显然 dN 应与 N 及 dz 成正比,于是有 $dN = -\dfrac{1}{\lambda}N dz$,这里 λ 是一个常数,负号则表示减少。积分并代入起始条件:$z = 0, N = N_0$,便可以得到

$$N = N_0 e^{-z/\lambda} \tag{14-5}$$

式(14-5)给出了俄歇电子在固体材料中传输按指数衰减的规律,经过 3λ,便只剩下 5%,粗略地可以认为全部都被衰减掉了。如果俄歇电子沿着固体表面法线成 θ 角并指向固体外部的方向传输,则可大致认为超过 $3\lambda\cos\theta$ 处产生的俄歇电子,就不能能量无损地到达表面然后逸出。实际上 λ 非常小,在 $0.3 \sim 2$ nm 之间。因此俄歇能谱仪可以进行表面分析。λ 称为非弹性散射"平均自由程"。如果 z 代表垂直于固体表面并指向固体外部的方向,则 λ 也就是平均逸出深度。

平均自由程是一个非常重要的参量。它可通过实验测量,方法之一是在基底上沉积一层待研究的材料,测量基底某个俄歇峰的大小随着沉积厚度的变化,便可得到这种能量的俄歇电子在所研究的材料中的平均自由程 λ。当然,所研究的材料不应产生基底的这个俄歇峰。

λ 的实测表明:严格说来,λ 取决于固体材料和俄歇电子的能量。然而对于纯元素,λ 与元素种类近似无关,可粗略地认为有一"普适曲线",如图 14-4 所示。于是 λ 近似只是俄歇电子能量的函数。由图可见,在 75 ~ 100 eV 处,λ 有最小值。若俄歇电子能量 E 在 100 ~ 2 000 eV 之间,λ 近似与 $E^{1/2}$ 成正比,而这个能量范围正是一般用来分析的俄歇电子能量范围。如果不是纯元素材料,那么 λ 与材料有关。

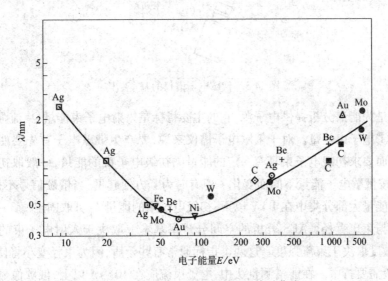

图 14-4 俄歇电子平均自由程的普适曲线

以上关于非弹性散射平均自由程的讨论,不仅适用于俄歇电子,也适用于其他有一定能量的电子在固体中的输运,如光电子在固体中的输运。

14.2 俄歇电子谱仪

俄歇电子谱仪的基本结构如图 14-5 所示。俄歇电子谱仪是由真空系统、初级电子探针系统(即电子光学系统)、电子能量分析器、样品室、信号测量系统及在线计算机等构成。尽管按不同的样品和不同的实验要求,具体谱仪结构可能有些不同,但至少总有初级探针系统、能量分析系统及测量系统三部分。下面分别叙述这三部分的特点。

14.2.1 初级探针系统

俄歇电子能谱仪所用的信号电子激发源是电子束。选用电子束的原因是:①热电子源是一类高亮度、高稳定性的小型化激发源,容易获得;②因为电子束带电荷,可采用透镜系统聚焦、偏转;③电子束和固体的相互作用大,原子的电离效率高。电子光学系统主要由电子激发源(热阴极电子枪)、电子束聚焦(电磁透镜)和偏转系统(偏转线圈)组成。电子光学

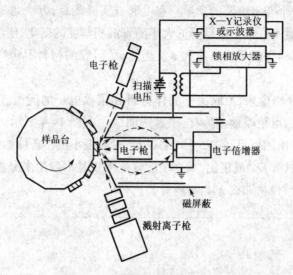

图 14-5　俄歇电子谱仪的基本结构

系统的作用是为能谱分析提供电子源,它的主要指标是入射电子束能量、束流强度与束直径三个指标。①电子束能量。对于俄歇电子谱仪来说,要产生俄歇电子首先要使内壳层的电子电离。因而要求初级电子束具有一定的能量。初级电子束的能量,一般取初始电离能的 3~4 倍,应按俄歇电子能量不同而变化。但有时为了方便起见,当俄歇信号不是很弱时,因俄歇电子的能量大部分集中在 1 kV 以下,初级电子束的能量 E_p 可取固定值 3~5 kV。②电子束流强度与束斑直径。AES 分析的空间分辨率基本上取决于入射电子束的最小束斑直径;探测灵敏度取决于束流强度。这两个指标通常有些矛盾,因为束径变小将使束流显著下降,因此一般需要折中。在能谱测量法中,电子束流应在 10^{-8} A 以上,俄歇像显微分析中一次电子束流应大于 10^{-7} A。电子束流不能过大。束流过大会对样品表面造成伤害。另外束流大,束斑直径也大,其中一部分激发的俄歇电子不能进入能量分析器,使得到的俄歇信号发生畸变。

14.2.2　能量分析器及信号检测系统

　　俄歇信号强度大约是初级电子强度的万分之一。如果考虑噪声的影响,如此小的信号检测是十分困难的,所以必须选择信噪比高的能量分析系统。AES 的能量分析系统一般采用筒镜分析器。

　　分析器的主体是两个同心的圆筒(图 14-6)。样品和内筒同时接地,在外筒上施加一个负的偏转电压,内筒上开有圆环状的电子入口和出口,激发电子枪放在镜筒分析器的内腔中(也可以放在镜筒分析器外)。由样品上发射的具有一定能量的电子从入口位置进入两圆筒夹层,因外筒加有偏转电压,最后使电子从出口进入检测器。若连续地改变外筒上的偏转电压,就可在检测器上依次接收到具有不同能

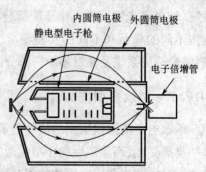

图 14-6　筒镜型俄歇分析器

量的俄歇电子,从能量分析器输出的电子经电子倍增器、前置放大器后进入脉冲计数器,最后由 X—Y 记录仪或荧光屏显示俄歇谱——俄歇电子数目 N 随电子能量 E 的分布曲线。

为了将微弱的俄歇电子信号从强大的本底中提取出来,1968 年 Harris 提出了采用锁定放大器提取俄歇信号微分谱的方法,即采用电子电路对电子能量分布曲线 $N(E)$ 微分,测量 $dN(E)/dE$—E 来识别俄歇峰,这就是著名的微分法。它不仅在历史上为俄歇谱实际应用于表面分析开辟了道路,而且至今仍不断地得到广泛应用。$dN(E)/dE$—E 称为微分谱;而 $N(E)$—E 则称为"直接谱",它是相对微分谱而言的。

图 14-7 为 Y. E. Strausser 给出的轻微氧化的 Fe 的表面的微分谱和直接谱。由图可见,微分法显著地提高了信背比,所以至今还被广泛采用。但微分谱也有缺点,那就是降低了信噪比,并且完全改变了谱峰的形状,失去了谱峰形状所携带的大量信息,因此直接谱日益受到重视。在计算机技术和微弱电流测量技术高度发展的今天,测量和利用直接谱是可行的。

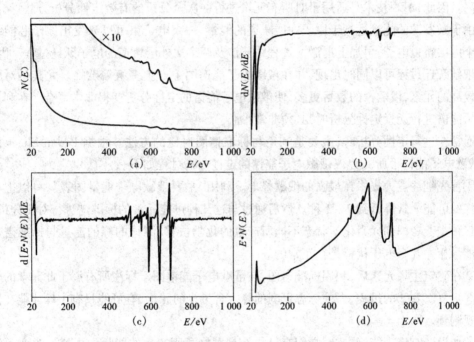

图 14-7　轻微氧化的 Fe 表面的微分谱和直接谱

(a)$N(E)$—E 谱　(b)$dN(E)/dE$—E 谱　(c)$d[E \cdot N(E)]/dE$—E 谱　(d)$E \cdot N(E)$—E 谱

14.2.3　俄歇谱仪的分辨率和灵敏度

谱仪的能量分辨率由能量分析器决定。通常能量分析器的分辨率 $\dfrac{\Delta E}{E} < 0.5\%$,$E$ 一般为 1 000~2 000 eV,所以 ΔE 为 5~10 eV。谱仪的空间分辨率与电子束的最小束斑直径有关。目前一般商品扫描俄歇谱仪的最小束斑直径小于 50 nm。采用场发射俄歇电子枪可以在达到相同束流的情况下,使电子束斑直径大大减小。目前场发射俄歇电子枪的束斑直径可以小于 6 nm。

检测极限(灵敏度)是俄歇谱仪的主要性能指标之一。俄歇谱仪的检测极限受限于信噪比,由于俄歇谱存在很强的本底,它的散粒噪声限制了检测极限,所以几种主要的表面分析仪器中,俄歇谱仪不算太灵敏。一般认为俄歇谱仪典型的检测极限为 0.1% 。这是非常粗糙的数量级概念。实际上,俄歇谱仪检测极限与很多因素有关,差别也很大。

14.3 俄歇电子能谱图的分析技术

14.3.1 俄歇电子能谱的定性分析

由于俄歇电子的能量仅与原子本身的轨道能级有关,与入射电子的能量无关,也就是说与激发源无关。对于特定的元素及特定的俄歇跃迁过程,其俄歇电子的能量是特定的。由此,我们可以根据俄歇电子的动能用来定性分析样品表面物质的元素种类。该定性分析方法可以适用于除氢、氦以外的所有元素,且由于每个元素会有多个俄歇峰,定性分析的准确度很高。因此,AES 技术是适用于对所有元素进行一次全分析的有效定性分析方法。

由于激发源的能量远高于原子内层轨道的能量,一束电子束可以激发出原子芯能级上的多个内层轨道电子,再加上退激发过程中还涉及两个次外层轨道的电子跃迁过程。因此,多种俄歇跃迁过程可以同时出现,并在俄歇电子能谱图上产生多组俄歇峰。尤其是对原子序数较高的元素,俄歇峰的数目更多,使俄歇电子能谱的定性分析变得非常复杂。在利用俄歇电子能谱进行元素定性分析时,必须非常小心。

通常在进行定性分析时,主要是利用与标准谱图对比的方法。根据 Perkin-Elmer 公司的《俄歇电子能谱手册》,建议俄歇电子能谱的定性分析过程如下。

①首先把注意力集中在最强的俄歇峰上。利用"主要俄歇电子能量图表",可以把对应于此峰的可能元素降低到 2～3 种。然后通过与这几种可能元素的标准谱进行对比分析,确定元素种类。考虑到元素化学状态不同所产生的化学位移,测得的峰的能量与标准谱上的峰的能量相差几个电子伏特是很正常的。

②在确定主峰元素后,利用标准谱图,在俄歇电子能谱图上标注所有属于此元素的峰。

③重复①和②的过程,去掉标志更弱的峰。含量少的元素,有可能只有主峰才能在俄歇谱上观测到。

④如果还有峰未能标志,则它们有可能是一次电子所产生的能量损失峰。改变入射电子能量,观察该峰是否移动,如移动就不是俄歇峰。

俄歇电子能谱的定性分析是一种最常规的分析方法,也是俄歇电子能谱最早的应用之一。一般利用 AES 谱仪的宽扫描程序,收集从 20～1 700 eV 动能区域的俄歇谱。为了增加谱图的信背比,通常采用微分谱来进行定性鉴定。对于大部分元素,其俄歇峰主要集中在 20～1 200 eV 的范围内,而对于有些元素则需利用高能端的俄歇峰来辅助进行定性分析。此外,为了提高高能端俄歇峰的信号强度,可以通过提高激发源电子能量的方法来获得。在进行定性分析时,通常采取俄歇谱的微分谱的负峰能量作为俄歇动能,进行元素的定性标定。

图 14-8 是金刚石表面的 Ti 薄膜的俄歇定性分析谱(微分谱),电子枪的加速电压为 3 kV 。从图上可见,AES 谱图的横坐标为俄歇电子动能,纵坐标为俄歇电子计数的一次微分。激发出来的俄歇电子由其俄歇过程所涉及的轨道的名称标记。由于俄歇跃迁过程涉及多个能级,可以同时激发出多种俄歇电子,因此在 AES 谱图上可以发现 Ti LMM 俄歇跃迁有

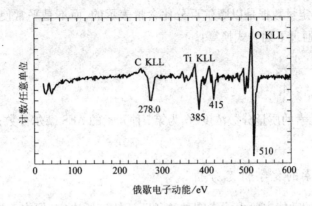

图 14-8　金刚石表面的 Ti 薄膜的俄歇定性分析谱

两个峰。由于大部分元素都可以激发出多组俄歇电子峰,因此非常有利于元素的定性标定,而且可排除能量相近峰的干扰。如 N KLL 俄歇峰的动能为 379 eV,与 Ti LMM 俄歇峰的动能很接近,但 N KLL 仅有一个峰,而 Ti LMM 有两个峰,因此俄歇电子能谱可以很容易地区分 N 元素和 Ti 元素。由于相近原子序数的元素激发出的俄歇电子的动能有较大的差异,因此相邻元素间的干扰作用很小。

14.3.2　表面元素的半定量分析

从样品表面出射的俄歇电子的强度与样品中该原子的浓度有线性关系,因此可以利用这一特征进行元素的半定量分析。因为俄歇电子的强度不仅与原子的多少有关,还与俄歇电子的逃逸深度、样品的表面粗糙度、元素存在的化学状态以及仪器的状态有关。因此,AES 技术一般不能给出所分析元素的绝对含量,仅能提供元素的相对含量。且因为元素的灵敏度因子不仅与元素种类有关,还与元素在样品中的存在状态及仪器的状态有关,即使是相对含量不经校准也存在很大的误差。此外,还必须注意的是,虽然 AES 的绝对检测灵敏度很高,可以达到 10^{-3} 原子单层,但它是一种表面灵敏的分析方法,对于体相检测灵敏度仅为 0.1% 左右。其表面采样深度为 1.0~3.0 nm,提供的是表面上的元素含量,与体相成分会有很大的差别。最后,还应注意 AES 的采样深度与材料性质和激发电子的能量有关,也与样品表面和探头的角度有关。事实上,在俄歇电子能谱分析中几乎不用绝对量这一概念。所以应当明确,AES 不是一种很好的定量分析法,它给出的仅是相对含量而不是绝对含量。

俄歇电子能谱的定量分析方法很多,主要包括纯元素标样法、相对灵敏度因子法以及相近成分的多元素标样法。最常用和实用的方法是相对灵敏度因子法。该方法的定量计算可以用下式进行:

$$C_i = \frac{I_i/S_i}{\sum\limits_{i=1}^{i=n} I_i/S_i} \tag{14-6}$$

式中:C_i 为第 i 种元素的摩尔分数浓度;I_i 为第 i 种元素的 AES 信号强度;S_i 为第 i 种元素的相对灵敏度因子,可以从手册上获得。

由 AES 提供的定量数据是以摩尔百分比含量表示的,而不是平常使用的质量百分比。这种比例关系可以通过下列公式换算:

$$C_i^{wt} = \frac{C_i \cdot A_i}{\sum\limits_{i=1}^{i=n} C_i \cdot A_i} \tag{14-7}$$

式中:C_i^{wt} 为第 i 种元素的质量分数浓度;C_i 为第 i 种元素的 AES 摩尔分数;A_i 为第 i 种元素的相对原子质量。

14.3.3 表面元素的化学价态分析

虽然俄歇电子的动能主要由元素的种类和跃迁轨道所决定,但由于原子内部外层电子的屏蔽效应,内层轨道和次外层轨道上的电子的结合能在不同的化学环境中是不一样的,其间有一些微小的差异。这种轨道结合能上的微小差异可以导致俄歇电子能量的变化,这种变化称作元素的俄歇化学位移,它取决于元素在样品中所处的化学环境。利用这种俄歇化学位移可以分析元素在该物种中的化学价态和存在形式。

与 XPS 相比,俄歇电子能谱虽然存在能量分辨率较低的缺点,但却具有 XPS 难以达到的微区分析优点。此外,一般来说,由于俄歇电子涉及三个原子轨道能级,其化学位移要比 XPS 的化学位移大得多。显然,俄歇电子能谱更适合于表征化学环境的作用。因此俄歇电子能谱的化学位移在表面科学和材料学的研究中具有广阔的应用前景。

由于俄歇电子的化学位移涉及三个能级的能量变化,使得其化学位移的影响因素更加复杂。当元素所处的化学环境发生变化时,俄歇电子能谱的化学位移 ΔE 可用下式表示:

$$\Delta E_{WXY}(Z) = \Delta E_W(Z) - \Delta E_X(Z) - \Delta E_Y(Z) \tag{14-8}$$

如果将等式右边三项分别考查为因化学环境变化所引起的相应的轨道结合能变化,这样便可利用较为成熟的 XPS 化学位移的理论模型近似地处理俄歇化学位移效应。根据已普遍接受的 XPS 化学位移的电荷势模型,内层能级的位移量和原子所荷的有效电荷有线性关系。对于 A 原子的 W、X、Y 能级,俄歇化学位移与原子电荷的关系可表示为

$$\Delta E_{WXY}(Z) = (K_W - K_X - K_Y) \times q_A - V_A - l \tag{14-9}$$

如 K_W, K_X, K_Y 三者相近,由上式获得的俄歇化学位移与 XPS 的化学位移相近,但符号相反。实验结果表明俄歇化学位移在许多情况下比 XPS 的化学位移要大得多,显然,借用简单的电荷势模型不能确切地表达俄歇跃迁中的化学位移。应考虑终态有两个核心空位的俄歇过程中的额外原子弛豫效应影响。光电离过程中始态为中性的原子,终态为单空位的离子。而俄歇过程从单空位开始并以需要弛豫的双空位终止。二者始态与终态的不同导致了额外的原子弛豫效应。Wagner 和 Biloen 把这一效应归结为极化作用。Shirley 等人将原子轨道结合能的变化 ΔE_B 总结为由电荷势模型的轨道结合能的变化 ΔE 与额外原子弛豫能($-R$)之和,即

$$\Delta E_B = \Delta E - R \tag{14-10}$$

如将额外原子弛豫能($-R$)考虑进去,对式(14-9)进行修正,则俄歇化学位移($\Delta E_{WXY}(Z)$)可用下式表示:

$$\Delta E_{WXY}(Z) = (K_W - K_X - K_Y) \times q_A - V_A - l - R$$

$$= (K_W - K_X - K_Y) \times \left\{ Q_A + \sum_{A \neq B} n \frac{\chi_A - \chi_B}{|\chi_A - \chi_B|} [1 - e^{-0.25(\chi_A - \chi_B)}] \right\} -$$

$$V_A - l - \left| 3e^2 \frac{1 - \frac{1}{k}}{2r} \right| \tag{14-11}$$

式中：Q_A 为 A 原子的形式电荷；χ_A,χ_B 为形成化学键时 A,B 原子的电负性；r 为离子半径；k 为介电常数。

该式表明俄歇化学位移不仅与元素的形式电荷 Q_A、相邻元素的电负性有关，还同离子的极化效应有关。影响极化效应的直接参数是离子半径，元素的有效离子半径越小，极化作用越强，弛豫能的数值越大。由于弛豫能项为负值，因此对正离子，极化作用使得俄歇动能降低，俄歇化学位移增加；对于负离子，极化作用使得俄歇动能增加，俄歇化学位移降低。当不考虑额外弛豫能时，俄歇化学位移与元素化合价（原子形式电荷）有线性关系，一般元素化合价越正，俄歇电子的动能越低，化学位移越负；相反，化合价越负，俄歇电子的动能越高，化学位移越正。对于化学价态相同的原子，俄歇化学位移的差别主要和原子间的电负性差有关。电负性差越大，原子得失的电荷越大，化学位移也越大。对于电负性大的元素，可以获得部分电子而带负电。因此化学位移为正，俄歇电子的能量比纯态高；相反，则俄歇化学位移为负，俄歇电子的能量较纯态降低。

表面元素化学价态分析是 AES 分析的一种重要功能，但由于谱图解析的困难和能量分辨率低的缘故，一直未能获得广泛的应用。最近随着计算机技术的发展，采用积分谱和扣背底处理，谱图的解析变得容易得多。再加上俄歇化学位移比 XPS 的化学位移大得多，且结合深度分析可以研究界面上的化学状态，因此，近年俄歇电子能谱的化学位移分析在薄膜材料的研究上获得了重要的应用，并取得了很好的效果。但是，由于很难找到像 XPS 数据库那样的俄歇化学位移的标准数据，要判断其价态，必须用自制的标样进行对比，这是利用俄歇电子能谱研究化学价态的不利之处。此外，俄歇电子能谱不仅有化学位移的变化，还有线形的变化。俄歇电子能谱的线形分析也是进行元素化学价态分析的重要方法。

14.3.4 元素深度分布分析

AES 的深度分析功能是俄歇电子能谱最有用的分析功能。一般采用 Ar 离子束进行样品表面剥离的深度分析方法。通常采用能量为 500 eV 到 5 keV 的离子束作为溅射源。该方法是一种破坏性分析方法，会引起表面晶格的损伤、择优溅射和表面原子混合等现象。但当其剥离速度很快和剥离时间较短时，以上效应就不太明显，一般可以不必考虑。

其分析原理是先用 Ar 离子把表面一定厚度的表面层溅射掉，然后再用 AES 分析剥离后的表面元素含量，这样就可以获得元素在样品中沿深度方向的分布。由于俄歇电子能谱的采样深度较浅，因此俄歇电子能谱的深度分析比 XPS 的深度分析具有更好的深度分辨率。由于离子束与样品表面的作用时间较长时，样品表面会产生各种效应。为了获得较好的深度分析结果，应当选用交替式溅射方式，并尽可能地降低每次溅射间隔时间。此外，为避免离子束溅射坑效应，离子束/电子束的直径比应大于 100 倍以上，这样离子束的溅射坑效应基本可以不予考虑。

　　离子的溅射过程非常复杂,它不仅会改变样品表面的成分和形貌,有时还会引起元素化学价态的变化。此外,溅射使表面粗糙也会大大降低深度剖析和深度分辨率。一般随着溅射时间的增加,表面粗糙度也随之增加,使得界面变宽。目前解决该问题的方法是采用旋转样品的方法,以增加离子束的均匀性。

　　离子束与固体表面发生相互作用,从而引起表面粒子的发射,即离子溅射。溅射产率与离子束的能量、种类、入射方向、被溅射固体材料的性质以及元素种类有关。多组分材料由于其中各元素的溅射产率不同,使得溅射产率高的元素被大量溅射掉,而溅射产率低的元素在表面富集,使得测量的成分变化,该现象称为"择优溅射"。在一些情况下,择优溅射的影响很大。图14-9是PZT/Si薄膜界面反应后典型的俄歇深度分析。横坐标为溅射时间,与溅射深度有对应关系;纵坐标为元素的原子摩尔百分比。从图上可以清晰地看到各元素在薄膜中的分布情况。经过界面反应后,在PZT薄膜与硅基底间形成了稳定的 SiO_2 界面层。

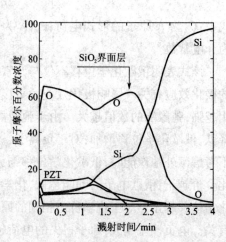

图14-9　PZT/Si薄膜界面反应后的俄歇深度分析

该界面层是通过从样品表面扩散进的氧与从基底上扩散出的硅反应而形成的。

14.3.5　微区分析

　　微区分析也是俄歇电子能谱分析的一个重要功能,可以分为选点分析、线扫描分析和面扫描分析三个方面。这种功能是俄歇电子能谱在微电子器件研究中最常用的方法,也是纳米材料研究的主要手段。

　　1. 选点分析

　　俄歇电子能谱由于采用电子束作为激发源,其束斑面积可以聚焦到非常小。理论上,俄歇电子能谱选点分析的空间分辨率可以达到束斑面积大小。因此,利用俄歇电子能谱可以在很微小的区域内进行选点分析,当然也可以在一个大面积的宏观空间范围内进行选点分析。微区范围内的选点分析可以通过计算机控制电子束的扫描;对于在大范围内的选点分析,一般采取移动样品的方法,使待分析区和电子束重叠。利用计算机软件选点,可以同时对多点进行表面定性分析、表面成分分析、化学价态分析和深度分析。这是一种非常有效的微探针分析方法。

　　图14-10为 Si_3N_4 薄膜经850℃快速退火处理后表面不同点的俄歇定性分析图。从表面定性分析图上可见,在正常样品区,表面主要有Si、N以及C和O元素存在。而在损伤点,表面的C、O含量很高,而Si、N元素的含量却比较低。该结果说明在损伤区发生了 Si_3N_4 薄膜的分解。

　　2. 线扫描分析

　　在研究工作中,不仅需要了解元素在不同位置的存在状况,有时还需要了解一些元素沿某一方向的分布情况,俄歇线扫描分析能很好地解决这一问题。线扫描分析可以在微观和宏观的范围(1 ~ 6 000 μm)内进行。俄歇电子能谱的线扫描分析常用于表面扩散研究、界面分析研究等方面。

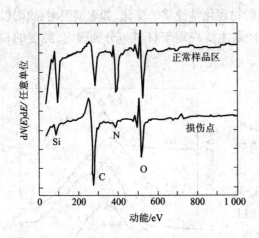

图 14-10　Si₃N₄ 薄膜表面损伤点的俄歇定性分析谱

Ag-Au 合金超薄膜在 Si(111)面单晶硅上的电迁移后的样品面的 Ag 和 Au 元素的线扫描分布见图 14-11。横坐标为线扫描宽度,纵坐标为元素的信号强度。从图上可见,虽然 Ag 和 Au 元素的分布结构大致相同,但可见 Au 已向左端进行了较大规模的扩散。这表明 Ag 和 Au 在电场作用下的扩散过程是不一样的。此外,其扩散有单向性,取决于电场的方向。由于俄歇电子能谱的表面灵敏度很高,线

扫描是研究表面扩散的有效手段。同时对于膜层较厚的多层膜,也可以通过对截面的线扫描获得各层间的扩散情况。

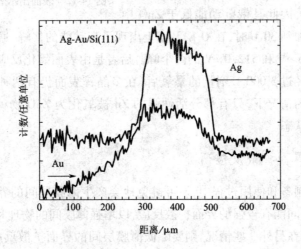

图 14-11　单晶硅表面上 Ag 和 Au 元素的俄歇线扫描分布

3. 元素面分布分析

俄歇电子能谱的面分布也可称为俄歇电子能谱的元素分布的图像分析。它可以把某个元素在某一区域内的分布以图像的方式表示出来,就像电镜照片一样,只不过电镜照片提供的是样品表面的形貌像,而俄歇电子能谱提供的是元素的分布像。结合俄歇化学位移分析,还可以获得特定化学价态元素的化学分布像。俄歇电子能谱的面分布分析适合于微型材料和技术的研究,也适合表面扩散等领域的研究。在常规分析中,由于该分析方法耗时非常长,一般很少使用。当把面扫描与俄歇化学效应相结合时,还可以获得元素的化学价态分布图。

14.4　俄歇电子能谱的应用

俄歇电子能谱在物理、化学、材料科学以及微电子学等方面有着重要的应用,可以用来

研究固体表面的能带结构、态密度等,研究表面的物理化学性质的变化,如表面吸附、脱附以及表面化学反应。在材料科学领域,俄歇电子能谱主要应用于材料组分的确定、纯度的检测、薄膜材料的生长。

14.4.1 表面吸附和化学反应的研究

由于俄歇电子能谱具有很高的表面灵敏度,可以检测到 10^{-3} 原子单层,因此可以很方便地和有效地用来研究固体表面的化学吸附和化学反应。图14-12 是在多晶锌表面初始氧化过程中的 O KLL 俄歇谱,因为在清洁 Zn 表面不存在本底氧,从 O KLL俄歇谱上可以更直观地研究表面初始氧化过程。在经过 1 L 的暴氧量的吸附后,在 O KLL 俄歇谱上开始出现动能为 508.6 eV 的峰。该峰可以归属为Zn 表面的化学吸附态氧,其从 Zn 原子获得的电荷要比 ZnO 中的氧少,因此其俄歇动能低于 ZnO 中

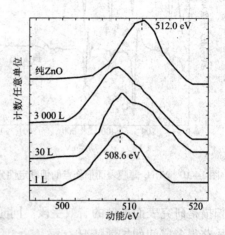

图 14-12　表面出示氧化过程的 O KLL 谱

的氧。当暴氧量增加到 30 L 时,在 O KLL 谱上出现了高动能的伴峰,通过曲线解叠可以获得俄歇动能为 508.6 eV 和 512.0 eV 的两个峰。后者是由表面氧化反应形成的 ZnO 物种中的氧所产生。即使经过 3 000 L 剂量的暴氧后,在多晶锌表面仍有两种氧物种存在。该结果表明在低氧分压的情况下,只有部分活性强的 Zn 被氧化为 ZnO 物种,而活性较弱的 Zn只能与氧形成吸附状态。

14.4.2 薄膜的界面扩散反应研究

在薄膜材料的制备和使用过程中,不可避免地会产生薄膜层间的界面扩散反应。有些情况下,希望薄膜之间能有较强的界面扩散反应,以增强薄膜间的物理和化学结合力或形成新的功能薄膜层;而在另外一些情况,则要降低薄膜层间的界面扩散反应,如多层薄膜超晶格材料等。通过对俄歇电子能谱的深入剖析,可以研究各元素沿深度方向的分布,因此可以研究薄膜的界面扩散动力学。同时,通过对界面上各元素的俄歇谱图研究,可以获得界面产物的化学信息,用以鉴定界面反应产物。

难熔金属的硅化物是微电子器件中广泛应用的引线材料和欧姆结材料,是大规模集成电路工艺研究的重要课题,目前已进行了大量的研究。图 14-13 为在薄膜样品不同深度处的 Cr LMM 俄歇谱图。从该图可见,金属 Cr LMM 谱为单个峰,其俄歇动能为 485.7 eV,而氧化物 Cr_2O_3 也为单峰,俄歇动能为 484.2 eV。在硅化物 $CrSi_3$ 层以及与单晶硅的界面层上,Cr LMM 的线形为双峰,其俄歇动能为 481.5 eV 和 485.3 eV。可以认为这是由金属硅化物 $CrSi_3$ 所产生。硅化物中 Cr 的电子结构与金属 Cr 以及其氧化物 Cr_2O_3 的电子结构是不同的。形成的金属硅化物不是简单的金属共熔物,而是具有较强的化学键。该结果还表明,不仅界面产物层是由金属硅化物组成,在与硅基底的界面扩散层中,Cr 也是以硅化物的形式存在。根据俄歇电于动能的讨论,可以认为在金属硅化物的形成过程中,Cr 不仅没有失去电荷,反而从 Si 原子得到了部分电荷。这可以从 Cr 和 Si 的电负性以及电子排布结构来解

释。Cr 和 Si 原子的电负性分别为 1.74 和 1.80,表明这两种元素的得失电子的能力相近。而 Cr 和 Si 原子的外层电子结构分别为 $3d^5 4s^1$ 和 $3s^1 3p^3$。当 Cr 原子与 Si 原子反应形成金属硅化物时,硅原子的 3p 电子可以迁移到 Cr 原子的 4s 轨道中,形成更稳定的电子结构。

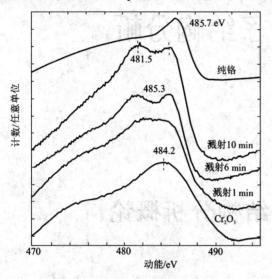

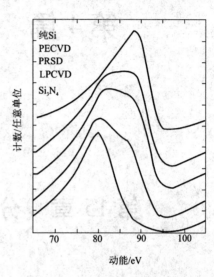

图 14-13　在不同界面处的 Cr LMM 俄歇谱图

图 14-14　不同方法制备的 $Si_3 N_4$ 薄膜的 Si LVV 俄歇线形分析

14.4.3　薄膜制备的研究

俄歇电子能谱也是薄膜制备质量控制的重要分析手段。对于 $Si_3 N_4$ 薄膜已发展了多种制备方法。如低压化学气相沉积(LPCVD)、等离子体化学气相沉积(PECVD)以及离子溅射沉积(PRSD)。由于制备条件的不同,制备出的薄膜质量也有很大差别。利用俄歇电子能谱的深度分析和线形分析可以判断 $Si_3 N_4$ 薄膜的质量。图 14-14 是用不同方法制备的 $Si_3 N_4$ 薄膜层的 Si LVV 线形分析。从图上可见,所有方法制备的 $Si_3 N_4$ 薄膜层中均有两种化学状态的 Si 存在(单质硅和 $Si_3 N_4$)。其中,LPCVD 法制备的 $Si_3 N_4$ 薄膜质量最好,单质硅的含量较低。而 PECVD 法制备的 $Si_3 N_4$ 薄膜的质量最差,其单质硅的含量几乎与 $Si_3 N_4$ 物种相近。

第 4 篇　分子结构分析

第 15 章　分子结构分析概论

15.1　分子光谱与分子结构

分子总是处于某种特定的运动状态,每一种运动状态具有一定的能量(E),不同的运动状态具有不同的能量。按照量子力学的观点,分子的能量是分裂的、不连续的,即能量的变化是量子化的。能量最低的运动状态称为基态,其他能量较高的状态称为激发态。分子从周围环境吸收一定的能量之后,其运动状态由低能级跃迁到高能级,这种跃迁称为吸收跃迁;反之,处于高能级的分子释放出一定的能量,跃迁到低能级,成为发射跃迁,相应的跃迁能为

$$\Delta E = E_{高} - E_{低}$$

如果分子发生吸收跃迁所需要的能量来源于光照(或者电磁波),那么具有一定波长的光子被分子吸收,记录下被吸收光子的波长(或频率、波数)和吸收信号的强度,即可得到分子吸收光谱(见图 15-1)。同理,如果分子发生跃迁时所释放的能量以光的形式释放,记录下发射出的光的波长(或频率、波数)和发射信号的强度,即可得到分子发射光谱。

研究分子光谱是探究分子结构的重要手段之一,从光谱可以直接导出分子的各个分立的能级,从光谱还能够得到关于分子中电子的运动(电子结构)和原子核的振动与转动的详细知识。分子光谱除了用于定性与定量分析外,还能测定分子的能级、键长、键角、力常数和转动惯量等微结构的重要参数,获得物质的理化性质,阐明基本的化学过程。

分子光谱不但在定量分析中有着广泛应用,而且在复杂化合物结构分析领域有着其他方法无法比拟的作用。在历史上,光谱数据对量子力学、结构化学和光谱学的形成和发展都作出过不可磨灭的贡献。

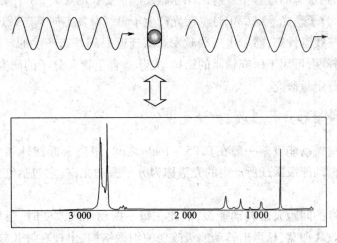

图 15-1　分子与光的作用及产生的光谱

15.2　分子光谱分类

分子内的运动有多种形式,按照运动能量从高到低的顺序可以分成电子跃迁、分子振动、分子转动、电子的自旋运动、原子核的自旋、分子平动等形式。表 15-1 列出了分子光谱波长与运动模式的对应关系。根据运动形式的不同,可以得到相应的分子光谱,这些光谱按照能量由高到低可以分成紫外–可见吸收光谱、红外吸收光谱、核磁共振波谱等。

表 15-1　分子光谱波长与运动模式的关系

运动方式	内层电子跃迁		外层电子跃迁			分子振动		分子转动	原子核自旋
光谱波长	X 射线	远紫外	紫外	可见	近红外	红外	远红外	微波	无线电波
光谱类型	X 射线能谱 X 射线荧光光谱		紫外可见吸收光谱、荧光光谱			红外吸收光谱		分子转动光谱	核磁共振波谱

15.2.1　电子跃迁和紫外吸收、分子发射光谱

分子中原子的外层电子或价电子的能级间隔一般为 1 ~ 20 eV,由电子跃迁所产生的光谱包括吸收光谱和发射光谱。

物质被连续光照射激发后,电子由基态被激发至激发态,从而对入射光产生位于紫外–可见光区的特征吸收,这种光谱称为紫外–可见吸收光谱(简称紫外吸收光谱)。在同一电子能级上,有许多能量间隔较小(0.05 ~ 1 eV)的振动能级,同一振动能级上,又有许多能级间隔更小(10^{-4} ~ 10^{-2} eV)的转动能级。因此,电子跃迁过程中不可避免地会同时产生振动能级和转动能级的跃迁,电子光谱中也总会包含有振动跃迁和转动跃迁的吸收谱线。但是,由于振动跃迁和转动跃迁吸收谱线间隔过小,一般仪器很难将它们一一分开,因而分子的紫外–可见吸收光谱并不是分立的线状光谱,而是具有一定的波长范围,形成吸收带。

分子发射光谱也是电子跃迁的结果。某些物质被紫外光照射激发后,电子由基态被激

发至激发态,在回到基态的过程中发射出比原激发波长更长的荧光,分子发射光谱包括分子荧光光谱(MFS)、分子磷光光谱(MPS)。荧光产生于单线激发态向基态跃迁,而磷光是单线激发态先过渡到三线激发态,然后由三线激发态跃迁返回到基态产生的。分子发射光谱具有高灵敏度和选择性,可用于研究物质的结构,尤其适合生物大分子的研究,同时通过测量发光强度可以进行定量研究。

15.2.2　分子振动和红外吸收、拉曼光谱

分子内化学键振动能级差一般在 0.05 ~ 1 eV 之间,相当于近红外和中红外光子的能量。由化学键的振动能级跃迁所产生的光谱称为分子振动光谱,它包括红外光谱和拉曼光谱。

由于振动能级的间距大于转动能级,因此在每一振动能级改变时,还伴有转动能级改变,谱线密集,吸收峰加宽,显示出转动能级改变的细微结构,出现在波长较短、频率较高的红外线光区,称为红外光谱,又称振动 – 转动光谱。红外光谱主要用于鉴定化合物的官能团及分析异构体,是定性鉴定化合物及其结构的重要方法之一。20 世纪 70 年代后期,干涉型傅里叶变换红外光谱仪投入使用,由于其光通量大、分辨率高、偏振特性小以及可累积多次扫描后再进行记录,并可以与气相色谱联用等,使得一些原来无法研究的反应动力学课题有了解决的途径。现在,红外光谱已经成为现代结构化学、分析化学不可或缺的研究工具之一。

拉曼光谱和红外光谱一样,都是研究分子的转动和振动能级结构的,但是两者的原理和起因并不相同。拉曼光谱是建立在拉曼散射效应基础上,利用拉曼位移研究物质结构的方法。红外光谱是直接观察样品分子对辐射能量的吸收情况,而拉曼光谱是分子对单色光的散射引起——拉曼效应,间接观察分子振动能级的跃迁。

15.2.3　分子转动光谱

纯粹的转动光谱只涉及分子转动能级的改变,不产生振动和电子状态的改变。分子的转动能级跃迁,能量变化很小,一般在 $10^{-4} \sim 10^{-2}$ eV,所吸收或辐射电磁波的波长较长,一般在 $10^{-4} \sim 10^{-2}$ m,它们落在微波和远红外线区,称为微波谱或远红外光谱,通称分子的转动光谱。转动能级跃迁时需要的能量很小,不会引起振动和电子能级的跃迁,所以转动光谱最简单,是线状光谱。

15.2.4　电子的自旋运动和顺磁共振波谱

电子的自旋有两种取向,在外加磁场作用下这两种自旋状态将发生能级分裂,能级差与外加磁场强度成正比。在 0.34T(特斯拉)磁场(顺磁共振谱仪多采用此场强)下,电子的自旋能极差为 3.9×10^{-5} eV,相当于微波光子的能量,因此微波足以激发电子自旋能级的跃迁。具有单电子的分子(例如自由基、过渡金属有机化合物),单电子自旋能级在外加磁场作用下发生分裂,因而可以产生顺磁共振吸收信号,这种光谱称为顺磁共振波谱。

15.2.5　原子核自旋运动和核磁共振波谱

某些同位素的原子核(例如 ^{1}H、^{2}H、^{13}C、^{17}O、^{19}F、^{31}P 等)是有自旋的。当用波长在射频

区($10^6 \sim 10^9 \mu m$)、频率为兆赫数量级、能量很低的电磁波照射分子时,这种电磁波不会引起分子的振动或转动能级的跃迁,更不会引起电子能级的跃迁,但是却能与磁性原子核相互作用。磁性原子核的能量在强磁场的作用下可以裂分为两个或两个以上的能级,吸收射频辐射后发生磁能级跃迁,称为核磁共振波谱(NMR)。

　　NMR 成像技术可以直接观察材料的空间立体构像和内部缺陷,指导材料的加工过程,为揭示固体大分子的结构与性能的关系起着重要作用。NMR 法具有精密、准确、深入物质内部而不破坏被测样品的特点,因而极大地弥补了其他结构测定方法的不足。近年来,NMR 谱在研究溶液及固体状态的材料结构中获得了进一步的发展。超导高分辨率 NMR 谱仪的发展以及二维及多维脉冲技术的应用,为生物大分子和高分子结构的研究开辟了广阔的道路,为研究材料微观结构的组成与生物功能的关系提供了更丰富、更可靠的科学依据。

　　以上所述的分子吸收光谱法在有机化合物结构分析中,从各个不同的侧面提供了分子结构信息,在以后有关章节中,将重点对紫外 – 可见光谱、红外光谱、拉曼光谱和核磁共振光谱的原理和谱学规律进行详细讨论。

第16章 紫外－可见吸收光谱

16.1 有机化合物的紫外－可见吸收光谱

分子中原子的外层电子或价电子的能级间隔一般为 $1 \sim 20$ eV,电子跃迁产生的吸收光谱位于紫外－可见光区,在 $200 \sim 780$ nm 的光谱范围内。通过测量物质分子或离子吸收光辐射强度的大小来测定物质含量的方法称为紫外－可见分光光度法,得到的光谱即为紫外－可见吸收光谱。

紫外－可见吸收光谱以吸光度 A(量纲为 1)为纵坐标,入射光波长 λ(单位为 nm)为横坐标,也称吸收曲线,如图 16-1 所示。图中吸光度最大处对应的吸收峰称为最大吸收峰,对应的波长称为最大吸收波长 λ_{max}。在同一电子能级上,有许多能量间隔较小(0.051 ~ 1 eV)的振动能级,在同一振动能级上,又有许多能级间隔更小($10^{-4} \sim 10^{-2}$ eV)的转动能级。因此,电子跃迁过程中不可避免地会同时产生振动能级和转动能级的跃迁,电子光谱中也总会包含有振动跃迁和转动跃迁的吸收线。但是,由于振动跃迁和转动跃迁吸收谱线间隔过小,一般仪器很难将它们一一分开,因而分子的紫外－可见吸收光谱并不是分离的线状光谱,而是具有一定的波长范围,形成吸收带。

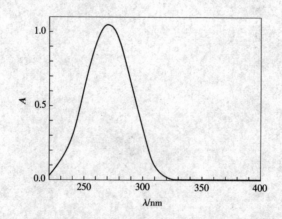

图 16-1　丙酮的紫外－可见吸收光谱(溶剂为甲醇,池厚 1 cm,浓度为 4.0 g/L)

有机化合物的紫外－可见吸收光谱是由于分子的价电子跃迁所产生的,主要包括形成单键的 σ 电子、形成双键的 π 电子以及未成键的 n 电子。根据分子轨道理论,这些电子的运动状态分别对应相应的能级轨道,即成键 σ 轨道、反键 σ* 轨道、成键 π 轨道、反键 π* 轨道(不饱和烃)和非键轨道。各轨道能级由高到低的次序为 σ* > π* > n > π > σ。通常情况下,有机物分子的价电子总是处于能量较低的成键轨道和非键轨道上,吸收了合适的紫外或可见光能量后,价电子将由低能级跃迁到能量较高的反键轨道。可能产生的跃迁包括 $\sigma \to \sigma^*$、$\sigma \to \pi^*$、$\pi \to \sigma^*$、$\pi \to \pi^*$、$n \to \sigma^*$、$n \to \pi^*$。其中 $\sigma \to \pi^*$ 和 $\pi \to \sigma^*$ 为禁阻跃迁,因此分子中仅存在 $\sigma \to \sigma^*$、$n \to \sigma^*$、$\pi \to \pi^*$、$n \to \pi^*$ 四种允许跃迁类型,如图 16-2 所示。有机化合物吸收光谱的特征取决于分子结构和分子轨道上电子的性质,在紫外 - 可见吸收光谱上表现为最大吸收波长 λ_{max} 和摩尔吸光系数不同。

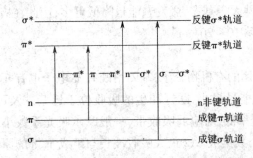

图 16-2　分子的电子能级及电子跃迁示意图

1. $\sigma \to \sigma^*$ 跃迁

所有存在 σ 键的有机化合物都能发生 $\sigma \to \sigma^*$ 跃迁。$\sigma \to \sigma^*$ 跃迁所需的能量在所有跃迁中最大,最大吸收波长 λ_{max} 一般位于小于 200 nm 的远紫外区。如甲烷中 C—H 键的 λ_{max} =125 nm,乙烷中 C—C 键的 λ_{max} =135 nm。由于 O_2 和 H_2O 在远紫外区都有吸收,一般的紫外 - 可见分光光度计难以在远紫外区工作。因此,一般不讨论 $\sigma \to \sigma^*$ 跃迁所产生的吸收带。饱和烃类化合物(己烷、庚烷、环己烷等)由于仅能产生 $\sigma \to \sigma^*$ 跃迁,在近紫外及可见光区无吸收带,故在紫外 - 可见吸收光谱测量中常用作溶剂。

2. $n \to \sigma^*$ 跃迁

具有含有未成键孤对电子的原子的分子,如含有 N、O、S、P 和卤素原子的饱和烃衍生物,都会发生 $n \to \sigma^*$ 跃迁。$n \to \sigma^*$ 跃迁所需能量比 $\sigma \to \sigma^*$ 跃迁小,激发波长长,吸收峰一般位于 200 nm 附近。跃迁能量主要取决于含有 n 电子的杂原子的电负性和非成键轨道是否重叠。杂原子的电负性越大,n 电子被束缚得越紧,跃迁所需的能量越大,激发波长越短,λ_{max} 一般位于远紫外区,有的落在近紫外区。例如:CH_3Cl 的 λ_{max} =173 nm,CH_3Br 的 λ_{max} = 204 nm,CH_3I 的 λ_{max} =258 nm。$n \to \sigma^*$ 跃迁所对应的摩尔吸光系数一般不大,吸收带一般为弱带。

3. $\pi \to \pi^*$ 跃迁

含有 π 电子基团的不饱和有机化合物都会发生 $\pi \to \pi^*$ 跃迁。这种跃迁所需的能量比 $\sigma \to \sigma^*$ 跃迁小,一般也比 $n \to \sigma^*$ 跃迁小,吸收带一般出现在远紫外区 200 nm 附近和近紫外区内。$\pi \to \pi^*$ 跃迁具有以下特点。①摩尔吸光系数较大,吸收带一般为强带。②最大吸收波长一般不受组成不饱和键的原子的影响。③最大吸收波长与摩尔吸光系数主要与不饱和键的数目有关。含有单个双键的分子,如 1 - 己烯的 λ_{max} =177 nm,摩尔吸光系数为 1.0×10^4 L/(mol·cm)。分子中有多个双键时,若为共轭体系,共轭效应导致 π 电子进一步离域,π^* 轨道具有更大的成键性质,轨道能量降低,吸收带向长波方向移动(即红移),同时,共轭体系使分子的吸光截面积增大,吸收增强,摩尔吸收系数大约以双键增加的数目倍增,如1,3-己二烯的 $\lambda_{max} = 227$ nm,摩尔吸光系数为 2.1×10^4 L/(mol·cm),1,3,5-己三烯的 $\lambda_{max} = 257$ nm,摩尔吸光系数为 3.5×10^4 L/(mol·cm);若为非共轭体系,吸收带位置基本不变,吸收强度增大,如1,5-己二烯的 $\lambda_{max} = 178$ nm,摩尔吸光系数为 2.0×10^4 L/(mol·cm)。共轭体系的 $\pi \rightarrow \pi^*$ 跃迁所产生的吸收带称为K吸收带。④极性溶剂使 $\pi \rightarrow \pi^*$ 跃迁产生的吸收带红移。由于溶剂和溶质的相互作用,极性溶剂使轨道能量下降。在 $\pi \rightarrow \pi^*$ 跃迁中,由于激发态的极性大于基态,激发态能量降低更多,因此在极性溶剂中,$\pi \rightarrow \pi^*$ 跃迁导致吸收带红移,一般红移 $10 \sim 20$ nm。

4. $n \rightarrow \pi^*$ 跃迁

含有不饱和杂原子基团的有机物分子,基团中既有 π 电子也有 n 电子,可以发生 $n \rightarrow \pi^*$ 跃迁。$n \rightarrow \pi^*$ 跃迁所需的能量最小,跃迁产生的吸收位于近紫外及可见光区。$n \rightarrow \pi^*$ 跃迁具有以下特点。①跃迁概率低,对应弱吸收带,一般摩尔吸光系数小于 500 L/(mol·cm),比 $\pi \rightarrow \pi^*$ 跃迁小 $2 \sim 3$ 个数量级。②最大吸收波长与组成 π 键的原子有关,因为由杂原子组成不饱和双键,n 电子的跃迁与杂原子的电负性有关,与 $n \rightarrow \sigma^*$ 跃迁类似,杂原子的电负性越大,激发波长越短。③极性溶剂使 $n \rightarrow \pi^*$ 跃迁产生的吸收带蓝移。n 电子与极性溶剂分子的相互作用很强,可产生溶剂化作用,甚至形成氢键。因此在极性溶剂中,n 轨道能量的下降比 π^* 轨道更显著。因而最大吸收波长向短波方向移动(即蓝移),一般蓝移 7 nm 左右。

以上四种跃迁类型中,$\pi \rightarrow \pi^*$、$n \rightarrow \pi^*$ 跃迁的最大吸收波长一般处于近紫外光区及可见光区,是紫外-可见吸收光谱的研究重点。其中 $\pi \rightarrow \pi^*$ 跃迁具有较大的摩尔吸光系数,吸收光谱受分子结构影响较明显,因此常用于有机化合物的定性、定量分析。

16.2 无机化合物的紫外-可见吸收光谱

1. 电荷转移跃迁

许多无机络合物可发生电荷转移跃迁(charge transfer transition),即在外界辐射激发下,电子从电子给予体(给体)转移到电子接受体(受体)。例如,$Fe^{3+}—CNS^- \rightarrow Fe^{2+}—CNS$。电荷转移跃迁实质上是分子内部的氧化还原过程,激发态是这一过程的产物。这种跃迁产生的吸收光谱称为电荷转移光谱,这种光谱谱带较宽,吸收强度大,最大波长处的摩尔吸收系数大于 10^4 L/(mol·cm),可为吸收光谱的定量分析提供较高的测量灵敏度。某些取代芳烃也可以产生电荷转移吸收光谱,某些过渡金属与显色试剂相互作用也能产生电子转移吸收光谱。

2. 配位场跃迁

当第四、五周期的过渡金属离子及镧系、锕系离子处于配位体形成的负电场中时,简并的 d 轨道和 f 轨道将分裂为能量不同的轨道。在外界辐射激发下,d 轨道和 f 轨道电子由低能量轨道向高能量轨道跃迁,产生相应的配位场吸收带,主要用于络合物的结构研究。其中,过渡金属离子的 d→d 跃迁吸收带多在可见光区,吸收峰较宽;镧系、锕系离子的 f→f 跃迁吸收带出现在紫外-可见光区,吸收峰较窄。

16.3 紫外－可见分光光度计

16.3.1 紫外－可见分光光度计的基本结构

紫外－可见分光光度计用于测量紫外－可见吸收光谱图,可对有机化合物进行结构解析及定量分析。目前常用的紫外－可见分光光度计的测定波长范围为 200～1 000 nm,一般由光源、单色器、吸收池、检测器、信号指示系统五部分组成。

1)光源

光源用于提供激发能,使待测样品产生紫外－可见光谱吸收。理想的光源应能在所测光谱范围提供足够强的连续辐射,有良好的稳定性和较长的使用寿命,且辐射能量几乎不随波长变化。紫外－可见分光光度计中常用的光源有热辐射光源和气体放电光源两类。

热辐射光源用于可见光区,如钨灯、卤钨灯,可使用的波长范围为 340～2 500 nm。气体放电光源用于紫外光区,如氢灯、氘灯,可在 160～375 nm 范围内产生连续辐射。氘灯的灯管内充有氢的同位素氘,它是紫外光区应用最广泛的一种光源,其光谱分布与氢灯类似,但光强度比相同功率的氢灯大 3～5 倍。

2)单色器

单色器的作用是从光源发出的连续光谱中分出单色光,并能在紫外可见光区随意调节波长。其性能决定了入射光的单色性,会影响测量的灵敏度、选择性等。单色器通常由入射狭缝、准光镜、色散元件、聚焦元件和出射狭缝组成,其中色散元件是核心部分,起分光作用。常用的色散元件是光栅和对紫外－可见光有良好透过性能的石英棱镜。狭缝宽度愈小,单色光纯度愈高,但光的强度也愈低。

3)吸收池

吸收池也称为比色皿,用于盛放分析样品,一般为方柱形,采用在待测光谱区不吸光的材料制成。石英池适用于紫外及可见光区,玻璃池只能用于可见光区。比色皿的四个柱面有光面和毛面之分,光面为透光面,毛面为手持操作面。指纹、污渍或池壁上的沉积物都会削弱光面的透光特性,因此应注意保持池壁光洁。盛放分析样品和参比液的比色皿要严格配对,保证它们的吸光特征、壁厚和光程长度等完全相同。比色皿有边长为 0.5 cm、1cm、2cm 等多种规格,其中 1 cm 的比色皿最为常用。

4)检测器

检测器的功能是检测光信号、测量单色光透过溶液后的光强度变化。常用的检测器有光电池、光电管、光电倍增管和光电二极管。其中,光电倍增管的灵敏度比一般的光电管高 200 倍,在紫外－可见分光光度计中应用最广。在现代光谱仪中,光电二极管阵列多用来代替单个探测器,具有平行采集数据、电子扫描等功能,而且其测定速度快、波长重复性好、性能可靠。

5)信号指示系统

它的作用是放大检测器的输出信号,并以适当的方式指示或记录下来。常用的信号指示装置有直读检流计、电位调节指零装置以及数字显示器或自动记录装置等。目前,紫外－

可见分光光度计一般配有微型计算机,可对分光光度计进行操作控制和数据处理。

16.3.2　紫外 - 可见分光光度计的类型

按光学系统,紫外 - 可见分光光度计可分为单光束分光光度计、双光束分光光度计、双波长分光光度计和多道分光光度计四类。

1)单光束分光光度计

经单色器分光后的一束平行单色光交替通过参比溶液和样品溶液,进行吸光度测量。这种简易型分光光度计结构简单,操作方便,维修容易,适用于特定波长的吸光度测定及进行样品定量分析。

2)双光束分光光度计

单色器分出的单色光经斩光器分解为波长和强度相同的两束光,一束通过参比池,一束通过样品池。光度计对两束透射光强度的比值(即透射比),作对数变换得到吸光度,并作为波长的函数记录下来。由于两束光分别同时通过参比池和样品池,故双光束分光光度计能克服单光束分光光度计由于光源强度变化所引起的误差。

3)双波长分光光度计

光源发出的光经过两个单色器,得到两束不同波长(λ_1 和 λ_2,$\Delta\lambda = 1 \sim 2$ nm)的单色光,两束光经斩光器以一定频率交替通过同一吸收池,光电倍增管检测信号,最终得到两个波长处的吸光度差值 $\Delta A(\Delta A = A_1 - A_2)$。这种光度计不需参比池,减小了样品池与参比池不匹配导致的误差。两波长同时扫描可获得导数光谱。如果能在 λ_1 和 λ_2 处分别记录吸光度随时间变化的曲线,还能进行化学反应动力学研究。

16.4　紫外 - 可见吸收光谱在材料研究中的应用

紫外 - 可见吸收光谱已广泛应用于纯度检验、定性分析、定量分析和有机结构解析等方面,可反映生色团和助色团的信息。但是,由于同类官能团的吸收光谱差别不大,而且大部分简单官能团的近紫外吸收极弱或几乎为零,因而必须结合红外光谱、核磁共振光谱等手段才能进行化合物的定性鉴定和结构解析。对于化合物的定量分析,紫外 - 可见吸收光谱是一种使用最为广泛、最有效的手段。在医院的常规化验中,95% 的定量分析都用此法。这里主要介绍紫外 - 可见吸收光谱的定量分析方法。

16.4.1　朗伯 - 比尔定律

朗伯 - 比尔(Lambert-Beer)定律也称光的吸收定律,是各类吸光光度法定量分析的理论基础。

当一束强度为 I_0 的平行单色光垂直照射到装有均匀非散射吸光物质的厚度为 b 的液池上时,吸光度 A 与吸光物质的浓度 c 及吸收层的厚度 b 成正比,即

$$A = \lg \frac{I_0}{I_t} = Kbc \tag{16-1}$$

式中:I_t 为透射光的强度;K 为比例常数,与入射光的波长、吸光物质的性质、温度等因素有

关。式(16-1)就是朗伯 – 比尔定律的表达式。b 的单位通常为 cm，K 值与 c 所用的单位有关。当 c 以 g/L 为单位时，K 称为吸光系数，单位为 L/(g·cm)，用 a 表示，式(16-1)改写为

$$A = abc \tag{16-2}$$

当 c 以 mol/L 为单位时，K 称为摩尔吸光系数，单位为 L/(mol·cm)，用 ε 表示，式(16-1)改写为

$$A = \varepsilon bc \tag{16-3}$$

式(16-2)和式(16-3)是分光光度法定量分析的基本关系式。

朗伯 – 比尔定律成立的前提条件是：①入射光为平行单色光且垂直照射；②吸光物质为均匀非散射体系；③吸光质点之间无相互作用，即吸光物质必须为稀溶液；④辐射与物质之间的作用仅限于光吸收，无荧光和光化学现象发生。

当多种吸光物质同时存在时，总吸光度等于各吸光物质的吸光度之和，即吸光度具有加和性，这是进行混合组分分光光度测定的基础。

16.4.2　定量分析方法

紫外 – 可见吸收光谱的定量分析不仅适用于对紫外 – 可见光有吸收的有机、无机化合物，而且通过显色反应还可以对无紫外 – 可见光吸收的物质进行定量测定。紫外 – 可见吸收光谱法可进行微量检测，检测浓度可达 $10^{-5} \sim 10^{-4}$ mol/L，测量准确度较高。

1. 单组分的定量分析方法

1）吸收系数法

从手册上查得物质的标准吸光系数 $a_{1\,cm,\lambda_{max}}^{1\%}$，由朗伯 – 比尔定律直接计算得到浓度。标准吸光系数的上角标 1% 指质量分数，1 cm 为吸收层厚度，λ_{max} 为最大吸收波长。吸收系数法在药物分析中经常使用。

2）比较法

测量标准溶液在 n 个不同浓度 c_i 下的吸光度 A_i，采用最小二乘法进行线性拟合，得到 A—c 曲线，即标准曲线。由测得的未知样的吸光度，结合标准曲线确定未知样的浓度。这种方法也称为标准曲线法或工作曲线法。对于体系较复杂的未知样品，可采用标准加入法进行定量分析。

2. 多组分混合物的定量分析

测定含有多个组分的样品中各组分的含量时，若各组分的吸收光谱之间无重叠（图 16-3(a)），可在各组分的最大吸收波长处分别测定其吸光度，然后按照单组分的测定方法计算其含量。若各组分的吸收光谱之间有不同程度的重叠，可利用吸光度的加和性采用不同的测定方法。

以两组分混合物为例，若两组分的吸收光谱部分重叠，如图 16-3(b)所示，组分 b 对组分 a 的吸收峰无干扰，则可先在组分 a 的最大吸收波长 λ_1 处测得其吸光度 A_1，按照单组分的测定方法计算组分 a 的浓度 c_a，然后测量混合物在 λ_2 处的吸光度 A_2，根据朗伯 – 比尔定律及吸光度的加和性，$A_2 = \varepsilon_a bc_a + \varepsilon_b bc_b$，再利用纯组分 a 和 b 在 λ_2 处的摩尔吸光系数 ε_a 和 ε_b，即可计算得到组分 b 的浓度 c_b。

若两组分的吸收光谱互相重叠,如图 16-3(c)所示,可以采用求解方程组法来确定各组分的浓度。分别在 λ_1 和 λ_2 处测定两组分混合物的吸光度 A_1^{a+b} 和 A_2^{a+b} 以及纯组分在 λ_1 和 λ_2 处的摩尔吸光系数 ε_1^a、ε_1^b、ε_2^a、ε_2^b,根据朗伯－比尔定律和吸光度的加和性,

$$\left.\begin{aligned} A_1^{a+b} = \varepsilon_1^a bc_a + \varepsilon_1^b bc_b \\ A_2^{a+b} = \varepsilon_2^a bc_a + \varepsilon_2^b bc_b \end{aligned}\right\} \tag{16-4}$$

求解二元一次方程组式(16-4),即可得到组分 a、b 的浓度。对于含有两个以上组分且各吸收光谱互相重叠的混合样品,采用类似的方法测定相应的吸光度和摩尔吸光系数,再联立多元一次方程组并求解,即可得到各组分的浓度。

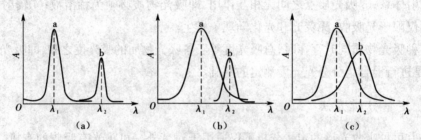

图 16-3 两组分混合物的吸收光谱重叠示意图

(a)不重叠 (b)部分重叠 (c)互相重叠

3. 示差分光光度法

需要注意的是,以上提到的紫外－可见吸收光谱的定量分析仅适用于微量组分的测定,为保证测量的准确度,待测样品的吸光度 A 应介于 0.2～0.8 之间,否则测量误差较大。对于浓度较高的样品可采用示差分光光度法进行定量分析。

第 17 章 分子发光光谱

17.1 引言

在一定能量激发下,物质分子可由基态跃迁到能量较高的激发态,但处于激发态的分子并不稳定,会在较短时间内回到基态,并释放出一定能量,若该能量以光辐射的形成释放,则称为分子发光(luminescence),在此基础上建立了分子发光分析法。

按照激发能形式的不同,一般可将分子发光分为四类,即光致发光、电致发光、化学发光和生物发光。因吸收光能而产生的分子发光称为光致发光(photoluminescence, PL),按照发光时涉及的激发态类型,PL 分为荧光(fluorescence)和磷光(phosphorescence),按照激发光的波长范围可分为紫外 – 可见荧光、红外荧光和 X 射线荧光。因吸收电能而产生的分子发光称为电致发光(electroluminescence, EL),因吸收化学能而被激发发光的现象称为化学发光(chemiluminescence, CL),生物发光(bioluminescence, BL)是指发生在生物体内的有酶类物质参与的化学发光。

与一般的分光光度法相比,分子发光分析法的应用范围有限。但由于其具有较高的灵敏度、良好的选择性、测试所需样品量较少(几十微克或微升),而且可提供激发光谱、发射光谱、发光寿命等物理参数,故目前在医药、环境、生物科学、卫生检验等领域应用十分广泛。本章主要讨论光致发光中的荧光和磷光分析法。

17.2 荧光和磷光的产生

17.2.1 电子自旋状态的多重性

由于分子中的价电子具有不同的自旋状态,故分子能级可用电子自旋状态多重性参数 M 来描述, $M = 2S + 1$,其中 S 为电子的总自旋量子数。一般分子中的电子数目为偶数,且大多是电子自旋反平行地配对填充在能量较低的分子轨道,此时 $S = 0$, $M = 1$,分子所处电子态为单重态,用符号 S 表示。基态单重态用 S_0 表示,第一电子激发单重态用 S_1 表示,其余依此类推。根据光谱选律,通常电子在跃迁过程中不改变自旋方向。但在某些情况下,如果一个电子跃迁时改变了自旋方向,使分子具有两个自旋平行的电子时, $S = 1$, $M = 3$,分子所处电子能态为三重态,用符号 T 表示。第一、二电子激发三重态分别用 T_1、T_2 表示。一般对于同一分子电子能级,三重态能量较低,其激发态平均寿命较长。相同多重态之间的跃迁为允许跃迁,概率大,速度快。

17.2.2 分子非辐射弛豫和辐射弛豫

分子一般处于基态单重态的最低振动能级,当受到一定能量的光能激发后,可跃迁至能量较高的激发单重态的某振动能级。处于激发态的分子不稳定,将通过辐射弛豫或非辐射弛豫过程释放能量回到基态,如图 17-1 所示。其中,激发态寿命越短、速度越快的途径越占优势。

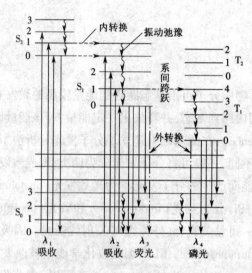

图 17-1　分子的激发和弛豫过程示意图

1. 非辐射弛豫

若处于激发态的分子在返回基态的弛豫过程中不产生发光现象,称为非辐射弛豫,主要包括以下几种类型。

(1)振动弛豫　在同一电子能级内,分子由高振动能级向低振动能级转移,释放的能量以热的形式放出。振动弛豫发生在 10^{-12} s。

(2)内转换　当同一多重态的两个不同的电子能级非常靠近以致其振动能级重叠时,常发生由高电子能级向低电子能级的无辐射去激过程,称为内转换。发生内转换的时间为 $10^{-13} \sim 10^{-11}$ s。

(3)外转换　由于激发态分子与溶剂或其他溶质分子间的相互作用或能量转换而使光致发光强度减弱或消失的现象,也称为"猝息"或"猝灭"。

(4)系间跨跃　不同多重态之间的无辐射跃迁,易发生在 S_1 和 T_1 之间。因跃迁过程中电子自旋状态改变,系间跨跃比内转换困难,通常发生在 10^{-6} s 的时间内。

2. 辐射弛豫

辐射弛豫过程伴随发光现象,即产生荧光或磷光。

(1)荧光的产生　受激分子经振动弛豫或内转换转移到 S_1 的最低振动能级后,以释放光子的形式跃迁到 S_0 的各个振动能级上。这一过程发出的光称为荧光。由于跃迁前后电子自旋不发生变化,因而这种跃迁发生的概率大,辐射过程较快($10^{-9} \sim 10^{-6}$ s)。但是,因为振动弛豫、内转换、外转换等非辐射弛豫的发生都快于荧光发射,所以通常无论激发光的光子能量多高,最终只能观察到由 S_1 的最低振动能级跃迁到 S_0 的各振动能级所对应的荧光发射。因此,在激发光光子能量足够高的前提下,荧光波长不随激发光波长变化。此外,荧光的波长一般总要大于激发光的波长,这种现象称为斯托克斯(Stokes)位移。当斯托克斯位移达到 20 nm 以上时,激发光对荧光测定的影响较小。

(2)磷光的产生　受激分子通过系间跨跃由 S_1 的最低振动能级转移至 T_1 的较高振动能级上,然后经过振动弛豫到达 T_1 的最低振动能级,再以发出辐射的方式转移至 S_0 的各个振动能级上。这一过程发出的光称为磷光。能够发射磷光的分子比发射荧光的分子要少,且磷光强度一般低于荧光强度。对于同一分子来说,T_1 的最低振动能级能量低于 S_1 的最低振动能级,因而磷光的波长长于荧光。同时,磷光寿命相对较长($10^{-6} \sim 10$ s),光照停止后,仍可维持一段时间。

17.3　激发光谱和发射光谱

激发光谱和发射光谱是光致发光光谱中两个特征光谱,能够反映分子内部能级结构,是光致发光光谱定性、定量分析的依据。

1. 激发光谱

在发射波长一定时,以激发光波长为横坐标,荧光或磷光强度为纵坐标绘制的光谱称为激发光谱。它是选择最佳激发光波长的重要依据,也可用于发光物质的鉴定。激发光谱的形状与吸收光谱具有相似性。

2. 发射光谱

在激发波长一定时,以荧光或磷光的发射波长为横坐标,发光强度为纵坐标绘制的光谱称为发射光谱。它具有以下两个普遍特征:①发射光谱形状与激发波长无关;②荧光发射谱和吸收光谱成镜像关系。

17.4　荧光和磷光分析仪

荧光和磷光分析仪是用来测定光致发光光谱的仪器。它和紫外－可见分光光度计的结构类似,主要的不同之处如下。①为了消除透射光的影响,荧光和磷光分析仪中的检测器位于与入射光和透射光垂直的方向上。因此,用于荧光测量的比色皿是四面透光的,操作时需手持对角棱,避免污染透光面。②荧光和磷光分析仪中有两套独立的单色器,分别用于对激发光波长和荧光波长的选择。

由于大多数有磷光的物质都会发出荧光,需要采用一种所谓"磷光镜"的装置使检测器只探测到磷光而不会被荧光所干扰,它利用了磷光寿命相对较长的特点。

17.5　光致发光光谱的应用

根据荧光光谱的峰位和强度可以进行物质鉴定和含量测定,这就是荧光分析法。目前,荧光分析法多用于定量分析,此法可细分为直接荧光测定法、间接荧光测定法和荧光猝灭法三种。

磷光分析法是荧光分析法的重要补充。因为能够发出磷光的物质较少,且易受环境因素的影响,磷光分析法的应用相对较少。但其斯托克斯位移较大,且荧光较弱的物质通常能发出较强的磷光,因此,磷光分析法在医药、环境、生物科学等领域的应用也日益广泛。

第 18 章　振动光谱

　　振动光谱,尤其是红外光谱是检测有机高分子材料组成与结构的最重要方法之一,同时可用来检测无机非金属材料及其与有机高分子形成的复合材料的组成与结构。近年来,随着光学及计算机技术的不断发展与应用,红外光谱在材料研究中的应用不断扩展,已成为研究材料结构的重要手段。虽然量子理论的应用为红外光谱提供了理论基础,但对于复杂分子来说,理论分析仍存在一定的困难,大量光谱的解析还依赖于经验方法。尽管如此,红外光谱与拉曼光谱构成了材料表征的非常有力的手段之一。

18.1　红外光谱基本原理

　　红外光谱的产生来源于分子对入射光子能量的吸收而产生的振动能级的跃迁。最基本的原理是:当红外区辐射光子所具有的能量与分子振动跃迁所需的能量相当时,分子振动从基态跃迁至高能态,在振动时伴随有偶极矩的改变者就吸收红外光子,形成红外吸收光谱。

18.1.1　分子中基团特性与共振频率的关系

　　对于有机高分子材料而言,一种分子往往含有多种基团。为什么可以用红外光谱鉴别这些基团,原因就在于不同的基团对应不同的共振频率。

　　先考虑一个简单的例子。对双原子分子,我们用经典力学的谐振子模型来描述。把两个原子看作由弹簧联结的两个质点,如图 18-1 所示。根据这样的模型,双原子分子的振动方式就是在两个原子的键轴方向上作简谐振动。

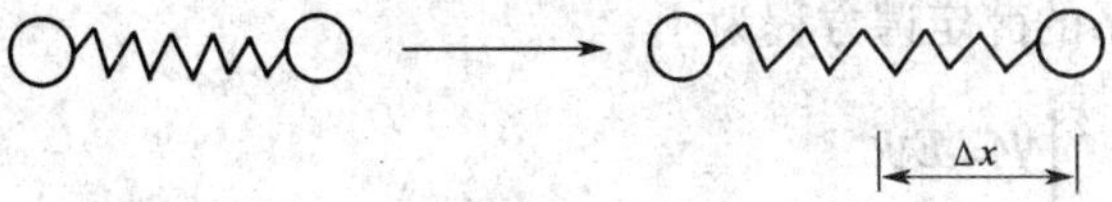

图 18-1　由弹簧联结的两个质点的简谐振动

　　按照经典力学,简谐振动服从胡克定律,即振动时恢复到平衡位置的力 F 与位移 x 成正比,力的方向与位移相反。用公式表示就是

$$F = -kx \qquad (18\text{-}1)$$

k 是弹簧力常数,对分子来说,就是化学键力常数。根据牛顿第二定律

$$F = ma = m\frac{d^2x}{dt^2} \qquad (18\text{-}2)$$

可得

$$m \frac{\mathrm{d}^2 x}{\mathrm{d}t^2} = -kx \tag{18-3}$$

式(18-3)的解为

$$x = A\cos(2\pi\nu t + \phi) \tag{18-4}$$

式中:A 为振幅;ν 为振动频率;t 为时间;ϕ 为相位常数。

将式(18-4)对 t 求二次微商,再代入式(18-3),化简即得

$$\nu = \frac{1}{2\pi}\sqrt{\frac{k}{m}} \tag{18-5}$$

用波数表示时,则

$$\sigma = \frac{1}{2\pi c}\sqrt{\frac{k}{m}} \tag{18-6}$$

对于原子质量分别为 m_1、m_2 的双原子分子来说,用折合质量 $\mu = \dfrac{m_1 \cdot m_2}{m_1 + m_2}$ 代替 m,则

$$\sigma = \frac{1}{2\pi c}\sqrt{\frac{k}{\mu}} \tag{18-7}$$

双原子分子的振动行为用上述模型描述,分子的共振频率可用式(18-7)计算。由该式可知,化学键越强,相对原子质量越小,共振频率越高。

以上式计算有机分子中 C—H 键伸缩振动频率,μ 以原子质量单位为单位。

$$\mu = \frac{1 \times 12}{1 + 12} \times \frac{1}{N} = 0.92 \times \frac{1}{6.023 \times 10^{23}}\ \mathrm{g}$$

$$k_{C-H} = 5\ \mathrm{N} \cdot \mathrm{cm}^{-1}$$

$$\sigma = 1\,303\sqrt{\frac{5}{0.92}} = 3\,000\ \mathrm{cm}^{-1}$$

一般 C—H 键伸缩振动频率为 $2\,980 \sim 2\,850\ \mathrm{cm}^{-1}$,理论值与实验值基本一致。

为简便,将上述双原子分子的势能描述为

$$V = \frac{1}{2}kx^2 \tag{18-8}$$

根据量子力学,求解体系的薛定谔方程为

$$\left[\frac{-h}{8\pi^2}\frac{\mathrm{d}^2}{\mathrm{d}x^2} + \frac{1}{2}kx^2\right]\Psi = E\Psi \tag{18-9}$$

$$E = \left(v + \frac{1}{2}\right)kc\sigma = \left(v + \frac{1}{2}\right)\frac{h}{2\pi c}\sqrt{\frac{k}{\mu}} \tag{18-10}$$

18.1.2 多原子分子的简正振动和红外对称性选择定则

分子振动涉及微观粒子体系中的原子核运动,因此其运动规律应该遵守量子力学法则,原则上应该用量子力学方法来处理。实际上目前已进行了小分子振动问题的从头计算研究,并取得了一定的进展。但经典力学处理中引入的简正坐标和简正振动,可以使经典力学处理与量子力学处理同样简化。在处理振动光谱的选择定则时,经典力学中的坐标和量子

力学中的本征函数的对称性是平行的。此外,经典力学所计算的频率与量子力学中由振动能级之间的跃迁所得到的频率完全相等,而且经典力学处理简单直观,容易理解,因此常用经典力学中简正坐标来描述多原子分子的振动。

多原子分子振动比双原子要复杂得多。要描述多原子分子各种可能的振动方式,必须确定各原子的相对位置。在分子中,N 个原子的位置可以用一组笛卡儿坐标来描述,而每个原子的一般运动可以用三个位移坐标来表达。因此该分子被认为有 $3N$ 个自由度。但是,这些原子是由化学键构成的一个整体分子,因此还必须从分子整体来考虑自由度。分子作为整体有三个平动自由度和三个转动自由度,剩下 $3N-6$ 才是分子的振动自由度(直线型分子有 $3N-5$ 个振动自由度)。每个振动自由度相应于一个基本振动,N 个原子组成一个分子时,共有 $3N-6$ 个基本振动,这些基本振动称为分子的简正振动。

简正振动的特点是,分子质心在振动过程中保持不变,所有的原子都在同一瞬间通过各自的平衡位置。每个正则振动代表一种振动方式,有它自己的特征振动频率。

例如,水分子由 3 个原子组成,共有 $3 \times 3 - 6 = 3$ 个简正振动。它们分别是对称伸缩振动、反对称伸缩振动和弯曲振动,如图 18-2 所示。又如二氧化碳是三原子线形分子,它有 $3N-5=4$ 个简正振动,如图 18-3 所示。图中(Ⅲ)、(Ⅳ)两种弯曲振动方式相同,只是方向互相垂直而已。两者的振动频率相同,称为简并振动。

对称伸缩   反对称伸缩   弯曲振动

图 18-2 水分子的简正振动

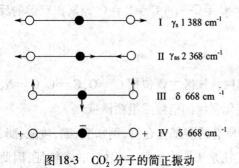

图 18-3 CO_2 分子的简正振动

在红外光谱中,并不是所有分子的简正振动均可以产生红外吸收。根据红外光谱的基本原理,只有当振动时有偶极矩改变者才可吸收红外光子,并产生红外吸收。如果在振动时分子振动没有偶极矩的变化,则不会产生红外吸收光谱。这即是红外光谱的选择性定则。如图 18-3 中(Ⅰ)为对称伸缩振动,在振动时无偶极矩的变化,所以显示红外非活性。因此在 CO_2 的振动光谱中,仅在 $2\,368\ cm^{-1}$(反对称伸缩振动)及 $668\ cm^{-1}$(弯曲振动)附近观察到两个吸收带。

对于振动过程中无偶极矩变化的分子,其振动往往具有极化率的改变,且具有拉曼活性,可以拉曼光谱进行表征,这将在第 18.7 节进行讨论。

18.2 基团频率和红外光谱区域的关系

18.2.1 基团振动和红外光谱区域的关系

按照光谱与分子结构的特征,红外光谱大致可分为官能团区及指纹区。官能团区($4\,000 \sim 1\,330\ \text{cm}^{-1}$)即化学键和基团的特征振动频率部分,它的吸收光谱主要反映分子中特征基团的振动,基团的鉴定工作主要在这一光谱区域进行。指纹区($1\,330 \sim 400\ \text{cm}^{-1}$)的吸收光谱较复杂,但是能反映分子结构的细微变化。每一种化合物在该区的谱带位置、强度和形状都不一样,相当于人的指纹,用于认证有机化合物是很可靠的。此外,在指纹区也有一些特征吸收带,对于鉴定官能团也是很有帮助的。

利用红外光谱鉴定化合物的结构,需要熟悉重要的红外光谱区域基团和频率的关系。下面对中红外区的基团振动作一介绍。

1. X—H 伸缩振动区域(X 代表 C,O,N,S 等原子)

如果存在氢键则会使谱峰展宽。频率范围为 $4\,000 \sim 2\,500\ \text{cm}^{-1}$,该区主要包括 O—H,N—H,C—H 等的伸缩振动。

O—H 伸缩振动在 $3\,700 \sim 3\,100\ \text{cm}^{-1}$,氢键的存在使频率降低,谱峰变宽,积分强度增加,它是判断有无醇、酚和有机酸的重要依据。当无氢键存在时,O—H 或 N—H 成一尖锐的单峰出现在频率较高的部分。N—H 伸缩振动在 $3\,500 \sim 3\,300\ \text{cm}^{-1}$ 区域,它和 O—H 谱带重叠。但峰形比 O—H 略尖锐。伯、仲酰胺和伯、仲胺类在该区都有吸收谱带。

2. 三键和累积双键区域

三键和累积双键区域的频率范围在 $2\,500 \sim 2\,000\ \text{cm}^{-1}$。该区红外谱带较少,主要包括有—C≡C—,—C≡N—等三键的伸缩振动和—C=C=C—,—C=C=O 等累积双键的反对称伸缩振动。

3. 双键伸缩振动区域

双键伸缩振动在 $2\,000 \sim 1\,500\ \text{cm}^{-1}$ 频率范围内。该区主要包括 C=O,C=C,C=N,N=O 等的伸缩振动以及苯环的骨架振动,芳香族化合物的倍频或组频谱带。

羰基的伸缩振动在 $1\,900 \sim 1\,600\ \text{cm}^{-1}$ 区域。所有的羰基化合物,例如醛、酮、羧酸、酯、酰卤、酸酐等在该区均有非常强的吸收带,而且往往是谱图中的第一强峰,非常特征,因此 C=O 伸缩振动吸收谱带是判断有无羰基化合物的主要依据。C=O 伸缩振动谱带的位置还和邻接基团有密切关系,因此对判断羰基化合物的类型有重要价值。

C=C 伸缩振动出现在 $1\,660 \sim 1\,600\ \text{cm}^{-1}$,一般情况下强度较弱,当各邻接基团差别比较大时,例如正己烯 CH_2=CH—CH_2—CH_2—CH_2—CH_3 的 C=C 吸收带就很强。单核芳烃的 C=C 伸缩振动出现在 $1\,500 \sim 1\,480\ \text{cm}^{-1}$ 和 $1\,610 \sim 1\,590\ \text{cm}^{-1}$ 两个区域。这两个峰是鉴别有无芳核存在的重要标志之一,一般前者较强,后者较弱。

苯的衍生物在 2 000 ~ 1 667 cm⁻¹ 区域出现面外弯曲振动的倍频和组频谱带,它们的强度较弱,但该区吸收峰的数目和形状与芳核的取代类型有直接关系,在判别苯环取代类型上非常有用。为此常常采用加大样品浓度的办法给出该区的吸收峰。利用这些倍频及组频谱带和 900 ~ 600 cm⁻¹ 区域苯环 C—H 面外弯曲振动吸收带共同确定苯环的取代类型是很可靠的。

4. 部分单键振动及指纹区域

部分单键振动及指纹区域的频率范围在 1 500 ~ 600 cm⁻¹。该区域的光谱比较复杂,出现的振动形式很多,除了极少数较强的特征谱带外,一般较难找到它们的归属。对鉴定有用的特征谱带主要有 C—H,O—H 的变形振动以及 C—O,C—N,C—X 等的伸缩振动及芳环的 C—H 弯曲振动。

饱和的 C—H 弯曲振动包括甲基和亚甲基两种。甲基的弯曲振动有对称、反对称弯曲振动和平面摇摆振动。其中以对称弯曲振动较为特征,吸收谱带在 1 380 ~ 1 370 cm⁻¹,可以作为判断有无甲基存在的依据。当甲基与羰基相连时,该谱带强度显著增加,例如在聚乙酸乙烯酯的红外光谱中就有这一现象。亚甲基在 1 470 ~ 1 460 cm⁻¹ 区域有变形振动的谱带。亚甲基的面内摇摆振动谱带在结构分析中很有用,当四个或四个以上的 CH₂ 呈直接相连时,谱带位于 720 cm⁻¹。随着 CH₂ 个数的减少,吸收谱带向高波数方向位移,由此可推断分子链的长短。

在烯烃的—C—H 弯曲振动中,以面外摇摆振动的吸收谱带最为有用,该谱带位于 1 000 ~ 800 cm⁻¹ 区域内。可借助这些谱带鉴别各种取代烯烃的类型,详见附表 1。

芳烃的 C—H 弯曲振动中,主要是 900 ~ 650 cm⁻¹ 处的面外弯曲振动,对确定苯环的取代类型很有用,还可以用这些谱带对苯环的邻、间、对位异构体混合物进行定量分析,详见附表 1。

C—O 伸缩振动常常是该区域最强的峰,比较容易识别。一般醇的 C—O 伸缩振动在 1 200 ~ 1 000 cm⁻¹,酚的 C—O 伸缩振动在 1 300 ~ 1 200 cm⁻¹。在醚键中有 C—O—C 的反对称伸缩振动和对称伸缩振动,前者的吸收谱带较强。

C—Cl,C—F 伸缩振动都有强吸收。前者出现在 800 ~ 600 cm⁻¹,后者出现在 1 400 ~ 1 000 cm⁻¹。

18.2.2　影响基团频率的因素

同一种化学键或基团的特征吸收频率在不同的分子和外界环境中只是大致相同,即有一定的频率范围。分子中总存在不同程度的各种耦合,从而使谱带发生位移。这种谱带的位移反过来又提供了关于分子邻接基团的情况。例如 C=O 的伸缩振动频率在不同的羰基化合物中有一定的差别,酰氯在 1 790 cm⁻¹,酰胺在 1 680 cm⁻¹,因此根据 C=O 伸缩振动频率的差别和谱带形状可以确定羰基化合物的类型。同样,处于不同环境中的分子,其振动谱带的位移、强度和峰宽也可能会有不同,这为分子间相互作用研究提供了判据,将在后面的章节中看到。

影响频率位移的因素可分为两类,一是内部结构因素,二是外部因素,大体上可以归纳为以下几个方面：

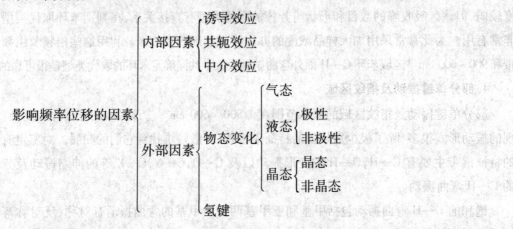

1. 外部因素

红外光谱可以在样品的各种物理状态(气态、液态、固态、溶液或悬浮液)下进行测量，由于状态的不同，它们的光谱往往有不同程度的变化。

气态分子由于分子间相互作用较弱，往往给出振动－转动光谱，在振动吸收带两侧，可以看到精细的转动吸收谱带。对于大多数有机化合物来说，分子惯性矩很大，分子转动带间距离很小，以致分不清。它们的光谱仅是转动带端的包迹，若样品以液态或固态进行测量，分子间的自由转动受到阻碍，结果连包迹的轮廓也消失，变成一个宽的吸收谱带。对高聚物样品，不存在气态高分子样品谱图的解析问题，但测量中常遇到气态 CO_2 或气态水的干扰。前者在 2 300 cm^{-1} 附近，比较容易辨识，且干扰不大。后者在 1 620 cm^{-1} 附近区域，对微量样品或较弱的谱带的测量有较大的干扰。因此，在测量微量样品或测量金属表面超薄涂层的反射吸收光谱及高分子材料表面的漫反射光谱时，需要用干燥空气或氮气对样品室里的空气进行充分的吹燥，然后再收集红外谱图。真空红外装置可避免水汽的干扰。

在液态，分子间相互作用较强，有的化合物存在很强的氢键作用。例如多数羧酸类化合物由于强的氢键作用而生成二聚体，因而使它的羰基和羟基谱带的频率比气态时要下降50至 500 cm^{-1} 之多。

在溶液状态下进行测试，除了发生氢键效应之外，由于溶剂改变所产生的频率位移一般不大。在极性溶剂中，N—H，O—H，C =O，C ≡N 等极性官能团的伸缩振动频率，随溶剂极性的增加，向低频方向移动。在非极性溶剂中，极性基团的伸缩振动的频率位移可以用 Kirkwood-Bauer-Magat 的方程式近似计算：

$$\frac{v_g - v_l}{v_g} = c \frac{\varepsilon - 1}{2\varepsilon + 1}$$

式中：v_g 和 v_l 分别表示在气态和溶液中的频率；ε 为溶剂的介电常数。在极性溶剂中，这个关系式不成立。一般情况下，C—C 振动受溶剂极性影响很小，C—H 振动可能位移 10 ~ 20 cm^{-1}。

在结晶的固体中，分子在晶格中有序排列，加强了分子间的相互作用。一个晶胞中含有若干个分子，分子中某种振动的跃迁矩的矢量和便是这个晶胞的跃迁矩。所以某种振动在单个分子中是红外活性的,在晶胞中却不一定是活性的。例如化合物 $Br(CH_2)_8Br$ 液态的红外谱图在 980 cm^{-1} 处有一中等强度的吸收带,但是它在该化合物结晶态的红外光谱中完全消失了。与此同时,一条新的谱带出现在 580 cm^{-1} 处,归属于 CH_2 有序排列引起的新的跃迁矩。

结晶态分子红外光谱的另一特征是谱带分裂。例如聚乙烯的 CH_2 面内摇摆振动在非晶态时只有一条谱带,位于 720 cm^{-1} 处,而在结晶态时分裂为 720 和 731 cm^{-1} 两条谱带。

在一些有旋转异构体的化合物中,结晶态时只有一种异构体存在,而在液态时则可能有两种以上的异构体存在,因此谱带反而增多。相反,长链脂肪酸结晶中的亚甲基是全反式排列。由于振动相互耦合的缘故,在 1 350 ～ 1 180 cm^{-1} 区域出现一系列间距相等的吸收带,而在液体的光谱中仅是一条很宽的谱带。还有一些具有不同晶型的化合物,常由于原子周围环境的变化而引起吸收谱带的变化,这种现象在低频区域特别敏感。

2. 内部因素

1)诱导效应(I)

在具有一定极性的共价键中,随着取代基的电负性不同而产生不同程度的静电诱导作用,引起分子中电荷分布的变化,从而改变了键力常数,使振动的频率发生变化,这就是诱导效应。这种效应只沿着键发生作用,故与分子的几何形状无关,主要随取代原子的电负性或取代基的总的电负性而变化。例如下面几个取代的丙酮化合物,随着取代基电负性增强而使其羰基伸缩振动频率向高频方向位移:

$$R-\underset{\underset{1\ 715\ cm^{-1}}{}}{\overset{\overset{O}{\parallel}}{C}}-R \ , \ R-O-\underset{\underset{1\ 735\ cm^{-1}}{}}{\overset{\overset{O}{\parallel}}{C}}-R \ , \ CH_3-\underset{\underset{1\ 800\ cm^{-1}}{}}{\overset{\overset{O}{\parallel}}{C}}-Cl \ , \ Cl-\underset{\underset{1\ 827\ cm^{-1}}{}}{\overset{\overset{O}{\parallel}}{C}}-Cl \ , \ F-\underset{\underset{1\ 928\ cm^{-1}}{}}{\overset{\overset{O}{\parallel}}{C}}-F$$

这种现象是由诱导效应引起的。在丙酮分子中的羰基略有极性,其氧原子具有一定的电负性,意味着成键的电子云离开键的几何中心而偏向氧原子。如果分子中的甲基被电负性强得多的氧原子或卤素原子所取代,由于对电子的吸引力增加而使电子云更接近于键的几何中心,因而降低了羰基键的极性,使其双键性增加,从而使振动频率增高。取代基的电负性愈大,诱导效应愈显著,因此,振动频率向高频位移也愈大。

2)共轭效应

在类似 1,3 - 丁二烯的化合物中,所有的碳原子都在一个平面上。由于电子云的可动性,使分子中间的 C—C 单键具有一定程度的双键性,同时原来的双键的键能稍有减弱,这就是共轭效应。

由于共轭效应,使 C＝C 伸缩振动频率向低频方向位移,同时吸收强度增加。正常的孤立的 C＝C 伸缩振动频率在 1 650 cm^{-1} 附近,在 1,3 - 丁二烯中位移到 1 597 cm^{-1}。当双键与苯环共轭时,因为苯环本身的双键较弱,故位移较小,出现在 1 625 cm^{-1} 附近。

羰基与苯环相连时,由于共轭效应使 C＝O 伸缩振动的频率向低频位移,在 1 680 cm^{-1} 处产生吸收。另一方面,苯环的骨架伸缩振动在 1 600 cm^{-1} 和 1 580 cm^{-1} 处有两条谱带。正常情况下,前者稍强,后者较弱,有时甚至觉察不出来。但是当苯环与羰基或其他不饱和基团直接相连时,则后一谱带明显增强,在光谱中很明显。

由于共轭效应引起的羰基伸缩振动频率的降低,可由下面几个取代丙酮类化合物的吸收频率来加以证实:

$$-CH_2-\underset{\underset{\text{1 725 ~ 1 705 cm}^{-1}}{}}{\overset{\overset{O}{\parallel}}{C}}-CH_2-\ ,\quad -CH=CH-\underset{\underset{\text{1 685 ~ 1 665 cm}^{-1}}{}}{\overset{\overset{O}{\parallel}}{C}}-CH_2-\ ,\quad -CH=CH-\underset{\underset{\text{1 670 ~ 1 660 cm}^{-1}}{}}{\overset{\overset{O}{\parallel}}{C}}-CH=CH-$$

$$CH_2=\underset{\underset{\text{1 715 cm}^{-1}}{}}{\overset{\overset{O}{\parallel}}{C}}-CH_2\ ,\quad R-\underset{\underset{\text{1 700 ~ 1 680 cm}^{-1}}{}}{\overset{\overset{O}{\parallel}}{C}}-\phi\quad \phi-\underset{\underset{\text{1 670 ~ 1 660 cm}^{-1}}{}}{\overset{\overset{O}{\parallel}}{C}}-\phi$$

3)中介效应(M)

酰氯($1\ 800\ cm^{-1}$)、酯($1\ 740\ cm^{-1}$)、酰胺($1\ 670\ cm^{-1}$)的羰基频率依序下降,这里频率的移动不能由诱导效应单一作用来解释,尤其在酰胺分子中氮原子的电负性比碳原子强,但是酰胺的羰基频率比丙酮低。这是由于在酰胺分子中同时存在诱导效应(I)和中介效应(M),而中介效应起了主要作用。

如果原子含有易极化的电子,以未共用电子对的形式存在而且与多重键连接,则可出现类似于共轭的效应。如下图中,氮原子上未共用电子对部分地通过 C—N 键向氧原子转移,结果削弱了碳氧双键,增强了碳氮键。

$$-\overset{\overset{O}{\parallel}}{C}-\overset{..}{N}\diagup \longrightarrow -\overset{\overset{O\ \delta^-}{\parallel}}{C}=\overset{\delta^+}{N}\diagup$$

在一个分子中,诱导效应(I)和中介效应(M)往往同时存在,因此振动频率的位移方向将取决于哪一个效应占优势。如果诱导效应比中介效应强,则谱带向高频位移。反之,谱带向低频位移。这可以由下面几组羰基化合物为例加以说明(丙酮 $\tilde{\nu}_{C=C}$ 为 $1\ 715\ cm^{-1}$)。

例1: $R-\overset{\overset{O}{\parallel}}{C}\rightarrow \overset{..}{S}-R\quad \tilde{\nu}_{C=O}\quad 1\ 690\ cm^{-1}$

      I<M

例2: $R-\overset{\overset{O}{\parallel}}{C}\rightarrow \overset{..}{O}-R\quad \tilde{\nu}_{C=O}\quad 1\ 735\ cm^{-1}$

      I>M

例3: $\phi-\overset{\overset{O}{\parallel}}{C}\rightarrow \overset{..}{S}-R\quad \tilde{\nu}_{C=O}\quad 1\ 665\ cm^{-1}$

      I<M

例4: $\phi-\overset{\overset{O}{\parallel}}{C}\rightarrow \overset{..}{O}-R\quad \tilde{\nu}_{C=O}\quad 1\ 725\ cm^{-1}$

      I>M

氢键可以影响羰基频率,但是当氢键与中介效应同时作用时,会产生最大的化学位移。

因为此时产生如下的共振体系：

$$(C—O\cdots H—X \longrightarrow C—O\cdots H—X^+ =)$$

例如，羧酸在 CCl_4 溶液中形成二聚体：

当把二聚体作为一整体考虑时，会出现对称和反对称 两个羰基伸缩振动。二聚体中存在一对称中心，因而反对称伸缩振动是红外活性的，出现在 $1\,720 \sim 1\,680\ cm^{-1}$ 区域，而对称伸缩振动是拉曼活性的，出现在 $1\,680 \sim 1\,640\ cm^{-1}$ 区域。

4）键应力的影响

在甲烷分子中，碳原子位于正四面体的中心，它的键角为 $109°28'$，有时由于结合条件的改变，使键角、键能发生变化，从而使振动频率产生位移。

键应力的影响在含有双键的振动中最为显著。例如 C═C 伸缩振动的频率在正常情况下为 $1\,650\ cm^{-1}$ 左右，在环状结构的烯烃中，当环变小时，谱带向低频位移，这是由于键角改变使双键性减弱的原因。另一方面，双键上 CH 基团键能增加，其伸缩振动频率向高频区移动。

环己烯 ⬡ $\tilde\nu_{C=C}$ $1\,646\ cm^{-1}$, $\tilde\nu_{CH}$ $3\,017\ cm^{-1}$,

环戊烯 ⬠ $\tilde\nu_{C=C}$ $1\,611\ cm^{-1}$, $\tilde\nu_{CH}$ $3\,045\ cm^{-1}$,

环丁烯 ⬜ $\tilde\nu_{C=C}$ $1\,566\ cm^{-1}$, $\tilde\nu_{CH}$ $3\,060\ cm^{-1}$。

环状结构也能使 C═O 伸缩振动的频率发生变化。羰基在七元环和六元环上，其振动频率和直链分子的差不多。当羰基处在五元环或四元环上时，其振动频率随环的原子个数减少而增加。这种现象可以在环状酮、内酯以及内酰胺等化合物中看到。

3. 氢键的影响

一个含电负性较强的原子 X 的分子 R—X—H 与另一个含有未共用电子对的原子 Y 的分子 R′—Y 相互作用时，生成 R—X H……Y—R′ 形式的氢键。对于伸缩振动，生成氢键后谱带发生三个变化，即谱带加宽，吸收强度加大，而且向低频方向位移。但是对于弯曲振动来说，氢键则引起谱带变窄，同时向高频方向位移。

氢键对异丙醇羟基伸缩振动的影响如图 18-4 所示。图 18-4（a）中 O—H 伸缩振动频率和强度的变化是由于异丙醇分子间形成氢键所引起的。在很稀的浓度时，游离的醇羟基的伸缩振动以一个尖锐的小峰形式出现在 $3\,640\ cm^{-1}$。随着浓度的增加，分子间相互作用增强，因此自由的 O—H 逐渐减少，而缔合的 O—H 则不断增多。图 18-4（b）则显示了改变溶剂后,氢键引起的谱带变化。

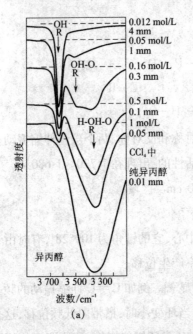 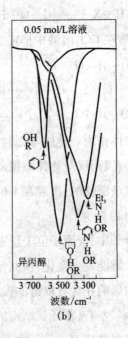

图 18-4　氢键对异丙醇羟基伸缩振动的影响

(a)改变浓度　(b)改变溶剂

在图 18-5 的异构体中,邻位取代的官能团生成分子内氢键;对位取代异构体生成分子间氢键,对位异构体在稀溶液中的光谱在这一区域呈现一尖锐的单峰。虽然图中并未给出浓度增加时对位异构体的谱图,但可以想象其变化趋势与图 18-4(a)是一致的。邻位异构体生成分子内氢键,因此不受浓度的影响。图 18-5 中,当增加其浓度时,谱带位置、形状均无变化,只是吸收强度增强。因此用红外光谱谱带的变化方式,可以区别化合物的分子内氢键和分子间氢键。从本质上讲,分子内氢键是溶质分子本身的氢键。分子外氢键在这个例子中是溶质分子与溶剂分子间的氢键。

4. 倍频、组频、振动耦合与费米(Fermi)共振

在正常情况下,分子大都位于基态($n=0$)振动,分子吸收电磁波后,由基态跃迁到第一激发态($n=1$),由这种跃迁所产生的吸收称为基频吸收。除了基频跃迁外,由基态到第二激发态($n=2$)之间的跃迁也是可能的,其对应的谱带称为倍频吸收。倍频的波数是基频波数的两倍或稍小一些,它的吸收强度要比基频弱得多。如果光子的能量等于两种基频跃迁能量的和,则有可能同时发生从两种基频到激发态的跃迁,光谱中所产生的谱带频率是两个基频频率之和,这种吸收称为和频。和频的强度比倍频还稍弱一些。若光子能量等于两个基频跃迁能量之差,在吸收过程中一个振动模式由基态跃迁到激发态,同时另一个振动模式由激发态回到基态,此时产生差频谱带,其强度比和频的更弱。和频与差频统称为合频或组频。

如果一个分子中两个基团位置很靠近,它们的振动频率几乎相同,一个振子的振动可以

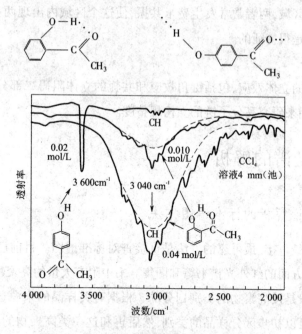

图 18-5　羟基苯乙酮在四氯化碳中的光谱图

通过分子的传递去干扰另一个振子的振动,这就是所说的振动耦合。其结果在高频和低频各出现一条谱带。例如在乙烷中,C—C 键的伸缩振动频率是 992 cm^{-1},但在丙烷中,由于两个 C—C 键的振动耦合,导致分子骨架(C—C—C)的不对称伸缩振动频率为 1 054 cm^{-1},对称伸缩振动的频率是 867 cm^{-1}。

　　相距很近的双键,当它们的频率相近时,也发生振动耦合。例如羧酸阴离子 $-C\begin{Bmatrix} O \\ O \end{Bmatrix}^{-}$

的两个 C=O 键有一个公共的碳原子,因此它们发生强烈耦合,不对称和对称伸缩振动分别在 1 610～1 550 cm^{-1}和 1 420～1 300 cm^{-1}区出现两个吸收带。

　　此外,当一个伸缩振动和一个弯曲振动频率相近,两个振子又有一个公共的原子时弯曲振动和伸缩振动间也发生强耦合。例如仲酸胺中的 C—N—H 部分,C—N 的伸缩振动和N—H 的弯曲振动频率相同。这两个振子耦合结果在光谱上产生两个吸收带,它们的频率分别为 1 550 cm^{-1}和 1 270 cm^{-1},即所谓的酰胺 II、酰胺 III 谱带。

　　在红外光谱中,另一重要的振动耦合是费米共振。这是倍频或组频振动与一基频振动频率接近时,在一定条件下所发生的振动耦合。和上述所讨论的几种耦合现象相似,吸收带不在预料位置,往往分开得更远一些,同时吸收带的强度也发生变化,原来较弱的倍频或组频谱带强度增加。例如苯有 30 个简正振动,有三个基频频率,为 1 485,1 585,3 070 cm^{-1},前两个频率的组频为 3 070 cm^{-1},恰与最后一个基频频率相同,于是基频与组频振动发生费米共振,在 3 099 cm^{-1}和 3 045 cm^{-1}处分别出现两个强度近乎相等的吸收带。很多醛类化合物的 C—H 伸缩振动在 2 830～2 695 cm^{-1}区域内有吸收,同时 C—H 弯曲振动的倍频也出现在相近的频率区域,两者常常发生费米共振,使这个区域内出现两条很强的谱带,这对于鉴定醛类化合物是很特征的。

5. 立体效应

一般红外光谱的立体效应,包括键角效应和共轭的立体阻碍二部分。后者对高聚物红外光谱的作用,可用来研究高分子链的立构规整度。

18.3 红外光谱的解析

18.3.1 红外光谱解析的标准谱图方法

光谱的解析中最直接、最可靠的方法是直接查对标准谱图。目前已经出版了很多种有关高聚物材料剖析方面的红外光谱书籍和图集。书中附有大量的高聚物及其添加剂的红外谱图,这些谱图一般是按高聚物的类别划分的。根据有关样品的来源、性能及使用情况,并结合谱图的特征,可以初步区分样品的类别,然后再和这一类高聚物的红外谱图一一核对,就能够比较容易地作出判断。

常用的书及谱图集有如下几种。

①Hummel 和 Scholl 等著的《Infrared Analysis of Polymers, Resins and Additives, An Atlas》,已出版三册。第一册为聚合物的结构与红外光谱图,第二册为塑料、橡胶、纤维及树脂的红外光谱图和鉴定方法,第三册为助剂的红外光谱图和鉴定方法。

②Afremow 和 IsaKson 等编的《Infrared Spectroscopy Its Use In the Coating Industry》,谱图按聚合物类别划分。该书介绍了"否定法"及"肯定法"剖析光谱的技巧,在作为光谱图解析的几十种常见聚合物的图例中,对主要谱带的归属作了标识。

③Colthup,Daly 和 Wiberley 编著的《Intreduction to Infrared and Raman Spectroscopy》,对分子的基团频率作了详细的介绍。值得一提的是,书中收录的 624 种常见有机化合物光谱图中,对主要谱带的归属作了标识,使用十分方便。

④Sadtler 的《单体和聚合物的红外光谱图》目前已收集了 1 万多张聚合物和单体的红外谱图。

对于一些没有标准谱图或新合成化合物,必须进行谱图的解析以鉴定化合物的结构。此时必须用到特征基团频率图和特征基团频率表。

18.3.2 红外光谱的解析

虽然有标准谱图,红外光谱的解析仍需要基本的解析技术,否则在上述图集中翻找对应谱图无疑是大海捞针。如果能够根据谱图特征初步判断所测样品的种类甚至结构,再根据标准谱图得到确定,这是通过红外光谱准确判断样品结构的一般方法。另外,一些没有标准谱图样品或新合成的化合物结构的判定,必须要有红外光谱解析的基本知识。

1. 基团特征频率图和基团特征频率表

在介绍光谱的解析技术之前,有必要先介绍解析所需要的两个重要工具——红外光谱特征基团频率图和特征基团频率表。特征基团频率图给出了各类化合物所含主要官能团振动频率(图 18-6)。特征基团频率表则可分为两种,一种是基团—频率表(见附录表 1)和频率—基团表(见附录表 2),这种设定方法非常有助于根据基团查频率或根据频率查对应基团。具体的使用方法将在下面的举例中介绍。

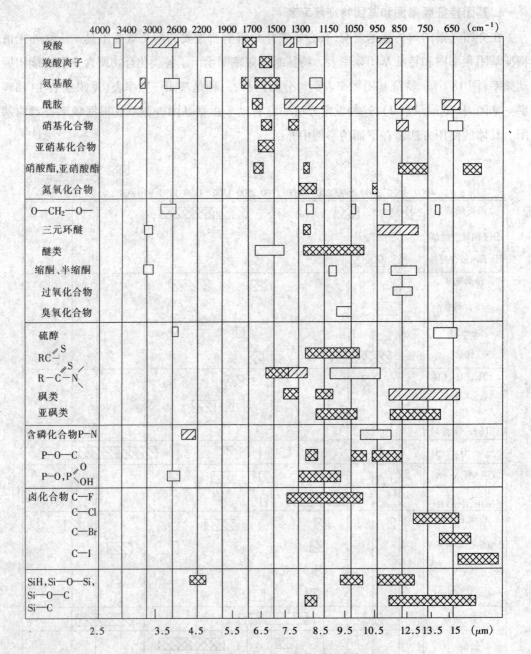

图 18-6　各类化合物官能团特征峰频率范围

2. 谱带的三个特征

在对某一个未知化合物的红外光谱进行解析时,首先应了解红外光谱的特点。红外光谱具有如下三个重要特征。

(1)谱带位置　谱带的位置是表明某一基团存在的最有用的特征,即谱带的特征振动频率。

(2)谱带强度　谱带强度是谱带的另一个重要特征,可以作为判断基团存在的另一个佐证。许多不同的基团可能在相同的频率区域产生吸收,但它们的谱带强度可能不同,如图18-6 中的谱带可以分为"强吸收、中等吸收、弱或可变"三种类型。需要指出的是,以谱带强度作为谱带位置判断基团存在佐证时,这些基团应是样品中的主要结构。因为,谱带强度除与基团自有特征(极性)有关外,还与该基团存在的浓度相关,这在后面的定量分析中将会介绍。另外,同一基团谱带强度的变化还可提供与其相邻基团的结构信息,如C—H基团邻接氯原子时,将使它的变形振动谱带由弱变强,因此从对应谱带的增强可以判断氯原子的存在。

谱带强度的表示方法有透光度法和吸光度法。透光度 T 的定义为

$$T = I/I_0 \times 100\%$$

式中:I_0 为入射光强度;I 为入射光被样品吸收后透过的光强度。它们在红外谱图中的表示方法如图18-7所示,在谱带两侧透射比最高处 a,b 两点作切线,然后从谱带吸收最大的位置 c 作横坐标的垂线,和0%线交点为 e,和切线 ab 的交点为 d,则直线 de 的长度为 I_0,ce 的长度为 I。

吸光度 A 的定义为

$$A = \log(1/T) = \log(I_0/I)$$

(3)谱带形状 谱带的形状常与谱带的半峰宽相关,即谱带的宽窄。有时从谱带的形状也可以得到有关基团的一些信息。例如氢键和离子的官能团可以产生很宽的红外谱带,这对于鉴定特殊基团的存在很有用。酰胺基团的羰基伸缩振动($\nu_{C=O}$)和烯类的双键伸缩振动($\nu_{C=C}$)

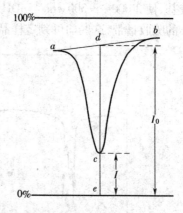

图18-7 谱带强度的表示方法

均在 1 650 cm^{-1} 附近产生吸收,但酰胺基团的羰基大都形成氢键,其谱带较宽,很容易和烯类的谱带区别。谱带的形状也包括谱带是否有分裂,可用以研究分子内是否存在缔合以及分子的对称性、旋转异构、互变异构等。

18.3.3 红外光谱的解析步骤

红外光谱的解析应先从官能团区(4 000 ~ 1 300 cm^{-1})入手。按该区出现的主要吸收峰波数到图18-6中去找该峰可能归属于何种官能团,然后再对照图18-6中该官能团同一栏内的旁证峰,即该官能团的其他次要振动峰是否出现在被检测的样品谱图中。如果主要吸收峰和旁证峰都有,就表明样品中含有此种官能团,也就可以据此推断样品属于哪一类化合物。有时基团频率图还显简略,最好用基团频率表。下面利用特征基团频率图和特征频率基团表来解析一种聚合物的红外光谱。

在图18-8中,官能团区最强谱带为 1 730 cm^{-1},从图18-6中可以查出,在此区域出现振动吸收的基团有芳环、杂环、酸酐、酰卤、酯、内酯、醛、酮、羧酸等。芳、杂环等在此区域是一个弱的吸收,且芳环的结构特征是连续的三至四个弱吸收谱带,如果存在芳环,在 3 100 ~ 3 000 cm^{-1} 应有一个谱带,对应于芳环中═C—H键的伸缩振动,但谱图中不存在这些特征,因此可以判定此样品不含芳环和杂环。对于含羰基的化合物,酸酐类化合物羰基除 1 790 ~ 1 740 cm^{-1} 的反对称伸缩振动外,在 1 850 ~ 1 800 cm^{-1} 还应出现一个更强的峰,属于羰基的对称伸缩振动,因此样品不是酸酐;虽然酰卤类化合物在 1 750 cm^{-1} 左右和 1 000 ~ 910 cm^{-1} 均出现特征吸收,看似与图中的峰相符,但如前所述,羰基由于诱导效应,其特征吸收应在 1 750 cm^{-1} 以上的区域,因此不会是酰卤;醛类化合物除在 1 740 ~ 1 720 cm^{-1} 出现羰基的特征吸收外,还应在 2 900 ~ 2 700 cm^{-1} 出现 C—H 伸缩振动,因此不可能是醛类化合物。羧酸类最明显的特征除 1 710 ~ 1 740 cm^{-1} 的羰基伸缩振动外,在 3 300 ~ 3 600 cm^{-1} 还

会出现 —OH 的特征振动,而且往往较强、较宽,图中在此范围没有出现特征吸收,因此也不是羧酸。酮羰基的特征吸收在 1 725 ~ 1 705 cm⁻¹,此外还会在 1 325 ~ 1 215 cm⁻¹出现一个中等强度的吸收峰,对应于 C—CO—C 骨架振动,这与图中的峰形分布看似相似,但仔细分析酮的羰基由于共轭效应,振动吸收频率较低,应可排除酮的可能性。由于样品是一种聚合物,不可能是内酯。最后的可能是酯类,因为酯类的羰基伸缩振动一般位于 1 730 ~ 1 750 cm⁻¹,其验证峰为 1 200 ~ 1 150 cm⁻¹的 C—O—C 伸缩振动峰,由于酯键的形成消耗羟基和羧基,使 3 600 ~ 3 300 cm⁻¹—OH 峰的吸收谱带消失,残留的端羧基在 1 710 cm⁻¹出现一个小的吸收谱带,这些均可判定样品是一种酯类聚合物。

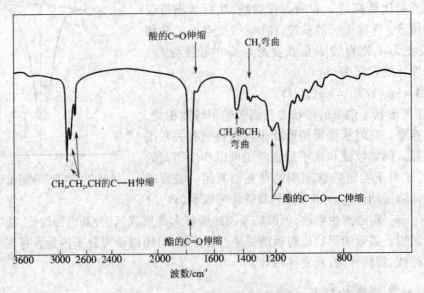

图 18-8　一种聚合物的红外光谱

　　在确定了主结构后,接下来需要根据其他次强峰判断样品精细结构。有一些书籍中介绍了否定法和肯定法,即根据基团频率图将红外光谱图分成几个不同的区域,(如 18.2.1节)这些区域中分别存在特定基团的振动吸收谱带,如果谱图在某个区域出现吸收,则可推断样品中存在相应基团,否则可认为不存在相应的结构。以图 18-8 为例,在 3 000 ~ 2 800 cm⁻¹处出现吸收谱带,在此区域具有特征吸收的基团是甲基和亚甲基,说明结构中含有此两种基团,其验证峰为 1 450 cm⁻¹的甲基和亚甲基的弯曲振动和 1 375 cm⁻¹甲基的弯曲振动。常见的聚酯类包括脂肪族聚酯和芳香族聚酯。芳香族聚酯应在 3 100 ~ 3 000 cm⁻¹和 2 000 ~ 1 660 cm⁻¹分别出现苯环═C—H 伸缩振动和面外弯曲振动,因此可判定样品不可能是芳香族聚酯。根据标准谱图可以查得样品为聚丙烯酸丁酯。

18.4　傅里叶红外光谱

18.4.1　红外光谱仪及其基本实验技术

　　目前几乎所有的红外光谱仪都是傅里叶变换型的,其基本结构如图 18-9 所示。光谱仪主要由光源(硅碳棒、高压汞灯)、迈克耳孙(Michelson)干涉仪、检测器和记录仪组成。如图 18-9,光源发出的光被分束器分为两束,一束经反射到达动镜,另一束经透射到达定镜。两束光分别经定镜和动镜反射再回到分束器。动镜以一恒定速度 v_m 作直线运动,因而经分束器分束后的两束光形成光程差 δ,产生干涉。干涉光在分束器会合后通过样品池,然后被检测。

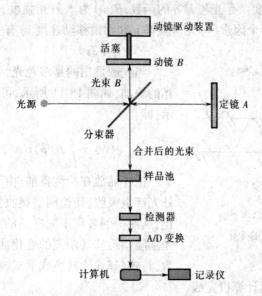

图 18-9　傅里叶变换红外光谱仪构成示意图

1. 傅里叶变换红光谱的基本原理

傅里叶变换红外光谱仪的核心部分是迈克耳孙干涉仪,其示意图如图 18-10 所示。动镜通过移动产生光程差,由于 v_m 一定,光程差与时间有关。光程差产生干涉信号,得到干涉图。光程差 $\delta = 2d$,d 代表动镜移动离开原点的距离与定镜与原点的距离之差。由于是一来一回,应乘以 2。若 $\delta = 0$,即动镜离开原点的距离与定镜与原点的距离相同,则无相位差,是相长干涉;若 $d = \lambda/4$,$\delta = \lambda/2$ 时,位相差为 $\lambda/2$,正好相反,是相消干涉;$d = \lambda/2$,$\delta = \lambda$ 时,又为相长干涉。总之,动镜移动距离是 $\lambda/4$ 的奇数倍时,为相消干涉;是 $\lambda/4$ 的偶数倍时,则是相长干涉。因此动镜移动产生可以预测的周期性信号。

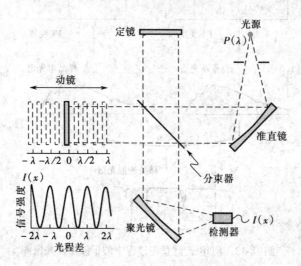

图 18-10　迈克耳孙干涉仪示意图

干涉光的信号强度的变化可用余弦函数表示：

$$I(\delta) = B(\nu)\cos(2\pi\nu\delta) \qquad (18\text{-}11)$$

式中：$I(\delta)$ 为干涉光强度，I 是光程差 δ 的函数；$B(\nu)$ 为入射光强度，B 是频率 ν 的函数。干涉光的变化频率 f_ν 与两个因素（即光源频率 ν 和动镜移动速度 v）有关，即

$$f_\nu = 2\nu v \qquad (18\text{-}12)$$

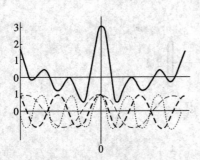

图 18-11　光源为多色光时
干涉光信号强度的变化

当光源发出的是多色光，干涉光强度应是各单色光的叠加，如图 18-11 所示，可用下式的积分形式来表示，即

$$I(\delta) = \int_{-\infty}^{\infty} B(\nu)\cos(2\pi\nu\delta)\,\mathrm{d}\nu \qquad (18\text{-}13)$$

把样品放在检测器前，由于样品对某些频率的红外光产生吸收，使检测器接收到的干涉光强度发生变化，从而得到各种不同样品的干涉图。这种干涉图是光强随动镜移动距离的变化曲线，借助傅里叶变换函数，将式(18-13)转换成下式，可得到光强随频率变化的频域图。这一过程由计算机完成。

$$B(\nu) = \int_{-\infty}^{\infty} I(\delta)\cos(2\pi\nu\delta)\,\mathrm{d}\delta \qquad (18\text{-}14)$$

用傅里叶变换红外光谱仪测量样品的红外光谱包括以下几个步骤：

①分别收集背景（无样品时）的干涉图及样品的干涉图；

②分别通过傅里叶变换将上述干涉图转化为单光束红外光谱；

③将样品的单光束光谱除以背景的单光束光谱，得到样品的透射光谱或吸收光谱。

图 18-12 为实际测试过程中几个中间步骤的干涉图及光谱图。

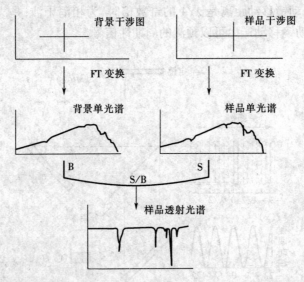

图 18-12　FTIR 光谱获得过程中的干涉图及光谱图

2. 傅里叶红外光谱法的主要优点

(1)信号的"多路传输"　普通色散型的红外分光光度计由于带有狭缝装置，在扫描过

程的每个瞬间只能测量光源中一小部分波长的辐射。在色散型分光计以 t 时间检测一个光谱分辨单元的同时，干涉型仪器可以同时检测出全部 M 个光谱分辨单元,这样有利于光谱的快速测定。而且,在相同的测量时间 t 里,干涉型仪器对每个被测频率单元,可重复测量 M 次,测得的信号经平均处理而降低噪声。这样就可以大大有利于提高信噪比,其信噪比可提高 $M^{1/2}$ 倍。

(2)辐射通量大　常规的分光计由于受到狭缝的限制,能达到检测器上的辐射能量很少,光能的利用率极低。傅里叶变换光谱仪没有狭缝的限制,因此在同样分辨率的情况下,其辐射通量要比色散型仪器大得多,从而使检测器所收到的信号和信噪比增大,有很高的灵敏度,有利于微量样品的测定。

(3)波数精确度高　因为动镜的位置及光程差可用激光的干涉条纹准确地测定,从而使计算的光谱波数精确度可达 0.01 cm^{-1}。

(4)高的分辨能力　傅里叶变换红外光谱仪的分辨能力主要取决于仪器能达到的最大光程差,在整个光谱范围内能达到 0.1 cm^{-1},目前最高可达 0.002 3 cm^{-1},而普通色散型仪器仅能达到 0.5 cm^{-1}。

(5)光谱的数据化形式　傅里叶变换红外光谱仪的最大优点在于光谱的数字化形式,它可以用微型电脑进行处理。光谱可以相加、相减、相除或储存。这样光谱的每一频率单元可以加以比较,光谱间的微小差别可以很容易地被检测出来。由于傅里叶变换红外光谱仪的发展,减少了实验技术及数据处理的困难,使得很多种附件技术,如光声光谱、漫反射光谱、反射吸收光谱和发射光谱等都得到了显著的发展,为研究材料的表、界面结构提供了重要检测手段。

18.4.2　红外光谱的样品制备技术

样品制备技术是每一项光谱测定中最关键的问题,红外光谱也不例外,其光谱质量在很大程度上取决于样品制备的条件与方法。样品的纯度、杂质、残留溶剂,制样的厚度、干燥性、均匀性和干涉条纹等均可能使光谱失去有用的谱带信息,或出现本不属于样品的杂峰,导致错误的谱带识别。所以选择适当的制样方法并认真操作是获得优质光谱图的重要途径。根据材料的组成及状态,可以选择不同的制样方法。

1. 卤化物压片法

卤化物压片法是最常用的制样方法,具有适用范围广、操作简便的特点,一般可干燥研磨的样品均可用此法制样。卤化物中最常用的是溴化钾,因为溴化钾在整个中红外区都是透明的。制备方法为将溴化钾和样品以 200:1 质量比相混后仔细研磨,在 $4 \times 10^8 \sim 6 \times 10^8$ Pa 下抽真空压成透明薄片。由于溴化钾易吸水,所以应事先把粉末烘干,制成薄片后要尽快测量。

2. 薄膜法

用薄膜法测量红外光谱时,样品的厚度很重要。一般定性工作所需样品厚度为 1 至数微米。样品过厚时,许多主要谱带都吸收到顶,彼此连成一片,看不出准确的波数位置和精细结构。在定量工作中,对样品厚度的要求就更苛刻些。样品表面反射的影响也是需要考虑的因素。在谱带低频一侧,由于反射引起能量损失,造成谱带变形。反射对薄膜样品光谱的另一种干扰就是干涉条纹。这是由于样品直接透射的光和经过样品内、外表面两次反射后再透射的光存在光程差,所以在光谱中出现等波数间隔的干涉条纹。消除干涉条纹的常用方法是使样品表面变得粗糙些。薄膜制备的方法有溶液铸膜法和热压成膜法。

从高聚物溶液制备薄膜来测绘其红外光谱的方法比溶液法有更广泛的应用。通常,样品薄膜可在玻璃板上制取。其方法是将高聚物溶液(浓度一般为 1% ~4%)均匀地浇涂在玻璃板上,待溶剂挥发后,形成薄膜,即可用刮刀剥离。在液体表面上铸膜也是可行的。这种方法特别适用于制备极薄的膜,通常可以在水表面或汞表面进行。在汞表面铸膜时,可将一钢圈浮在汞表面,高分子溶液铺在圈内,溶剂挥发后,即得到所需要面积大小的薄膜。

另一个简便的制膜方法是在氯化钠晶片上直接涂上高聚物溶液,膜制成后可连同晶片一起进行红外测试。这种制膜法在研究高聚物的反应时很适用。

溶液铸膜法很重要的一点是要除去最后残留的溶剂。一个行之有效的方法是用低沸点溶剂萃取掉残留的溶剂,该萃取剂必须是不能溶解高聚物,但却能和原溶剂相混溶。例如,从聚丙烯腈中除去二甲基甲酰胺溶剂是十分困难的,因为极性高聚物和极性溶剂有较强的亲和力,而二甲基甲酰胺的沸点又较高,很难用抽真空的方法将它从薄膜中除尽。用甲醇萃取可除去残存的二甲基甲酰胺,随后甲醇可用减压真空干燥除去。

对于热塑性的样品,可以采用热压成膜的方法,即将样品加热到软化点以上或熔融,然后在一定压力下压成适当厚度的薄膜。在热压时要防止高聚物的热老化。为了尽可能降低温度和缩短加压时间,可以采用增大压力的办法。一般采用 1×10^8 Pa 左右的压力,在熔融状态迅速加压 10 ~15 s,然后迅速冷却。

采用热压成膜或溶液铸膜制备样品时,要注意高聚物结晶形态的变化。

3. 悬浮法

这种方法是把 50 mg 左右的高聚物粉末和 1 滴石蜡油或全卤代烃类液体混合,研磨成糊状,再转移到两片氯化钠晶片之间,进行测量。

18.5 傅里叶变换红外光谱在材料研究中的应用

18.5.1 有机高分子材料

1. 单一组成均聚物材料判定

单一组成的聚合物结构判定除可按 18.3 节中介绍的方法进行外,还有一些更加简便的方法可以帮助较为快速地判别聚合物材料的类别和主体结构,如聚合物红外光谱分类表(表 18-1 至表 18-6)。

根据经验,可以把聚合物红外光谱按照其最强谱带的位置,从 1 800 到 600 cm^{-1} 分成 6 类。一般来说含有相同极性基团的同类化合物大都在同一光谱区里。有些聚合物在 3 500 ~2 800 cm^{-1} 范围内有第一吸收,但是这类谱带易受样品状态等外来因素干扰(如 18.2.2 节中所述),所以应按它们的第二强谱带来分类。具体分区如下:

1 区:1 800 ~1 700 cm^{-1} 聚酯、聚羧酸、聚酰亚胺等。

2 区:1 700 ~1 500 cm^{-1} 聚酰亚胺、聚脲等。

3 区:1 500 ~1 300 cm^{-1} 饱和线形脂肪族聚烯烃和一些有极性基团取代的聚烃类。

4 区:1 300 ~1 200 cm^{-1} 芳香族聚醚类、聚砜类和一些含氯的高聚物。

5 区:1 200 ~1 000 cm^{-1} 脂肪族的聚醚类、醇类和含硅、含氟的高聚物。

6 区:1 000 ~600 cm^{-1} 取代苯、不饱和双键和一些含氯的高聚物。

在一些书中按照这种分类将每个区所包含的聚合物列成表格,左面一列是最强谱带的

位置,后面一列是这个聚合物所具有的特征谱带的位置,最特征的在下面画＿＿,对于双峰则以|＿＿＿|连接起来。

表 18-1　1 区(1 800 ~ 1 700 cm⁻¹)的聚合物

高聚物	谱带位置(cm⁻¹)及基团振动模式	
	最强谱带	特征谱带
聚醋酸乙烯酯	1 740 $\nu(C{=}O)$	1 240　1 020　　　1 375 $\nu(C—O)$　　$\delta(CH_3)$
聚丙烯酸甲酯	1 730 $\nu(C{=}O)$	1 170　1 200　1 260　　2 960 $\nu(C—O)$　　　$\nu_{as}(CH_3)$
聚丙烯酸丁酯	1 730 $\nu(C{=}O)$	1 165　1 245　　940　　960 $\nu(C—O)$　　丁酯特征
聚甲基丙烯酸甲酯	1 730 $\nu(C{=}O)$	1 150　1 190　　1 240　1 268 $\nu(C—O)$　　一对双峰
聚甲基丙烯酸乙酯	1 725 $\nu(C{=}O)$	1 150　1 180　1 240　1 268　1 022 $\nu(C—O)$　　一对双峰　　乙酯特征
聚甲苯丙烯酸丁酯	1 730 $\nu(C{=}O)$	1 150　1 180　1 240　1 268　950　　970 $\nu(C—O)$　　一对双峰　　丁酯特征
聚邻苯二甲酸酯	1 735 $\nu(C{=}O)$	1 280　1 125　　1 070　745　705 $\nu(C—O)$　　　　　　$\nu(CH)$
聚对苯二甲酸酯	1 730 $\nu(C{=}O)$	1 265　1 100　　1 015　　730 $\nu(C—O)$　　$\delta(CH)$　$\gamma(CH)$

表 18-2　2 区(1 700 ~ 1 500 cm⁻¹)的聚合物

高聚物	谱带位置(cm⁻¹)及基团振动模式	
	最强谱带	特征谱带
聚酰胺	1 640 $\nu(C{=}O)$	1 550　3 090　　3 300　　700 $\nu(C—H)+\delta(NH)$　倍频　$\nu(NH)$　$\gamma(NH)$
聚丙烯酰胺	1 650　　　1 600 $\nu(C{=}O)$ $\delta(NH_2)$	3 300　3 176　1 020 $\nu(NH_2)$
聚乙烯吡咯烷酮	1 665 $\nu(C{=}O)$	1 280　　1 410
脲—甲醛树脂	1 640 $\nu(C{=}O)$	1 540　　1 250 $\nu(C—N)+\delta(NH)$

表 18-3　3 区(1 500 ~ 1 300 cm⁻¹)的聚合物

高聚物	谱带位置(cm⁻¹)及对应基团振动模式	
	最强谱带	特征谱带
聚乙烯	1 470 $\delta(CH_2)$	731　　720 $r(CH_2)$
全同聚丙烯	1 376 $\delta_s(CH_3)$	1 166　998　973　841 与结晶有关
聚异丁烯	1 385　1 365 $\delta_s(CH_3)$	1 233 $\nu(C{=}C)$
全同聚(1-丁烯) (变体 I)	1 465 $\delta(CH_2)$	921　847　797　758 $\gamma(CH_2)$

高聚物	谱带位置(cm^{-1})及对应基团振动模式	
	最强谱带	特征谱带
萜烯树脂	1 465 $\delta(CH_2)$	1 385 1 365 ┃ 3 400 1 700 $\delta_s(CH_3)$
天然橡胶	1 450 $\delta(CH_2)$	885 $\gamma(CH)$
氯碘化聚乙烯	1 475 $\delta(CH_2)$	1 250 1 160 1 316(肩带) $\delta(CH)$ $\nu(S=O)$

表 18-4 4 区(1 300 ~ 1 200 cm^{-1})的聚合物

高聚物	谱带位置(cm^{-1})及对应基团振动模式	
	最强谱带	特征谱带
双酚 A 型环氧树脂	1 250 $\nu(C-O)$	2 980 1 300 1 188 915 830 $\nu_{as}(CH_3)$ $\gamma(CH)$
酚醛树脂	1240 $\nu(C-O)$	3 300 815 $\gamma(CH)$
叔丁基酚醛树脂	1 212 $\nu(C-O)$	1 065 878 820 $\nu(C-O)$
双酚 A 型聚碳酸酯	1 240 $\nu(C-O)$	1 780 1 190 1 165 830 $\nu(C=O)$ $\gamma(CH)$
二乙二醇双烯丙基聚碳酸酯	1 250 $\nu(C-O)$	1 780 790 $\nu(C=O)$
双酚 A 型聚砜	1 250 $\nu(C-O)$	1 310 1 160 1 110 830 $\nu(S=O)$
聚氯乙烯	1 250 $\delta(CH)$	1 420 1 330 700—600 $\delta(CH_2)$ $\delta(CH)+t(CH_2)$ $\nu(CCl)$
聚苯醚	1 240 $\nu(C-O)$	1 600,1 500,1 160,1 020,873,752,692 $\gamma(CH)$
硝化纤维素	1 285 $\nu(N-O)$	1 660 845 1 075 硝酸酯特征
三醋酸纤维素	1 240 $\nu(C-O)$	1 740 1 380 1 050 醋酸酯特征

表 18-5 5 区(1 200 ~ 1 000 cm^{-1})的聚合物

高聚物	谱带位置(cm^{-1})及对应基团的振动模式	
	最强谱带	特征谱带
聚氧乙烯	1 100 $\nu(C-O)$	945
聚乙烯醇缩甲醛	1 020 $\nu(C-O)$	1 060 1 130 1 175 1 240 缩甲醛特征
聚乙烯醇缩乙醛	1 140 $\nu(C-O)$	1 340 940 缩乙醛特征
聚乙烯醇缩丁醛	1 140 $\nu(C-O)$	1 000
纤维素	1 050 $\nu(C-O)$	1 158 1 109 1 025 1 000 970 在主峰两侧一系列肩带

续表

高聚物	谱带位置(cm^{-1})及对应基团的振动模式				
	最强谱带	特征谱带			
纤维素醚类	1 100 ν(C—O)	1 050 3 400 残存 OH 吸收			
单醋酸纤维素	1 050 ν(C—O)	1 740 1 240 1 380 醋酸酯的特征			
聚醚型聚胺酯	1 100 ν(C—O)	1 540 1 690 1 730 δ(NH) + ν(C—N) ν(C=O)			

表 18-6　6 区(1 000 ~ 600 cm^{-1})的聚合物

高聚物	谱带位置(cm^{-1})及对应基团的振动模式				
	最强谱带	特征谱带			
聚苯乙烯	760 700 单取代苯	3 100 3 080 3 060 3 022 3 000			
聚对甲基苯乙烯	815 γ(CH)	720			
1,2 - 聚丁二烯	911 γ(=CH)	990 1 642 700 γ(=CH) ν(C=C)			
反 - 1,4 - 聚丁二烯	967 γ(=CH)	1 667 ν(C=C)			
顺 - 1,4 - 聚丁二烯	738 γ(=CH)	1 646 ν(C=C)			
聚甲醛	935 900 ν(C—O—C) + r(CH$_2$)	1 091 1 238			
聚硫甲醛	732 ν(C—S)	709 1 175 1 370			
(高)氯化聚乙烯	670 ν(CCl)	760 790 1 266 ν(CCl) δ(CH)			
氯化橡胶	790 ν(CCl)	760 736 1 280 1 250 ν(CCl) δ(CH)			

　　按照上述表格,对于一种单一组成的聚合物,只要根据 1 800 到 600 cm^{-1}范围内最强谱带的位置即可初步确定聚合物的类型,再对照表中最强谱带和特征谱带的对应关系,即可大体上确定是哪一种聚合物及其结构,但最准确的结构确定还是要查标准谱图。图 18-13 和 18-14 是两种聚合物的红外光谱。

　　图 18-13 中最强谱带是 757 和 699 cm^{-1},位于第 6 区,由此可以判断该聚合物主要含有取代苯、不饱和双键和一些含氯的高聚物。进一步分析谱图,在 3 103、3 082、3 060、3 025 和 3 000 cm^{-1}具有非常特征的谱带,对应 6 区聚合物特征基团表,可以看到无论是最强谱带还是特征谱带均与聚苯乙烯相符合,因此可基本确定该红外谱图对应的样品是聚苯乙烯。图 18-14 中最强谱带是 1 640 cm^{-1},特征谱图是 1 560 cm^{-1},按照上述分析方法,可以判断该聚合物为聚酰胺。

2. 红外光谱的定量分析及应用

1)定量分析原理

定量分析的基础是光的吸收定律——朗伯 - 比尔(Lambert-Beer)定律:

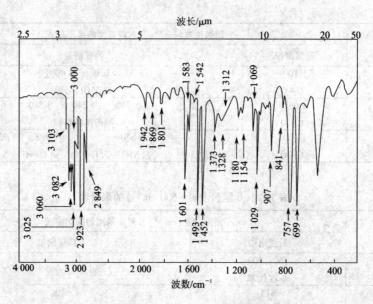

图 18-13   聚苯乙烯红外光谱

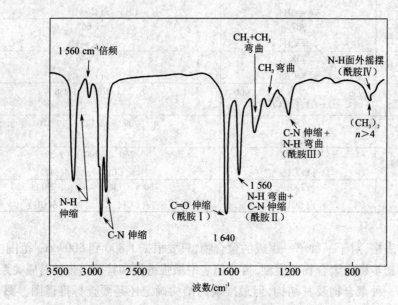

图 18-14   聚酰胺红外光谱

$$A = k \cdot c \cdot l = \log(1/T)$$

式中:A 为吸光度;T 为透光度;k 为消光系数,单位为 $L \cdot mol^{-1} \cdot cm^{-1}$;$c$ 为样品浓度,单位为 $mol \cdot L^{-1}$;l 为样品厚度,单位 cm。以被测物特征基团峰为分析谱带,通过测定谱带的吸光度 A、样品厚度 l,并以标准样品测定该特征谱带的 k 值,即可求得样品浓度 c。

在实际应用中,以吸光度法测量时,仪器操作条件、参数都可能引起定量的误差。当考虑某一特定振动的固有吸收时,峰高法的理论意义不大,它不能反映出宽的和窄的谱带之间吸收的差异。此外,用峰高法从一种型号仪器获得的数据不能一成不变地运用到另一种型号的仪器上。面积积分强度法是测量由某一振动模式所引起的全部吸收能量,它能够给出具有理论意义的、比峰高法更准确的测量数据。峰面积的测量可以通过 FTIR 计算机积分技术来完成。这种计算对任何标准的定量方法都适用，而且能够很好地符合 Beer 定律。积分强度的数值大都由测量谱带的面积得到,即将吸光度对波数作图,然后计算谱带的面积 S,即

$$S = \int \lg \frac{I_0}{I} \mathrm{d}v$$

在定量分析中,经常采用基线法确定谱带的吸光度。基线的取法要根据实际情况作不同处理。如图 18-15(a)所示,测量的谱带受邻近谱带的影响极小,因此可由谱带透射比最高处 b 引平行线。而(b)中采用的是作透射比最高处的切线 ab。(c)中无论是作平行线还是作切线都不能反映真实情况,因此采用 ab 与 ac 两者的角平分线 ad 更合适。(d)中,平行线 ab 或切线 ac 均可取为基线。需要注意的是,确定基线后在以后的测量中就不能改变。使

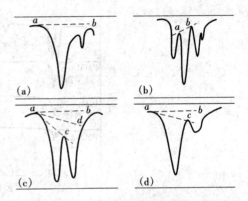

图 18-15　谱带基线的取法

用基线法定量,可以扣除散射和反射的能量损失以及其他组分谱带的干扰,具有较好的重复性。

2) 通过端基定量分析计算聚合物数的相对分子质量

FTIR 测定相对分子质量的一个例子是对苯二甲酸丁二醇酯(PBT)。在该样品中,分子链两端的端基是醇或酸,其相对分子质量

$$Mr = 2/(E_1 + E_2)$$

式中:E_1 及 E_2 分别为醇或酸端基的物质的量。该公式假设样品中不存在支链及其他端基官能团。图 18-16 为两个不同相对分子质量的 PBT 样品的 FTIR 光谱图。

—COH 端羟基吸收谱带在 3 535 cm^{-1},而—COOH 端羧基谱带在 3 290 cm^{-1}。FTIR 可以方便地给出基线位置上各个谱带的吸收强度。经过测定,消光系数分别为 $\alpha_{-OH} = 113 \pm 18 (\mathrm{mol \cdot cm})^{-1}$ 和 $\alpha_{-COOH} = 150 \pm 18 (\mathrm{mol \cdot cm})^{-1}$。计算得出的相对分子质量同黏度法的结果相一致。FTIR 光谱法的优点在于它可以跟踪 PBT 加工过程中相对分子质量的变化。

3) 共聚物组成

图 18-17 为聚甲基丙烯酸甲酯(PMMA)、聚苯乙烯(PS)、PMMA—PS 共混物及 PMMA—PS 共聚物的红外光谱图。由图可见,PMMA 和 PS 共聚物的光谱与其均聚物的混合物光谱相似,因此可用已知配比的均聚物混合物作为工作样品。

比较图谱,可供分析用的谱带对甲基丙烯酸甲酯有:1 729 cm^{-1} 的碳基伸缩振动,1 385 cm^{-1} 的甲基对称变形振动,前者吸收强度太大,不可取,故选择后者。苯乙烯组分的

图 18-16　两种不同相对分子质量 PBT 的红外光谱

浓度选择 699 cm^{-1} 的单取代苯的 C—H 面外弯曲振动。实验中,1 385 cm^{-1} 和 699 cm^{-1} 这两个谱带都是孤立的,基本不受另一组分谱带的影响,而且吸收强度相似,因此选择这两个谱带来定量分析共聚物组分是理想的。采用 KBr 涂膜的方法,控制膜的厚度使所得图谱中 1 385 cm^{-1} 和 699 cm^{-1} 处的吸光度在 0.2 ~ 0.4。谱带基线的取法如图 18-18 所示。

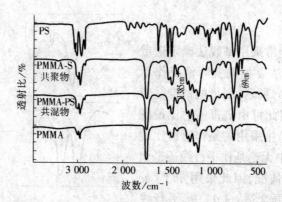

图 18-17　PMMA、PS、PMMA—PS 共混物及 PMMA—PS
共聚物的红外光谱图

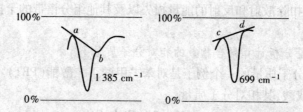

图 18-18　PMMA—PS 共聚物组成测定中基线的确定方法

在 4 000 ~ 400 cm^{-1} 范围内测绘工作样品的红外光谱图,分别测量这两条分析谱带的吸光度 $A_{1\,385}$ 和 A_{699}。以吸光度比 $A_{1\,385}/A_{699}$ 对共混物中 PMMA/PS 质量比作图如图 18-19 所示。由图 18-19 可见,吸光度比与 PMMA/PS 质量比之间有着良好的线性关系:

$$A_{1\,385}/A_{699} = 0.713\ 8\ W_{PMMA}/W_{PS}$$

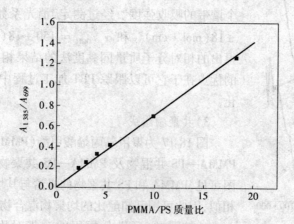

图 18-19　红外光谱测定共聚物组成的工作曲线

这样,只要通过红外光谱测定 1 385 cm^{-1} 和 699 cm^{-1} 处谱带的强度,便可确定共聚物中各组分的相对含量。

3. 差减光谱技术及其应用

1) 光谱差减技术

光谱差减技术可以用来分离混合物的红外光谱或检测样品的些微变化。例如,某一样品中含有两种组分,则在任一波数的红外吸收可以表达为各组分的红外吸收之和:

$$A_T = A_P + A_X$$

式中:A_T 为混合物的红外吸收;A_P 和 A_X 分别为纯组分 P 及纯组分 X 的红外吸收。为了得到组分 X 的光谱,必须从 A_T 中减去组分 P 的吸收。假设已知聚合物样品 P 的红外光谱为 A_P',则组分 X 光谱

$$A_X = A_T - kA_P'$$

式中:k 是可校正的比例参数。选择某一波数范围,在此波数内仅组分 P 有红外吸收,调整比例参数进行差减计算,直至该区域内红外吸收为零,则得到的差减光谱即为组分 X 的红外光谱。这一差减光谱程序的优点在于不必知道混合物中聚合物的确切含量,通过调整比例参数 k,即可把聚合物光谱从混合物光谱中全部减去。

傅里叶变换红外光谱差减技术在材料定性及定量研究中有广泛的应用。使用这种差减光谱技术也可以不经物理分离而直接鉴定混合物的组分,甚至是微量的组分,如聚合物中的添加剂等。

2) 聚合物反应过程跟踪及反应动力学

在环氧树脂与环氧酸酐的共聚固化反应中,可以通过检测 1 858 cm^{-1} 酸酐的羰基谱带的强度变化,测定反应动力学。在这一共聚体系中加入 0.5% 质量的二胺促进剂,在 80℃ 条件下固化,用红外光谱可测定交联度。图 18-20 为不同的固化时间测得的光谱及它们的差减光谱。在差减谱中,芳环在 1 511 和 1 608 cm^{-1} 的吸收被抵消了。基线上方的谱带代表反应后生成的酯基,基线下方的倒峰表示反应过程中消失的酸酐及环氧官能团。

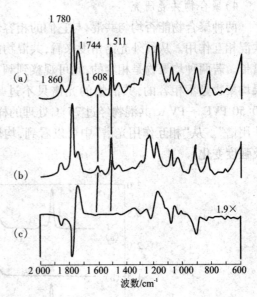

图 18-20 不同固化时间测得的环氧树脂的红外光谱
(a) 固化 83 min (b) 固化 37 min (c) 差减谱

3) 聚乙烯(PE)支化度的测定

PE 可以用低压催化法或高压法制得。前者得到线形分子,密度较大;后者得到有支链的分子,密度较小。它们的红外光谱如图 18-21。图中 1 378 cm^{-1} 谱带归属于支链顶端的甲基振动,但是这个谱带与无定形态的亚甲基的三条谱带互相干扰,它们是位于 1 304,1 352 及 1 368 cm^{-1},其中以 1 368 cm^{-1} 干扰尤为严重。采用光谱差减法,即从 PE 光谱中减去标准线形聚亚甲基光谱,就可以得到游离的、不受干扰的 1 378 cm^{-1} 谱带,从而进行定量测定。

用红外光谱测量甲基含量另一个困难是它的吸收度随支化链长度而变化。例如甲基、乙基或更长的支链顶端的甲基的吸收度比例为 1.5:1.25:1,因此通常用红外测得的 1 378 cm^{-1} 谱带吸收度是各种不同长度的支链的平均值。准确的支链分布数据须由固体 NMR 谱

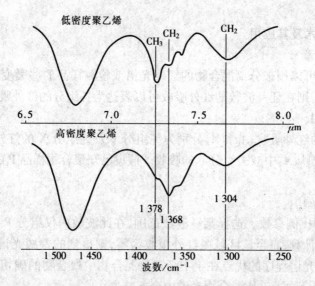

图 18-21　高密度和低密度聚乙烯的红外光谱

来测定,但若每个 PE 样品都用固体 NMR 测定费用太大,故商品 PE 支化度仍用红外测定,商品 PE 上标注的支化度就是用红外光谱法测定的。

　　4)聚合物共混研究

　　两种聚合物能否均匀共混,与它们的相容性有关。FTIR 可以用来从分子水平角度研究共混相互作用。从红外光谱角度来看,共混物的相容性是指光谱中能否检测出相互作用的谱带。若两种均聚物是相容的,则可观察到频率位移、强度变化,甚至峰的出现或消失。如果均聚物是不相容的,共混物的光谱只不过是两种均聚物光谱的简单叠加。图 18-22 是 50∶50 PVF₂—PVAc 共混物经过 75 ℃处理的样品的光谱及减去均聚物光谱后得到的"相互作用谱"。从"相互作用光谱"中可以看到,均聚物共混后分子间相互作用引起的频率位移及强度变化。

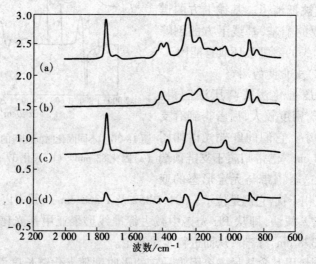

图18-22　(a)50∶50 PVF₂—PVAc 共混物光谱　(b),(c)PVF₂及
PVAc 均聚物光谱　(d)"相互作用光谱"(a) - (b) - (c) = (d)

4. 聚合物的构象及结晶形态的测定

PE 是研究得最多的结晶聚合物。PE 的结晶部分是由全反式构象(T)组成的。在光谱中也能找到无定形态异构体的谱带含有旁式构象(G)。最强烈的无定形吸收是亚甲基面外摇摆振动,位于 1 303、1 353 及 1 369 cm^{-1}。TG 序列构象对应于 1 303 及 1 369 cm^{-1} 的谱带,而 1 353 cm^{-1} 谱带归属于 GG 结构的面外摇摆振动。当 PE 加热达熔点以上时,TG 及 GG 构象增加。但是在熔点以下相当低的温度时,TG 构象同样会增加,标志着结晶聚合物内部局部构象缺陷的形成。

对聚合物构象的研究在于难以得到纯的异构体样品,即使结晶态的高聚物也不是100% 的晶体,其光谱中含有无定形成分的影响。然而,完全无定形样品是容易得到的,这样就可以通过差减法得到各种异构体的 IR 光谱。例如,结晶形等规 PS 的光谱,可从退火处理的半结晶薄膜光谱中减去淬火处理的无定形样品光谱来得到。差减过程中以 538 cm^{-1} 谱带为标准,将其强度差减为零,所得的差示光谱即可认为是等规 PS 的结晶状态的光谱,如图18-23 所示。严格地讲,所得的差减谱还不完全是结晶形 PS 谱,因为链之间的作用尚未被消除掉。更准确地说,这是典型的长链段的螺旋结构,这种结构的多数链存在于晶相之中。

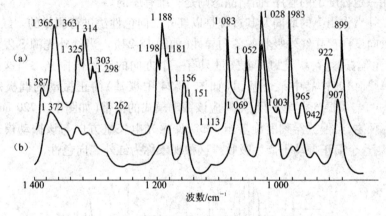

图 18-23 聚苯乙烯的红外光谱

(a)等规聚苯乙烯结晶态差减红外光谱 (b)无规聚苯乙烯红外光谱

应用红外光谱可以测量聚合物的结晶度,但其测量应选择对结构变化敏感的谱带作为分析对象,如晶带,亦可是非晶带。结晶带一般比较尖锐,强度也较大,因此有较高的测量灵敏度。但由于任何聚合物都不可能 100% 的结晶,因此没有绝对的标准,不能独立地测量,一般需要用其他的测试方法,如用量热法、密度法、X 射线衍射法的测量结果作为相对标准,来计算该结晶谱带的吸收率。此外,使用非偏振辐射测量取向样品的结晶度时,往往会产生误差。另一方面,也可使用非晶带来测量高聚物的结晶度,这时样品取向的影响就不重要了。非晶带一般较弱,因此可使用较厚的样品薄膜,这对于准确地测量薄膜厚度是有利的。由于完全非晶态的高聚物是可以得到的,可用作测量的绝对标准,因而可独立地测量高聚物的结晶度。虽然高聚物在熔融时是完全非晶态的,但由于谱带的吸收率可能随样品温度变化,故最好在室温下测量。为了得到完全非晶态的样品,可把熔融的高聚物在液氮中淬火。如还不能满足要求,可用 β 射线辐射熔融的高聚物,使其部分交联,这样在冷却时不会重结晶。另一方法是应用相同聚合物的低相对分子质量样品,它们在室温下是非晶态的。

下面以聚氯丁二烯光谱为例,说明结晶度的测定方法。在该聚合物光谱中,位于 953 和

780 cm^{-1}的谱带是结晶的谱带,可作为测量样品结晶度的分析谱带。由于薄膜的厚度不易准确地测量,可把位于 2 940 cm^{-1}的 C—H 伸缩振动谱带作为衡量薄膜厚度的内标。其他对结晶不敏感的谱带,如 1 665 cm^{-1}处的 C=C 伸缩振动和 1 450 cm^{-1}处的 CH$_2$变形振动的谱带也可用来表征薄膜的相对厚度。样品的结晶度 x 可由下式得到:

$$x = \frac{A(953)}{A(2\ 940)} \times k(2\ 940)$$

式中:$A(953)$ 和 $A(2\ 940)$ 分别为该样品的 953 和 2 940 cm^{-1}谱带的吸光度;$k(2\ 940)$ 为比例常数。应用不同的谱带测量,它的值也随着改变。为了测定 k 值,需要有结晶度已知的样品,可采用密度法测量的结果作为相对标准。

5. 高聚物的取向结构及红外二向色性

当线形高分子充分伸展的时候,其长度为其宽度的几百、几千甚至几万倍,这种结构上悬殊的不对称性,使它们在某些情况下很容易沿某特定方向作占优势的平行排列,这就是取向。高聚物的取向现象包括分子链、链段以及结晶高聚物的晶片、晶带沿特定方向择优排列。取向态与结晶态虽然都与高分子的有序性有关,但是它们的有序程度不同。取向态是一维或二维在一定程度上的有序,而结晶态则是三维有序的。

高聚物在外力作用下的取向及其过程是以红外二向色性法进行测量的。红外二向色性法的原理是取向试样存在红外吸收的各向异性(如图 18-24)。当红外光源 S 发出的一束自然光经过 45°角偏振器后,就成为其电矢量只有一个方向的红外偏振光。当这偏振光通过取向高聚物薄膜时,如样品中某个基团(如图 18-24 中羰基)简正振动的偶极矩变化方向(即跃迁矩方向)与偏振光电场平行,则对应该振动模式的谱带(如图中 1 720 cm^{-1})有最大的吸收强度。反之,当偏振器刻度旋转至 135°,偏振光电矢量方向与该振动模式的跃迁矩方向垂直时,则这个简正振动不产生吸收。这种现象称为红外二向色性。

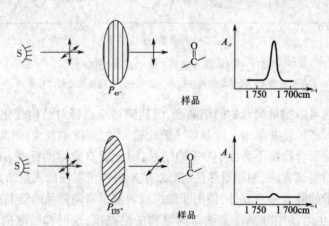

图 18-24　红外二向色性试验示意图

用平行偏振光和垂直偏振光得到的谱带吸光度分别记作为 $A_{\parallel}$ 和 $A_{\perp}$,这两者之比 R 称为该谱带的二向色性比,即

$$R = \frac{A_{\parallel}}{A_{\perp}}$$

R 值可以从零(在平行方向没有吸收)到无穷大(在垂直方向没有吸收)之间变化。如果 R 值小于 1.0,通常称该谱带为垂直谱带,如果 R 值大于 1.0,则称为平行谱带。R 值主要由两

个参数决定,即分子链沿拉伸方向的取向程度以及跃迁矩方向和链轴之间的角度 α。在大多数情况下,观察到的 R 值在 0.01 到 1.0 之间。

等规聚丙烯是除聚乙烯之外的结构最简单的聚合物。在过去的几十年里,红外光谱被广泛地用于等规聚丙烯的组成和结构的表征。等规聚丙烯在指纹区有许多特征谱带,其中最常用的 973 cm^{-1} 谱带不仅与聚丙烯重复结构单元的头—尾序列有关,而且还反映了短的等规螺旋序列的存在。973 cm^{-1} 谱带无论在结晶态、玻璃态还是熔体中均很强,因此该谱带常被用于表征等规聚丙烯样品的平均取向度。将等规聚丙烯薄膜在 210 ℃ 熔融,10 min 后快速淬火至 0 ℃。室温下,以 5 mm/min 的拉伸速率在 Instron 4465 型拉伸机上将薄膜的长度拉伸至 8 倍。在配有热台的 Bruker Equinox—55 型傅里叶变换红外光谱仪上,以 5 ℃/min 升温至 100 ℃,同时,以每 2 s 一张谱图的速率交替记录平行及垂直红外吸收光谱。这样,就可得到偏振动红外光谱谱带强度与温度之间的相互关系。

红外二向色性研究表明,与平行偏振光相对应的谱带强度 $A_\parallel$ 要高于与垂直偏振光相对应的谱带强度 $A_\perp$,即 $A_\parallel / A_\perp > 1$,说明 973 cm^{-1} 谱带属于平行谱带。图 18-25 给出了拉伸比 $R = 8$ 的单轴拉伸等规聚丙烯在升温过程中红外偏振强度随温度的变化。可以看出,与平行偏振光相对应的谱带强度 $A_\parallel$ 在 70 ℃ 以上开始快速下降,而与垂直偏振光相对应的谱带强度 $A_\perp$ 却逐渐增大,这说明单轴拉伸的等规聚丙烯样品在 70 ℃ 开始产生解取向。利用 1 220 cm^{-1} 和 2 725 cm^{-1} 谱带分别观察单轴拉伸等规聚丙烯的晶区与非晶区的取向行为,发现晶区与非晶区大约在 70 ℃ 开始同时发生解取向。因此聚丙烯样品的平均取向度会在 70 ℃ 快速降低,使用时应加以注意。

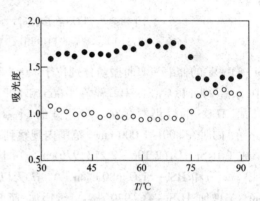

(●) 与平行偏振光相对应的谱带强度 $A_\parallel$;
(○) 与垂直偏振光相对应的谱带强度 $A_\perp$

图 18-25 单轴拉伸等规聚丙烯在升温过程中红外偏振强度随温度的变化

根据结晶谱和非晶谱带的二向色性,可以分别确定晶区和非晶区的取向度。由于红外谱带反映了特定官能团的振动模式,因而各个谱带的二向色性变化,还能给出分子中官能团在取向中的运动变化。

18.5.2 无机非金属材料

正硅酸乙酯(TEOS)可以通过水解和缩聚形成氧化硅薄膜,利用这种溶胶凝胶反应在多孔硅表面形成一层氧化硅的包覆层,具体反应过程如下:

$$\equiv SiOC_2H_5 + H_2O \longrightarrow \equiv Si—OH + C_2H_5OH$$
$$\equiv SiOC_2H_5 + HO—Si \equiv \longrightarrow \equiv Si—O—Si \equiv + C_2H_5OH$$
$$\equiv Si—OH + HO—Si \equiv \longrightarrow \equiv Si—O—Si \equiv + H_2O$$

由图 18-26(a)可以看出,在凝胶化 1 h 后,TEOS 中烷氧基的峰(1 168,1 102,1 078,963 和 787 cm^{-1})依然存在,甘油中的烷氧基峰位于 1 100,1 036,995,925 和 852 cm^{-1} 处,在 3 000 ~ 2 830,1 500 ~ 1 160 cm^{-1} 处的谱带是由 TEOS 和甘油中的 C_nH_{2n+1} 引起的,

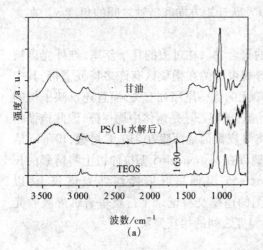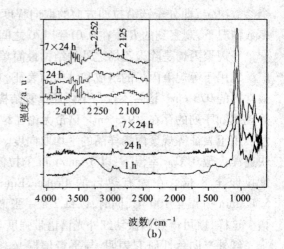

图 18-26　TEOS 在多孔硅(PS)表面水解和缩聚形成 SiO_2

(a)原料和经过 1 h 水解后的 FTIR 图谱　(b)经过不同水解时间后产物的 FTIR 图谱

Si—O—Si 的伸缩和弯曲振动分别位于 1 065 和 800 cm^{-1},说明形成了 SiO_2。在图 18-26(b)中,水解 24 h 以后,Si—O—Si 在 1 065 和 800 cm^{-1} 的峰显著上升,而甘油和水的峰明显下降,但 TEOS 的峰仍然存在。多孔硅的 Si—H 键的伸缩振动谱带从 2 125 移动到 2 252 cm^{-1},同时在 800～1 000 cm^{-1} 范围内观察到 Si—H 的弯曲振动。Si—H 键的背键被氧化,形成了 H_2Si—O_2(2 196～2 213,976 cm^{-1}),HSi—O_3(2 265,876 cm^{-1}),HSi—SiO_2(2 204,840 cm^{-1})和 HSi—Si_2O(803 cm^{-1})。7 天以后,HSi—O_3(876 cm^{-1})和 HSi—SiO_2(840 cm^{-1})增加,H_2Si—O_2(970 cm^{-1})键增加,而 HSi—Si_2O(796 cm^{-1})键减少。上述 Si—H 背键的氧化和 SiH_2 数量的上升造成了多孔硅发光强度的上升和发光稳定性的增强。

18.5.3　红外光谱在无机化合物表征中的应用

　　磷酸钙化合物的研究在生物材料领域得到的关注较多,因为该类化合物在牙科和骨科领域应用广泛,可作为填充物或用于植入器械的表面改性。这些化合物中最常见的是羟基磷灰石(hydroxyapatite,HA)和 β - 磷酸三钙(β - tricalcium phosphate,β - TCP)。对磷酸钙化合物进行红外光谱分析是一种相对快捷、简易检测化合物成分的方式。

　　常见的磷酸钙化合物,如 HA 和 β - TCP 的 PO_4^{-3} 基团中的四个氧原子在正四面体的四个顶角上,四个原子是等价的。PO_4^{-3} 基团存在四种振动模式,即对称伸缩振动(ν_1)、反对称伸缩振动(ν_3)、对称变角振动(ν_2)和不对称变角振动(ν_4),它们的振动频率如表 18-7 所示。

表 18-7　无机磷酸盐化合物中 PO_4^{-3} 基团的振动频率

振动模式	振动频率/cm^{-1}	注释
反对称伸缩振动(ν_3)	1 100～1 050	非常强
对称伸缩振动(ν_1)	970～940	非常强,拉曼活性
不对称变角振动(ν_4)	630～540	弱
对称变角振动(ν_2)	470～410	弱

在制备 HA 时，一般按照化学剂量比(Ca/P = 1.67)进行反应，由于制备工艺的不同，如在大气环境中采用水热法制备，则所得产物可能含有一定水分，并会出现钙缺失、碳酸基团(CO_3^{2-})取代等，且碳酸基团的取代可能发生在两个不同的位置，即 OH^-(A 型取代)和 PO_4^{3-}(B 型取代)。对合成的 HA 进行红外光谱分析，可有效、快捷监测上述情形的发生。合成的 HA 最典型的基团包括 PO_4^{3-}、OH^- 和 CO_3^{2-}，当然，由于生成非化学剂量比的 HA，也可能出现 HPO_4^{2-} 的吸收峰。如图 18-27 所示，PO_4^{3-} 基团的特征吸收分别出现在 560 cm^{-1}、600 cm^{-1} 和 1 000 ~ 1 100 cm^{-1} 处；水在 3 600 cm^{-1} 和 2 900 cm^{-1} 处的吸收峰相对较宽；OH^- 在 3 570 cm^{-1} 和 630 cm^{-1} 处出现明显的吸收峰。产物中由于 CO_3^{2-} 的取代，会在 870 cm^{-1} 和 880 cm^{-1} 处出现较弱的吸收，但 1 460 cm^{-1} 和 1 530 cm^{-1} 处的吸收则较强。如有非化学剂量比的 HA 生成，则会在 875 ~ 880 cm^{-1} 出现较明显的 HPO_4^{2-} 的吸收峰。

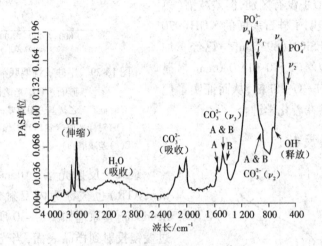

图 18-27 合成 HA 的 FTIR 谱图

18.6 红外光谱表面及界面结构分析方法

表面与界面结构是材料结构的重要组成部分，由于与空气或其他异性物质的接触，处于表面或界面层中的分子的排列甚至组成均与基体有所差别，一些材料为了满足一定的使用要求，同时又不损坏本体的机械强度，往往对材料表面进行特殊的处理，如金属材料表面的防腐涂层、生物医用材料表面的抗凝血层等。因此表面结构分析是材料研究中的重要内容。

常规红外光谱测定表面结构的方法如图 18-28 所示，分为透射—差减光谱、衰减内反射光谱、漫反射光谱、反

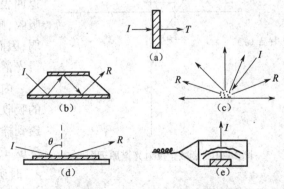

图 18-28 几种 FTIR 红外光谱表面分析技术
(a)透射光谱 (b)衰减内反射 (c)漫反射
(d)反射吸收 (e)光声光谱

射吸收光谱和光声光谱。这些方法需要不同的设备,适用的材料范围也各有特点。

18.6.1　透射光谱与光谱差减

对红外光透明的材料,可以用透射光谱结合光谱差减进行表面结构测定。图 18-29 所示为硅氧烷偶联剂与硅石界面上发生的化学反应。尽管二氧化硅对红外有强烈的吸收,而参加界面反应的分子数又极少,但差减谱仍然显示了反应前后结构的差别。由于加热前后的硅石、偶联剂数量都没有改变,所以图 18-29 中光谱(a)与(b)似乎没有区别,但差减谱(c)中的负峰清楚地表明了硅石表面的 SiOH(970 cm^{-1})与偶联剂的 SiOH(893 cm^{-1})已经参加了反应。正的吸收峰(1 170 和 1 080 cm^{-1})显示了在界面上的 Si—O—Si 键,从而证实了偶联剂与硅石之间存在着化学键合。

18.6.2　衰减全反射

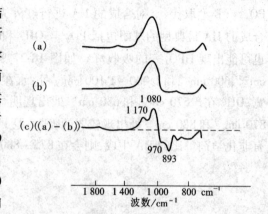

图 18-29　用硅氧烷偶联剂水解体处理的
硅石 FTIR 光谱图
(a)硅石与乙烯基三甲氧基硅水解体的混合
(b)对样品加热至 150°C,保持 30 min
(c)差减谱(a)-(b)

衰减全反射光谱(Attenuated Total Reflection,ATR)也被称为内反射光谱(Internal Reflection),其原理如图 18-30 所示。红外辐射经过棱镜投射到样品表面,当光线的入角 θ 比临界角 θ_c 大时,光线完全被反射,产生全反射现象,这里棱镜材料的折射率 n_1 大于样品折射率 n_2。实际上,光线并不是在样品表面被直接反射回来,而是贯穿到样品表面内一定深度后,再返回表面。如果样品在入射光的频率范围内有吸收,则反射光的强度在被吸收的频率位置减弱,因而就产生和普通透射吸收相似的现象,所得光谱就称为内反射光谱。

内反射光谱中谱带的强度取决于样品本身的吸收性质及光线在样品表面的反射次数和穿透到样品内的深度,穿透愈深,吸收愈强。穿透深度 d_p 定义为光的电场强度下降到表面值的 e^{-1} 时所穿透的距离,如图 18-30 所示。

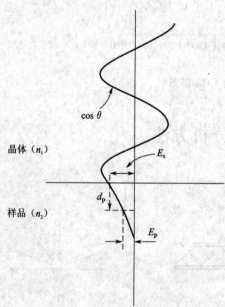

图 18-30　衰减全反射光谱原理图

穿透深度可以从理论上推算出来,即

$$d_p = \frac{\lambda_1}{2\pi \left[\sin^2\theta - (n_2/n_1)^2 \right]^{1/2}}$$

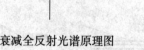

式中:θ 为入射角(光线与法线之间的夹角);λ_1 是光在棱镜晶体中的波长($\lambda_1 = \lambda/n_1$);n_2 和 n_1 分别为样品及棱镜晶体的折射率。由上式可知,穿透深度随波长的增加而加深,因而 ATR

光谱与透射光谱的形状区别在于:ATR 谱在高波数区域谱带强度较弱,随着波数的减少(波长增加),谱带强度成线性上升。对于 $n_1 = 2.36$(KPS -6 晶体),若用 $n_2 = 1.5$,$\theta = 45°$ 的装置反射样品,入射光波长 $\lambda = 10$ μm(1 000 cm^{-1}),穿透深度 $d_p = 1.16$ μm;若入射光波长 $\lambda = 25$ μm(400 cm^{-1}),则 $d_p = 2.19$ μm。

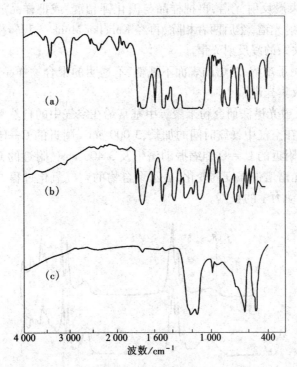

图 18-31　表面涂覆聚四氟乙烯的聚酰亚胺薄膜的红外光谱
(a)聚酰亚胺薄膜的透射光谱　(b)(c)薄膜两面的 ATR 光谱

图 18-31 是聚酰亚胺的 ATR 光谱。从透射光谱(图(a))上可以看出薄膜的主要成分是由均苯四酸酐和 4,4′ – 二胺基二苯醚缩聚的聚酰亚胺。从样品正反两面的 ATR 光谱可以清楚地看出,一面是纯的聚酰亚胺(图(b)),只是其中位于 3 000 cm^{-1} 谱带强度有些不同。这是因为光线在短波长处穿透深度较浅的原因。在薄膜另一侧表面上有薄的聚四氟乙烯涂层图((c))。

由于操作简便、灵敏度高等优点,衰减全反射法已在高聚物表面结构研究中得到广泛应用。此外,由于水的衰减系数很小,因而可用 ATR 测量表面含水的样品,这是在各种红外光谱技术中最为独特的优点。因为水在其他红外分析方法中都有十分强烈的吸收。ATR 的缺点在于它要求样品与晶体板有良好的光学贴合。

18.6.3　漫反射红外光谱

对于固体粉末样品,以前一般采用 KBr 压片进行透射红外谱的测定。但有些样品在其制样过程中会出现晶体结构表面性质的变化,还可能同 K$^+$、Br$^-$ 发生离子交换;再则,有些高分子样品如橡胶、纤维等也难以在 KBr 中分散均匀;有时虽可用溶液法来测量红外光谱,但难以找到合适的溶剂,而且溶液法也无法得出表面结构。在红外光谱研究中有三种直接测定粉末样品的新方法,即漫反射光谱(Diffuse Reflectance Spectroscopy,DRS)、光声光谱

（Photoacoustic Spectroscopy）和发射光谱法（Emission Spectroscopy）。由于傅里叶变换可以提高信噪比，解决了信号强度不足的问题，因而漫反射技术已在许多领域取得了重要研究成果。

漫反射红外光谱测试时需要有碱金属卤化物作基准物，一般为溴化钾。操作时，先收集溴化钾粉末的单光束漫反射光谱，再把样品与溴化钾相混，或把样品放置在溴化钾粉末之上，收集其单光束反射光谱，然后两者相除，再经 Kubelka-Munk 方程转换便可得到样品浓度与光谱强度有线性关系的漫反射光谱。

DRS 光谱法适用于难溶、难熔的表面不规整、不透明的聚合物样品的红外光谱研究，且样品无须制备即可收集光谱。

图 18-32 是漫反射光谱法研究粉末聚二甲基富烯在空气中的自然氧化过程。由该图可见，随着聚合物样品在空气中暴露时间的加长，$3\,000\ cm^{-1}$ 附近的 C—H 伸缩振动谱带逐渐变弱，而 $1\,720\ cm^{-1}$ 附近的 C=O 伸缩振动谱带及 $3\,400\ cm^{-1}$ 附近的 O—H 伸缩振动谱带逐渐增强。漫反射光谱谱带强度的变化，表示聚合物的空气氧化过程。通过对谱带强度的测定，还可得到氧化动力学的数据。

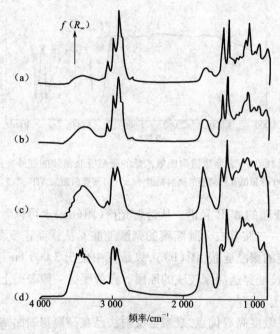

图 18-32　聚二甲基富烯氧化过程的漫反射 IR 谱
（a）15 min　（b）70 min　（c）255 min　（d）1 285 min

18.6.4　傅里叶变换红外光声光谱

当样品被周期性调制光照射时，如果对某波长有吸收，就从振动能级的基态跃迁至激发态，当其从激发态回到基态时，能量以热的形式被释放出来。由于入射光是周期性的调制光，所以样品的放热也是周期性的，造成了样品池气体介质周期性的扰动，产生"声音"，由一高灵敏的"耳机"检测出来并转化为光谱信号。这就是光声光谱（Photoacoustic Spectroscopy，PAS）。

　　光声检测最适于分析、研究强烈散射或光学不透明的试样,而这恰恰是常规红外吸收光谱的不足。例如含有大量炭黑的黑色试样,用常规红外方法分析很难得到满意的光谱信息,但用光声检测它们并不困难,因为光声信号是由试样吸收光引起表面层的气体压力变化所产生的,强烈散射的试样只能降低入射光的强度,一般不影响光谱形貌。光声法的另一优点是试样制备容易,一般无特殊要求。图 18-33 为某含腈树脂不同形貌的 FTIR – PAS 谱图。无论样品是粉末、锯齿状、平面状还是与 KBr 压成片,都可以得到清晰的谱图。红外光声光谱与红外吸收光谱图相似,横坐标是波数,纵坐标是光声强度。图 18-34 是用与图 18-33 相似的试样测得的漫反射光谱。由图可见,漫反射技术测粉末含腈树脂效果很好,而 PAS 可适用多种外貌的样品。

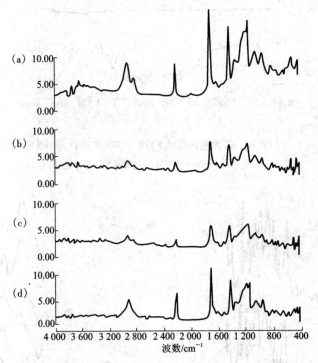

图 18-33　某含腈树脂不同外形样品的 FTIR-PAS 光谱

(a)粉末　(b)锯齿状　(c)光滑表面　(d)压片

　　织物纤维通常采用表面化学处理进行改良。图 18-35 为 PET 及表面处理后的 PET 纤维的光声光谱,二者几乎没有区别。看来很难用这一光谱技术来检测 PET 的表面处理剂,因为积聚在 PET 表面上的处理剂数量很少,而且处理剂的红外谱图与 PET 极为相似。通过仔细检查 PET 及处理剂的谱图,发现两者的主要区别在于:在处理剂的谱图上有一强烈的 CH 伸缩振动吸收峰($2\,880\,\mathrm{cm}^{-1}$)。在表面处理后的 PET 光谱上,波谱带很弱,但随着调制频率的提高,逐步增强,如图 18-36 所示。

18.6.5　反射吸收光谱

　　红外光照射到涂有样品的金属片时,大部分光线被反射出来,称之为外反射或镜面反射。收集并检测反射光的信号,从中减去金属本身的吸收,就可以得到涂在金属表面的样品

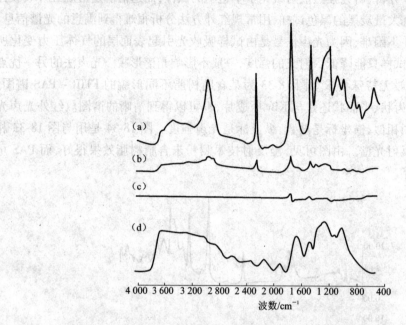

图 18-34　某含腈树脂的 FTIR – DRS 光谱样品外形

(a)粉末　(b)锯齿状　(c)光滑表面　(d)压片

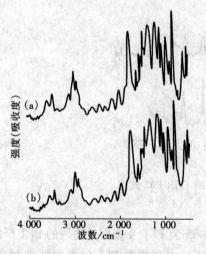

图 18-35　红外光声光谱

(a)未经表面处理的 PET

(b)经表面化学处理的 PET

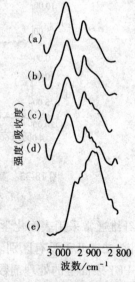

图 18-36　在各种光学速度下测得的表面处理后的 PET 的光声光谱

(a)0.235 cm/s　(b)0.895 cm/s　(c)0.665 cm/s

(d)1.119 cm/s　(e)表面处理剂的光声光谱

的信号。若光线的入射角在 70°～88°之间,则可测得被增强的光谱信号,这就是红外反射吸收光谱法(Reflection-Absorption Spectroscopy,RAS)。它可用于表征金属表面超薄层样品的结构。由于大角度入射红外光在金属表面反射会产生叠加现象,FTIR-RAS 收集到的光谱信号的强度是同样厚度样品的透射光谱信号强度的 10~30 倍。FTIR-RAS 可以提供有机化合物在金属表面的结构信息、官能团的排列方向及被吸附物与金属之间发生化学反应的信息。FTIR-RAS 技术在金属防腐蚀物、黏合剂、金属有机化合物、金属与高分子材料复合物与电子材料界面结构等研究方面可发挥重要作用。

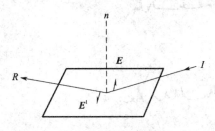

图 18-37　入射光电矢量垂直于入射面时
与反射光叠加示意图

FTIR-RAS 收集到的信号具有高的强度,这与反射过程中光对样品的作用有关。当入射光照射到金属表面时会发生反射,且入射光与反射光可发生干涉现象,在表面附近组合形成驻波,它具有波节和波腹,其振幅在空间各个位置并不保持恒定。如果红外光以接近垂直的角度入射(入射角接近零),相干后在金属表面的振幅接近于零。这时,光波的电场矢量不能与样品的偶极矩充分地作用。因此,当入射角较小时,几乎得不到薄层样品的红外谱图。当红外光以 70° 以上的入射角照射到金属表面时,反射光的相位差与入射光的偏振性有关。如果入射偏振光电矢量垂直于入射面时,反射光对任何角度入射光的相位差都接近 180°,如图 18-37 所示。这时,入射光与反射光相干的结果就导致在金属表面光波的振幅接近于零。

而当入射偏振光电场矢量平行于入射面时,反射光的相位差随入射角的大小而变化。如果入射角在 70°~88° 范围内,相位差接近于 90°,此时反射光与入射光相干,叠加成一椭圆驻波。在垂直于金属表面方向,电场矢量显著增强,如图 18-38 所示。

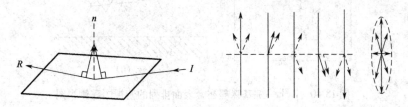

图 18-38　入射光电矢量平行于入射面时与反射光的叠加示意图

根据以上直观分析可以推断出:如果金属表面涂层的分子是有序排列的,则垂直于表面的偶极矩的红外吸收将呈现明显的增强效应。而平行于表面的偶极矩的吸收则相对地被削弱了。因此,RAS 技术可以用来研究金属表面涂层分子的取向。

图 18-39 为 2 - 十一烷基咪唑在 14K 金表面的 RAS 光谱,比较图中 RAS 光谱与透射光谱,可以发现 RAS 谱中 2 925 cm^{-1} 的 CH_2 反对称伸缩振动及 763 cm^{-1} 的咪唑环的 CH 面外弯曲振动的相对强度明显地增强了。根据选择定则,这些振动的跃迁矩垂直于金的表面。相反,3 160 cm^{-1} 的 NH 伸缩振动、2 850 cm^{-1} 的 CH_2 对称伸缩振动、1 470 cm^{-1} 的 CH_2 弯曲振动以及 1 578 cm^{-1} 的咪唑环的伸缩振动在 RAS 谱中明显变弱,说明这些振动的跃迁矩平行于金属表面。根据光谱强度的变化,可以推论出该化合物在金表面的排列如图 18-40 所示。

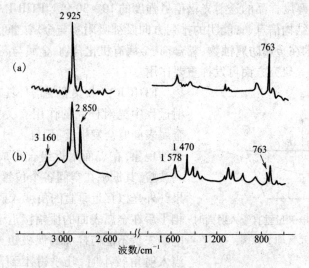

图 18-39　2-十一烷基咪唑的红外光谱

(a)在金表面的 RAS 谱　(b)透射谱

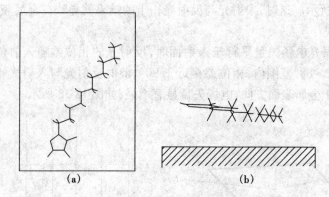

图 18-40　2-十一烷基咪唑在金表面排列的俯视图和侧视图

(a)俯视图　(b)侧视图

18.7　激光拉曼光谱

18.7.1　拉曼散射及拉曼位移

拉曼光谱为散射光谱。当一束频率为 ν_0 的入射光照射到样品时,少部分入射光子与样品分子发生碰撞后向各个方向散射。如果碰撞过程中光子与分子不发生能量交换,即称为弹性碰撞,这种光散射为弹性散射,通常称之为瑞利散射。反之,如果入射光子与分子发生能量交换,散射则为非弹性散射,也即拉曼散射。在拉曼散射中,若光子把一部分能量给样品分子,使一部分处于基态的分子跃迁到激发态,则散射光能量减少,在垂直方向测量到的散射光中,可以检测到频率为 $(\nu_0 - \Delta\nu)$ 的谱线,称为斯托克斯线。相反,若光子从样品激发态分子中获得能量,样品分子从激发态回到基态,则在大于入射光频率处可测得频率为 $(\nu_0 + \Delta\nu)$ 的散射光线,称为反斯托克斯线。斯托克斯线及反斯托克斯线与入射光频率的差称为拉曼位移。拉曼位移的大小与分子的跃迁能级差一样,因此,对应于同一分子能级,斯托克斯线与反斯托克斯线的拉曼位移是相等的。但在正常情况下,大多数分子处于基态,测量得到的斯托克斯线强度比反斯托克斯线强得多,所以在一般拉曼光谱分析中,都采用斯托克斯线研究拉曼位移。

18.7.2 激光拉曼光谱与红外光谱的比较

1. 物理过程不同

拉曼光谱与红外光谱一样,均能提供分子振动频率的信息,但它们的物理过程不同。拉曼效应为散射过程,而红外光谱是吸收光谱,对应的是与某一吸收频率能量相等的(红外)光子被分子吸收。

2. 选择性定则不同

在红外光谱中,某种振动是否具有红外活性,取决于分子振动时偶极矩是否发生变化。一般极性分子及基团的振动引起偶极矩的变化,故通常是红外活性的。拉曼光谱则不同,一种分子振动是否具有拉曼活性取决于分子振动时极化率是否发生改变。所谓极化率,就是在电场作用下,分子中电子云变形的难易程度。极化率 α、电场 E 和诱导偶极矩 μ_i 三者之间的关系为

$$\mu_i = \alpha E$$

拉曼散射与入射光电场 E 所引起的分子极化的诱导偶极矩有关,拉曼谱线的强度正比于诱导跃迁偶极矩的变化。通常非极性分子及基团的振动导致分子变形,引起极化率变化,是拉曼活性的。极化率的变化可以定性用振动所通过的平衡位置两边电子云形态差异的程度来估计,差异程度越大,表明电子云相对于骨架的移动越大,极化率 α 就越大。CS_2 有 $3 \times 3 - 5 = 4$ 个简正振动(如图 18-41),v_1 是对称伸缩振动,振动所通过平衡位置两边没有偶极矩的变化,为红外非活性,但电子云差异很大,因此极化率差异较大,为拉曼活性。v_2 是不对称伸缩振动,v_3 是弯曲振动,它们均有偶极矩变化,而振动前后电子云形状变化不大,因此是红外活性,而无拉曼活性。

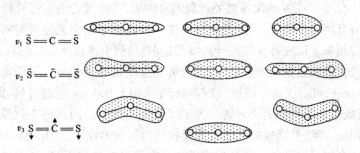

图 18-41 二硫化碳振动及其极化率的变化

对于一般红外及拉曼光谱,具有以下几个经验规则。

(1)互相排斥规则 凡有对称中心的分子,若有拉曼活性,则红外是非活性的;若有红外活性,则拉曼是非活性的。

(2)互相允许规则 凡无对称中心的分子,除属于点群 D5h,D2h 和 O 的分子外,可既有拉曼活性又有红外活性。若分子无任何对称性,则它们的红外光谱与拉曼光谱就非常相似。

（3）互相禁止规则　少数分子的振动模式，既非拉曼活性，又非红外活性。如乙烯分子的弯曲，在红外和拉曼光谱中均观察不到振动谱带。

由这些规则可知，红外光谱与拉曼光谱是分子结构表征中互补的两种手段，两者结合可以较完整地获得分子振动能级跃迁的信息。

图 18-42 为线形聚乙烯的红外光谱与拉曼光谱。在红外光谱中 CH_2 振动为最显著的谱带，而在拉曼光谱中 C—C 振动有明显的散射峰。同样，在聚对苯二甲酸乙二酯（PET）的红外光谱中，最强谱带为 C=O 及 C—O 的对称伸缩振动和弯曲振动，而在拉曼光谱中最明显的是 C—C 伸缩振动峰。

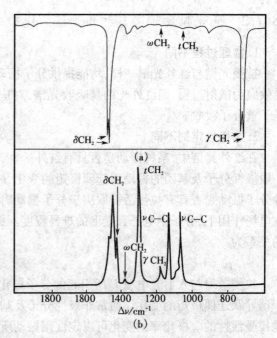

图 18-42　线形聚乙烯的红外光谱与拉曼光谱比较
（a）红外光谱　（b）拉曼光谱

3. 与红外光谱相比拉曼光谱的优点

与红外光谱相比，拉曼光谱具有以下优点。

①拉曼光谱是一个散射过程，任何尺寸、形状、透明度的样品，只要能被激光照射到，均可用拉曼光谱测试。由于激光束可以聚焦，拉曼光谱可以测量极微量的样品。

②水的拉曼散射极弱，拉曼光谱可用于测量含水样品，这对生物大分子的研究非常有利。玻璃的拉曼散射也较弱，因而玻璃可作为理想的窗口材料，用于拉曼光谱的测量。

③对于聚合物及其他分子，拉曼散射的选择性定则的限制较小，因而可得到更为丰富的谱带。S—S，C—C，C=C，N=N 等红外较弱的官能团，在拉曼光谱中信号较为强烈。

④拉曼效应可用光纤传递，因此现在有一些拉曼检测可以用光导纤维对拉曼检测信号进行传输和远程测量。而红外光用光导纤维传递时，信号衰减极大，难以进行远距离测量。

拉曼光谱最大的缺点是荧光散射，强烈的荧光会掩盖样品信号。采用傅里叶变换拉曼光谱仪（FT-Raman），可克服这一缺点。FT-Raman 采用 1.064 nm 近红外区激光激发以抑制电子吸收，这样既阻止了样品的光分解又抑制了荧光的产生。同其他在拉曼光谱中减少荧光问题的方法相比，近红外激发的傅里叶变换拉曼谱的魅力在于它的抑制荧光的能力、它的现场检测特性及它的对多种复杂样品的适用性。在可见光激发下，聚氨酯弹性体的拉曼光谱会产生强烈的荧光背景，掩盖了聚氨酯所有的特征拉曼峰。但是同一样品的 FT-Raman 光谱中没有强烈的荧光背景。FT-Raman 与 FT-IR 光谱互补，可以对聚氨酯结构进行深入的剖析。

18.7.3 拉曼光谱在材料研究中的应用

1. 在线监测悬浮聚合反应

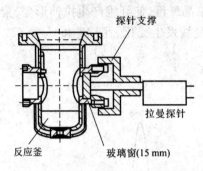

图 18-43 聚苯乙烯悬浮聚合拉曼在线监测系统

由于水和玻璃介质对拉曼散射的吸收是极微弱的,因此拉曼光谱可用于玻璃介质中含水体系的反应监测。Santos 等用拉曼光谱研究了聚苯乙烯的悬浮聚合反应,在线监测装置如图 18-43,Raman 检测器直接连接到 15 mm 厚的玻璃窗口上,对反应进行 200 min 的监测。

图 18-44 给出苯乙烯的拉曼谱图,1 002 cm⁻¹ 处对应于苯环骨架的呼吸振动,1 640 cm⁻¹ 附近对应着 C═C 双键的伸缩振动谱带。由于反应过程中苯环的量保持不变,而 C═C 双键不断减少,因此可用 C═C 双键量的减少来研究反应过程。

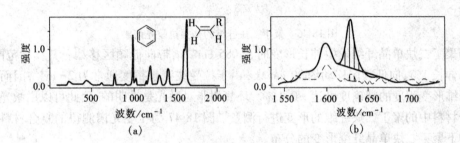

图 18-44 苯乙烯单体及聚合物的拉曼光谱图
(a)苯乙烯的拉曼光谱 (b)反应开始(实线)和反应 118 min(虚线)时的拉曼谱线

图 18-45(a)为反应过程中拉曼光谱的变化,图中标出的 ● 对应于 C═C 双键的伸缩振动谱带,可以明显看出随着反应的进行,C═C 含量减少。以苯环骨架的峰作校正后得到图(b),可以看出在反应的前 75 min 转化率逐渐增加,75 min 后反应趋于终止。这一结果与离线测量的结果相一致。该实验还证实,悬浮聚合过程中聚合物颗粒尺寸及其分面对拉曼光谱有一定的影响,这一特性可用于监测反应过程中聚合物颗粒与工艺要求的偏离情况。

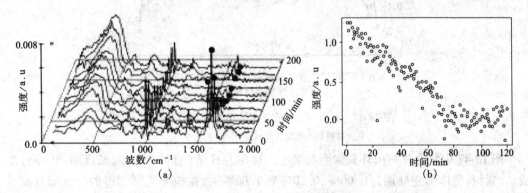

图 18-45 苯乙烯聚合过程的拉曼谱图
(a)苯乙烯悬浮聚合反应过程中监测的拉曼光谱 (b)C═C 双键伸缩振动峰面积随反应时间的变化(以苯环骨架的呼吸振动峰作校正)

2. 聚合物形变的拉曼光谱研究

用纤维增强热塑性或热固性树脂能得到高强度的复合材料。树脂与纤维之间的应力转移效果,是决定复合材料力学性能的关键因素。以聚丁二炔单晶纤维增强环氧树脂对环氧树脂进行拉伸,此时外加应力通过界面传递给聚丁二炔单晶纤维,使纤维产生拉伸形变,聚合物链段与链段之间的相对位置发生了移动,从而使拉曼线发生变化。图 18-46 为聚丁二炔纤维的共振拉曼光谱。入射激光波长为 638 nm。

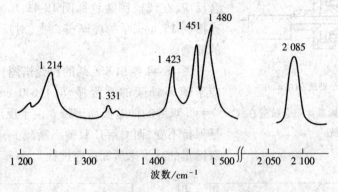

图 18-46　聚丁二炔纤维的共振拉曼光谱

当聚丁二炔单晶纤维发生伸长形变时,$2\,085\ \mathrm{cm^{-1}}$ 谱带向低频区移动。其移动范围为:纤维每伸长 1%,向低频区移动约 $20\ \mathrm{cm^{-1}}$。由于拉曼线测量精度通常为 $2\ \mathrm{cm^{-1}}$,因而拉曼测量纤维形变程度的精确度可达 ±0.1%。环氧树脂对激光是透明的,因此可以用激光拉曼对复合材料中的聚丁二炔纤维的形变进行测量。图 18-47 为拉曼光谱测得的复合材料在外力拉伸下聚丁二炔单晶纤维形变的分布。

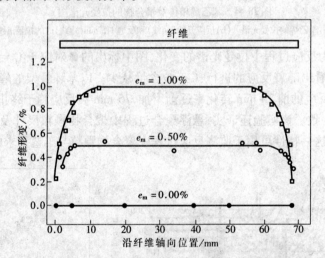

图 18-47　复合材料中聚丁二炔单晶纤维形变分布
复合材料伸长形变为 0.00%,0.50%,1.00%

图 18-47 中复合材料由环氧树脂与聚丁二炔单晶纤维(直径 25 μm,长度为 70 mm)组成。当材料整体形变分别为 0.00%,0.50% 和 1.00% 时,由拉曼光谱测得的纤维形变及其分布清楚地显示在图中。形变在纤维两端较小,逐渐向中间部分增大,然后达到恒定值。中间部分的形变与材料整体的形变相等。由纤维端点到达形变恒定值处的距离,正好为临界长度的一半。通常临界长度是由"抽出"试验测出的。但是拉曼光谱法测定纤维临界长度

的优点在于不需要破坏纤维。

3. FT-Raman 微量探测技术

FT-Raman 与微量探测技术相结合,可以广泛地分析微量样品及聚合物表面微观结构。图 18-48 为由 5 种薄膜组成的复合膜的示意图。用普通 IR 透射光谱法很难找到恰当的位置收集组分薄膜的拉曼散射;采用 FT-Raman 微量探头,则可以逐点依次收集 Raman 光谱,如图 18-48 所示。经 FT-Raman 微量探测技术分析,该复合膜的 5 种聚合物分别是聚乙烯、聚异丁烯、尼龙、聚偏氯乙烯和涤纶 PET。

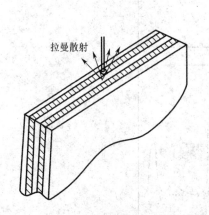
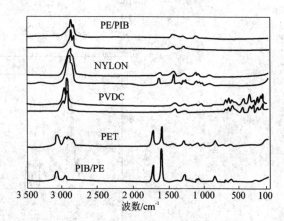

图 18-48　用 FT-Raman 微量探测技术依次逐点收集拉曼光谱的示意图

4. 细胞内原位测定聚乳酸降解

可生物降解生物医用材料体内埋植或注射后常会引起异体反应,这一反应过程中巨噬细胞会吞噬材料降解过程中溶蚀的颗粒或直接吞噬微球状药物载体,被吞噬的颗粒或微球在吞噬体内继续降解。常规异体反应的测试方法是组织学方法,即以显微镜观察组织对植入体的反应。这一方法虽可观察到形态学的变化,但难以在线分析体内降解过程中材料化学组成的变化。应用拉曼光谱,通过测定材料降解过程中特征谱带强度和波长的变化,可在线测量材料降解过程中结构和组成的变化。

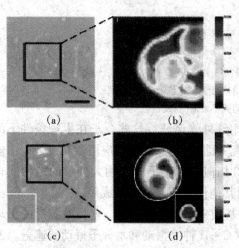

图 18-49　共聚焦拉曼显微镜在线监测 PLGA 在吞噬体内的降解

(a)和(c)为吞噬微球的巨噬细胞分别培养 1 和 2 周后的光学显微镜照片(标尺为 5 μm),方框内标出的为 PLGA 微球;(b)和(d)为由成像软件以 1 768 cm^{-1}谱带强度为参考画出的微球形态;(c)图左下角和(d)图右下角对应于浸在磷酸缓冲溶液中 PLGA 微球参比样品

通过在线监测并作图样分析(图 18-49)可知,被巨噬细胞吞噬的乳酸—乙醇酸共聚物(PLGA)微球球内部分属于脂键的 1 768 cm^{-1}谱带明显地减弱(图 18-50),证明球心部位具有较高的降解速率。这是由于聚乳酸降解产生的端羧基造成的酸性环境对聚乳酸微球的自催化降解作用。

5. 生物大分子的拉曼光谱

生物大分子如酶、蛋白质和核酸等,其生物活性除与组成有关外,更与在生理环境条件下的

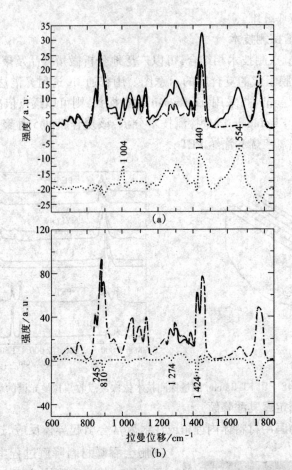

图 18-50　D 中聚乳酸微球低密度区和高密度区的拉
　　　　曼光谱(实线)

(a)低密度区　(b)高密度区

以 875 cm^{-1} C—COO 伸缩振动谱带为参比将两者与纯

PLGA 拉曼谱线(点画线)做差减,得到差减谱(点线)

构象相关。由于水对红外光谱的干扰较大,难以用红外光谱研究这些分子在生理条件下的结构。近 20 年来激光拉曼光谱在生物大分子研究方面获得很大进展,应用激光拉曼光谱能反映与正常生理条件(如水溶液、温度、酸碱度等)相似的情况下的生物大分子的结构变化信息,同时还能比较在各相中的结构差异,这是用其他仪器难以得到的成果。

多肽和蛋白质的分子链是同种或异种 α - 氨基酸头尾相连的肽链。这种酰胺键的振动状态有 9 种,如表 18-8 所示。其中酰胺 A,B 常被 C—H 伸缩振动和水分子振动所遮盖。酰胺 Ⅱ、Ⅳ、Ⅴ、Ⅵ、Ⅶ的拉曼线很弱,故它们都无应用价值。而酰胺 Ⅰ 的拉曼线强而宽,且为单线。酰胺 Ⅲ 很少受其他振动模式的干扰,且具有强拉曼效应,是分析鉴定结构的可靠模型。

表 18-8　酰胺链的拉曼频率和归属

链	通常频率范围/cm^{-1}	归属
酰胺 A	~3 300	N—H 伸缩
酰胺 B	~3 100	N—H 伸缩(费米共振)
酰胺 Ⅰ	1 597 ~ 1 680	C=O 伸缩,N—H 变形,C—N 伸缩

续表

链	通常频率范围/cm^{-1}	归属
酰胺 II	1 480~1 575	C—N 伸缩,N—H 变形
酰胺 III	1 229~1 301	C—N 伸缩,N—H 变形
酰胺 IV	625~767	O=C—N 变形
酰胺 V	640~800	N—H 变形
酰胺 VI	537~606	C=O 变形
酰胺 VII	200	C—N 扭曲

　　张京伟等以 Renishaw 公司生产的共聚焦显微拉曼光谱仪研究了胃癌和胃正常黏膜拉曼光谱。该显微拉曼光谱配备有 LEICA 的共焦显微镜以及三维微动平台,平台横向(X,Y轴)分辨率为 1 μm,纵向(Z轴)分辨率为 2 μm,光谱分辨率为 5 cm^{-1}。激发波长为半导体激光 785 nm。标本离体后立即去除血渍及坏死组织,用液氮冷冻固定,冰冻切片(>25μm),铺片于金膜(可以忽略基底的拉曼干涉信号)上测试。测量结果如图 18-51。正常组织的酰胺 I 振动分裂为 1 660 cm^{-1},1 640 cm^{-1}两个峰,而癌变组织仍保留单峰特征,并略向高波数位移,这反映出两种病理学类型胃黏膜组织的蛋白质种类发生了变化,前者以胶原蛋白为主,后者以弹性蛋白为主。更为重要的是,位于 1 585 cm^{-1}处的特征振动峰的相对强度在癌变组织中明显减弱,此峰应将其归属为脂类物质中非饱和脂肪酸的 C=C 伸缩振动,这正好说明了组织细胞癌变过程中耗能快,脂类物质难以在组织和细胞内聚集,因而含量降低的生物学意义。

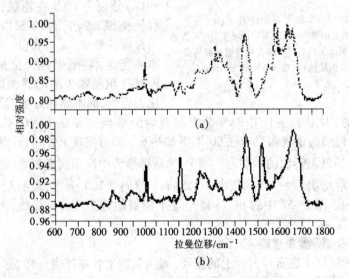

图 18-51　胃正常黏膜和胃癌黏膜的拉曼光谱
(a)胃正常黏膜　(b)胃癌黏膜

6. 表面增强拉曼散射

　　20 世纪 70 年代中期 Fleischmann 等首先观察到吸附在粗糙的银电极表面的单分子层吡啶的拉曼光谱。后来 Van Duye 等人通过试验和计算发现,吸附在银电极表面的吡啶分子对拉曼散射信号的贡献是溶液中分子的 10^6 倍。这种不寻常的表面增强拉曼散射(Surface Enhanced Raman Scaffering,SERS)迅速引起光谱学家、电化学家及表面化学工作者的极大兴趣,从此以后,SERS 逐渐发展成为一个非常活跃的研究领域。经过多方面实验和反复论证,人们得到若干共识:①许多分子能产生 SERS,但只有在少数金属表面上出现 SERS 效应,如

Ag,Au,Cu,Li,Na,K,Fe 和 Co 等;②能实现 SERS 的金属表面要有一定亚微观或微观的粗糙度;③含氮、含硫或具有共轭芳环的有机物吸附在金属表面后较易产生 SERS 效应;④SERS 效应有一定的长程性(5~10 μm),但与金属表面直接相连的被吸附的官能团的增强效应最为强烈。

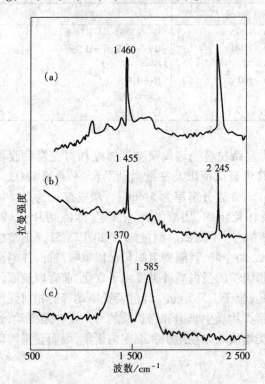

图 18-52 PAN 在银表面的光谱图
(a)PAN 在粗糙银表面加热 80 ℃、24 h 后的漫反射红外光谱
(b)PAN 在光滑银表面加热 80 ℃、24 h 后普通拉曼光谱
(c)PAN 在粗糙银表面加热 80 ℃、6 h 后的 SERS 谱
(上述样品厚度均为 300 nm)

SERS 虽然有极高的灵敏度,并可提供丰富的有关分子结构的信息,但大多数 SERS 试验条件比较苛刻。多数 SERS 图是在电化学池中,或在银胶表面,或在超真空系统蒸发的金属镀膜表面获得的。薛奇等人试验了用硝酸蚀刻法制备具有 SERS 活性的金属表面,再将聚合物稀溶液涂在上面,并使溶剂缓慢挥发,便可直接在空气或其他介质中收集 SERS 光谱,制备的金属表面具有极大的灵敏度和稳定性,为 SERS 谱的研究提供了简单易行的方法。

薛奇等人用 SERS 研究了聚丙烯氰(PAN)在银表面的拉曼光谱,发现了 PAN 在粗糙银表面的石墨化过程。图 18-52(a)和(c)分别为 PAN 在粗糙银表面的漫反射红外及 SERS 谱,图 18-52(b)为光滑银表面的普通拉曼谱。(a)和(b)基本上是 PAN 的本体光谱,而图(c)则完全是石墨光谱,表示 PAN 在粗糙银表面的界面区域中已完全转化为石墨,而本体区域依然是 PAN。这一现象是非常奇特的,因为工业上用 PAN 纤维制造碳纤维至少要在 1 000 ℃下加热 24 h,而 SERS 观察到在粗糙的银表面只需在 80 ℃下加热 6 h 即可实现 PAN 向石墨的转化。图 18-53 为 PAN 向石墨低温转化的示意图。当 PAN 从稀溶液中沉积到金属表面时,C≡N 侧基与金属配位,在吸附初期 C≡N 拉曼线由 2 245 cm^{-1} 移向 2 160 cm^{-1},表示 C≡N 是通过 π 键与银表面配位的。图 18-52 中的 SERS 谱呈现了典型的芳杂环的拉曼线,表示 PAN 在界面区域已经环化。

7. 利用拉曼光谱测量单壁碳纳米管的尺寸

碳纳米管的碳原子在直径方向上的振动,如同碳纳米管在呼吸一样,称为径向呼吸振动模式(RBM),如图 18-54(a)所示。其径向呼吸振动模式通常出现在 120~250 cm^{-1}。在图 18-54(b)中给出了 Si/SiO$_2$ 基体上的单壁碳纳米管的拉曼光谱,位于 156 和 192 cm^{-1} 的峰是径向呼吸振动峰,而 225 cm^{-1} 的台阶和 303 cm^{-1} 峰来源于基体。

呼吸振动峰的信息对于表征纳米管的尺寸非常有用,直径为 1~2 nm 的单壁碳纳米管,其呼吸振动峰位和直径符合 $\omega_{RBM} = A/dt + B$。其中 A 和 B 是常数,可以通过实验确定。(B 是由管之间的相互作用引起的振动加速)用直径范围为(1.5±0.2)nm 的碳纳米管束实验,测得 $A = 234$ cm^{-1},$B = 10$ cm^{-1}。对于直径小于 1 nm 的碳纳米管,由于碳纳米管晶格扭曲变形,ω_{RBM} 的值会依赖于碳纳米管的手性,上述公式不再适用。对于尺寸大于 2 nm 的碳纳米管束,呼吸振动峰的强度太弱,以至于无法观测。

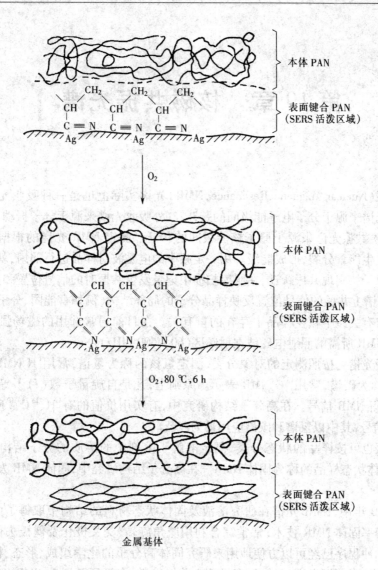

图 18-53　PAN 在界面相的环化、石墨化示意图

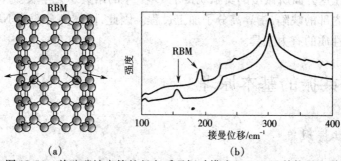

图 18-54　单壁碳纳米管的径向呼吸振动模式（RBM）及其拉曼光谱
（a）径向呼吸振动模式　（b）拉曼光谱（其中两条曲线来自不同的样品部位,显示了不同尺寸的单壁碳纳米管的信号）

第 19 章　核磁共振光谱

核磁共振（Nuclear Magnetic Resonance，NMR）光谱实际上也是一种吸收光谱。紫外 - 可见光吸收光谱来源于分子电子能级间的跃迁，红外吸收光谱来源于分子振动、转动能级间的跃迁，而核磁共振光谱来源于原子核能级间的跃迁。测定 NMR 光谱的根据是某些原子核在磁场中发生能量分裂，形成能级。用一定频率的电磁波对样品进行照射，就可使特定结构环境中的原子核实现共振跃迁，在照射扫描中记录发生共振时的信号位置和强度，就得到 NMR 光谱，光谱上共振的信号位置反映样品分子的局部结构（例如官能团、分子构象等）；信号强度往往与有关原子核在样品中存在的量有关。在目前通常选用的磁场强度下（1.4 ~ 14 T），测量 NMR 所需的照射电磁波在射频区（60 ~ 600 MHz）。

核磁共振光谱可按照测定的对象分类，测定氢核的称为氢谱，常用 ^{1}H NMR 表示；测定碳 - 13 核的称为碳谱，常用 ^{13}C NMR 表示。原则上，凡是自旋量子数（I）不等于零的原子核，都可以测得 NMR 信号。在高分子结构研究中，有实用价值的有 ^{1}H、^{13}C、^{19}F、^{29}Si、^{15}N 及 ^{31}P 等 NMR 信号，其中以氢谱和碳谱应用最为广泛。

核磁共振也可按样品的状态分类，测定溶解于溶剂中的溶质的分子结构的称为溶液 NMR，测定固体状态样品的称为固体 NMR。在高分子结构研究中，固体 NMR 发挥了特殊的作用。

在过去 10 年中，NMR 光谱在研究溶液及固体状态材料的结构中取得了巨大的进展。尤其是高分辨率固体 NMR 技术，常常综合利用魔角旋转、交叉极化及偶极去偶等措施，再加上适当的脉冲程序已经可以方便地用来研究固体高分子的化学组成、形态、构型、构象及动力学。二维核磁共振光谱、三维和多维核磁共振光谱、多量子跃迁等 NMR 测定新技术陆续被提出并实现，这些新技术在归属复杂分子的谱线方面非常有用。瑞士核磁共振光谱学家 R. R. Ernst 因在这方面所做出的贡献获得了 1991 年的诺贝尔化学奖。NMR 成像技术可以直接观察材料内部的缺陷，指导高分子加工过程。因此，固体高分辨率 NMR 已发展成研究高分子结构与性质的有力工具。

19.1　核磁共振的基本原理

19.1.1　核磁共振现象

和电子一样，某些原子核也有自旋现象，因而具有一定的自旋角动量。因为原子核是带电粒子，犹如电流流过线圈会产生磁场一样，原子核自旋运动也会产生磁场，因而具有磁偶极矩，简称磁矩，以符号 μ 表示。按照经典力学的观点，将具有一定磁矩 μ 的自旋核放进外磁场 H_0 中后，外磁场 H_0 与磁矩 μ 之间形成一个 θ 角，并相互作用产生一个力矩，力矩要使

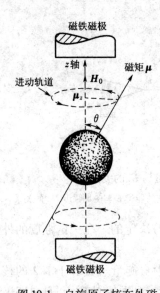

磁矩向 H_0 的方向倾斜,但由于核具有自旋,自旋产生的角动量使 θ 角维持稳定。这样原子核在自旋的同时还绕 H_0 旋进,如同重力场中的陀螺一样,这种运动称为原子核绕 H_0 的进动运动(图 19-1)。因此,原子核在磁场中的运动可分为原子核的自旋和原子核绕 H_0 的进动。

原子核自身具有自旋角动量 p,可用下式表示:

$$p = I\frac{h}{2\pi} \tag{19-1}$$

式中:h 称为普朗克常数,I 为自旋量子数。由上式可知,原子核的自旋角动量的大小不能等于任意值,而由自旋量子数 I 决定。

自旋产生的磁矩

$$\mu = \gamma p \tag{19-2}$$

图 19-1　自旋原子核在外磁场中的进动

式中:γ 为比例常数,称为磁旋比,γ 与核的特性有关,特定的原子核具有特定的 γ。

原子核绕 H_0 进动的频率

$$\omega_0 = \gamma \cdot H_0 = 2\pi\nu_0 \tag{19-3}$$

上式称为拉莫(Larmor)方程,式中 ω_0(rad/s)或 ν_0(Hz)称为拉莫频率。由上式可以看出,进动频率 ν_0 与 H_0 成正比,与核的磁旋比 γ 相关,而与质子原子核轴在磁场方向的倾斜角度 θ 无关。

μ 与 H_0 存在相互作用,其相互作用能量

$$E = -|\mu| \cdot |H_0| \cdot \cos\theta = -\mu_z \cdot H_0 \tag{19-4}$$

式中:μ_z 为 μ 在 H_0 方向的投影,其取值也非任意的,必须符合空间量子化规律。

$$\mu_z = \gamma mh/(2\pi) \tag{19-5}$$

式中:m 为磁量子数,它所能取的数值是从 $+I$ 到 $-I$,即 $m = I, I-1, I-2, \cdots, -I+2, -I+1, -I$,对于自旋量子数为 I 的原子核,μ_z 共有 $(2I+1)$ 个数值。

将式(19-5)代入式(19-4)得

$$E = -\gamma mh/(2\pi) \cdot H_0 \tag{19-6}$$

由式(19-6)可知,原子核在外磁场中有 $(2I+1)$ 个能级。这表明在静止磁场中原子核的能量是量子化的。例如 $I = 1/2$ 的磁核,当 $m = +1/2$ 时,μ_z 与 H_0 取向相同,E 值为负,原子核处于低能态 E_1;当 $m = -1/2$ 时,μ_z 与 H_0 取向相反,E 值为正,原子核处于高能态 E_2。如图 19-2 所示。

原子核吸收或放出能量时,就能在磁能级之间发生跃迁,跃迁所遵从的选律为 $\Delta m = \pm 1$。即原子核只能在相邻磁能级间发生跃迁。根据式(19-6)可得出相邻两磁能级间的能差

$$\Delta E = \gamma h/(2\pi) \cdot H_0 \tag{19-7}$$

如果在外磁场 H_0 中外加一个能量为 $h\nu_0$,并满足上述条件的电磁波照射,则

$$\Delta E = h\nu_0 = \gamma h/(2\pi) \cdot H_0 \tag{19-8}$$

这个电磁波可引起原子核在两个能级之间的跃迁,从而产生核磁共振现象。因此,核磁共振的条件是:

$$\nu_0 = \gamma/(2\pi) \cdot H_0 \tag{19-9}$$

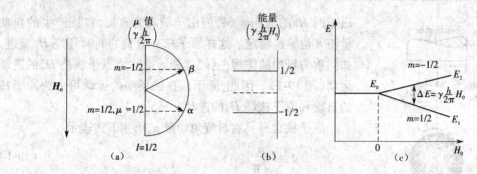

图 19-2　在外磁场中磁核($I\neq0$)的能量 E 与磁矩 $\boldsymbol{\mu}$、外磁场 $\boldsymbol{H}_0$ 的关系

(a)不同能态时磁矩 $\boldsymbol{\mu}$ 在外磁场 $\boldsymbol{H}_0$ 中的取向　(b)磁核在 $\boldsymbol{H}_0$ 中的能级　(c)磁核的能量 E 与磁场强度 $\boldsymbol{H}_0$ 的关系

由此可以看出,某种核的具体共振条件($\boldsymbol{H}_0,\nu_0$)是由核的本性(γ)决定的。在一定强度的外磁场中,只有一种跃迁频率,每种核的共振频率 ν_0 与 $\boldsymbol{H}_0$ 有关。

应该指出,只有 $I\neq0$ 的原子核才会发生核磁共振吸收。其中自旋量子数等于 1/2 的核可以看作核电荷均匀分布在球表面的自旋体,因为它具有循环电荷所具有的磁矩,且电四极矩 Q 为零。这类核特别适于做高分辨率核磁共振实验。自旋量子数大于 1/2 的核的行为类似于非球体电荷分布的自旋体。电四极矩不为 0 的核可影响弛豫时间,因而会影响到和相邻核的耦合,使谱线变宽。

19.1.2　原子核的弛豫

将 ^{1}H、^{13}C 等自旋量子数 $I=1/2$ 的原子核放在外磁场 $\boldsymbol{H}_0$ 中,原子核的磁能级分裂为($2I+1$)个。磁核优先分布在低能级上,但是高、低能级间能量差很小,磁核在热运动中仍有机会从低能级向高能级跃迁,整个体系处在高、低能级的动态平衡之中。平衡状态下各能级的粒子集居数遵从玻耳兹曼(Boltzman)规律,即

$$\frac{N_2}{N_1}=e^{\frac{\Delta E}{kT}} \tag{19-10}$$

式中:N_1、N_2 分别为磁核在低、高能级上的分布总数;ΔE 为高、低两能级间的能量差。

对质子而言,在室温 300 K、磁场强度为 1.4 T 的条件下(N_1-N_2)/$N_1\approx1\times10^{-5}$,也就是说,低能态的核子数大约比高能态的多十万分之一。正是由于这一差额,才能观察到 NMR 信号。在做核磁共振实验时,随着 NMR 吸收过程的进行,低能态的核子数越来越少,经过一定时间后,上下能级所对应的能态的核子数相等,即 $N_1=N_2$,这时吸收与辐射几率相等,便观察不到核磁共振吸收了。如果射频场太强,从低能态跃迁到高能态的核子数增加太快,而高能态的核子来不及回到低能态,也同样导致核磁共振吸收的停止,这种现象称为"饱和"。

实际上,在兆周射频范围内,由高能态回到低能态的自发辐射几率近似为零,尚有一些非辐射的途径,这种途径称为弛豫过程。

弛豫有两种,一种是高能态的碳核本身拉莫进动与周围带电微粒子热运动产生的波动场之间有相互作用,把能量传递给周围环境,自己回到低能态的过程,称为自旋－晶格弛豫(Spin-Lattice Relaxation),也称为纵向弛豫。这种弛豫在碳－13 核磁共振中具有特殊的重要性。碳核从激发态通过弛豫恢复到平衡态有一定的速度,速度的大小表示弛豫效率的高低。在 NMR 中,弛豫效率用弛豫过程的半衰期来衡量。半衰期愈短,弛豫效率愈高。在纵

向弛豫中,半衰期用 T_1 表示,称为纵向弛豫时间。

　　另一种弛豫过程称为自旋 – 自旋弛豫(Spin-Spin Relaxation),或称为横向弛豫。这是高能态磁核将能量传递给邻近低能态同类磁核的过程,这种过程只是同类磁核间自旋状态的交换,并不引起磁核总能量的改变,并不改变高、低能态碳核的数目。其半衰期用 T_2 表示,称为横向弛豫时间。

　　T_1 的数值与核的种类、核的化学环境、样品状态和温度有关。对液体来说,一般在 10^{-2} ~100 s 之间(少数可短至 10^{-4} s)。样品为固体时,分子的回旋自由度很小,分子的振动和转动就受到很大的限制,T_1 就很大,有时长达几小时。T_1 越长,表示纵向弛豫过程效率越低,越容易饱和。一般气体和液体样品 T_2 约为 1 s,固体样品由于核的位置比较固定,有利于自旋 – 自旋之间的能量交换,所以 T_2 特别小,一般为 10^{-5} ~ 10^{-4} s。同样,黏稠液体的 T_2 值也小。对于大多数溶液中的小分子来说,一般 T_2 与 T_1 数值比较接近。

　　弛豫时间对谱线宽度影响很大。谱线宽度与横向弛豫时间 T_2 成反比。固体样品 T_2 很小,所以谱线很宽。有电四极矩或受电四极矩影响的磁核因有很高的弛豫效率而使吸收峰很宽,有时甚至检测不到 NMR 信号。

19.2　化学位移

　　对孤立磁核来说,共振频率只取决于外磁场的强度,当磁场强度一定时,共振频率是一定的。但是在分子体系中,原子核并非孤立的裸核,核外有电子云存在。核外电子云受 $\boldsymbol{H}_0$ 的诱导产生一个方向与 $\boldsymbol{H}_0$ 相反的诱导磁场,使原子核实际受到的外磁场强度减小。电子云的这种作用称为核外电子对原子核的磁屏蔽(shielding)作用,磁屏蔽作用的大小与核外电子云密度成正比。各种磁核所处的化学环境不同,核外电子云产生的诱导磁场不同,进而产生不同的共振频率。这种共振频率的位移现象称为化学位移。

19.2.1　化学位移的量度

　　化学位移数值很小,与磁场强度有关。为了统一标定化学位移的数值,文献中定义量纲为 1 的 δ 值为化学位移的值,即

$$\delta/\mathrm{ppm} = \frac{\nu_{样} - \nu_{标}}{\nu_{标}} \times 10^6 \tag{19-11}$$

式中:$\nu_{样}$ 为被测磁核的共振频率;$\nu_{标}$ 为标准物的磁核频率。δ 值单位为 ppm(1 ppm = 1 × 10^{-6}),与磁场强度无关。样品中特定的磁核在不同磁场强度的仪器上测得的 δ 值相同。

　　在 ^{1}H 及 ^{13}C NMR 谱中,最常用的标准物为四甲基硅烷(TMS),以 TMS 的化学位移为零点。标准物一般混在待测样品的溶液中,即所谓“内标法”。内标法的优点是可以抵消由溶剂等测试环境引起的误差。TMS 易溶于有机溶剂,所以是一种理想的内标试剂,但它不溶于水。在测水溶性样品的 ^{1}H 谱时,以叔丁醇等化合物作内标。叔丁醇相对于 TMS 的 δ_H 为 1.231 ppm。通过简单换算,可求得水溶性样品以 TMS 为标准时的 δ 值。^{13}C 谱研究中常用的水溶性内标物是二恶烷(δ_C = 67.4 ppm)或叔丁醇(δ_C = 31.9 ppm)。

19.2.2　核的磁屏蔽

　　每种磁核的“化学位移”就是该磁核在分子中化学环境的反映。化学位移的大小与核

的磁屏蔽影响直接关联。Saika 和 Slichter 提出把影响磁屏蔽的因素分为三个部分,即

$$\sigma = \sigma_A + \sigma_M + \sigma' \qquad (19\text{-}12)$$

式中:σ_A 为原子的屏蔽;σ_M 为分子内的屏蔽;σ' 为分子间的屏蔽。

各屏蔽因素可归纳如下:

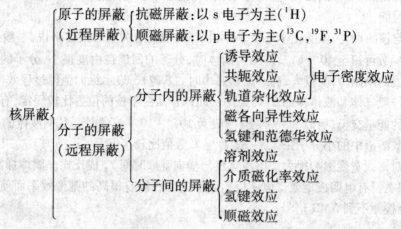

19.3 自旋耦合与自旋裂分

从化学位移的讨论可以推论:样品中有几种化学环境不同的磁核,NMR 谱上就应该有几个吸收峰。但在采用高分辨核磁共振仪进行测定时,有些核的共振吸收峰会出现分裂。例如,用低分辨 NMR 仪测定 1,1,2 – 三氯乙烷得到的谱中有两条谱线,—CH₂—质子在 $\delta = 3.95$ ppm, —CH— 质子在 $\delta = 5.77$ ppm 处。采用高分辨 NMR 仪测定得到的谱线是两组多重峰,即以 $\delta = 3.95$ ppm 为中心的二重峰和以 $\delta = 5.77$ ppm 为中心的三重峰。多重峰的谱线间距为 6 Hz,如图 19-3 所示。

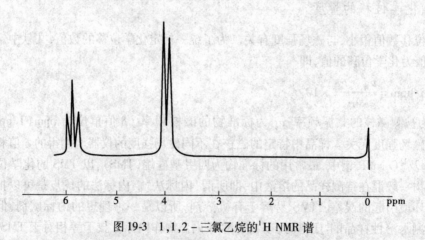

图 19-3 1,1,2 – 三氯乙烷的¹H NMR 谱

多重峰的出现是由于分子中相邻氢核自旋互相耦合造成的。氢质子能自旋,相当于一个小磁铁,产生局部磁场。在外磁场中,氢核有两种取向,与外磁场同向的起增强外场的作用,与外磁场反向的起减弱外场的作用。质子在外磁场中两种取向的比例接近 1。

在 1,1,2 – 三氯乙烷分子中,—CH₂—的两个质子的自旋组合方式可以有四种,如表 19-1 所示。

表 19-1　1,1,2－三氯乙烷中—CH$_2$—质子的自旋耦合

取　向　组　合		氢核局部磁场	—CH—上质子实受磁场
H 取向	H' 取向		
↑	↑	$2H$	$H_0 + 2H$
↑	↓	0	H_0
↓	↑	0	H_0
↓	↓	$-2H$	$H_0 - 2H$

注:外磁场 H_0 的方向为↑;H 及 H' 分别代表—CH$_2$—上两个质子的磁场。

　　—CH$_2$—的自旋组合产生三种不同的局部磁场:$H_0 + 2H$,H_0,$H_0 - 2H$,使 —CH— 上的质子实受三种磁场作用,因而 NMR 谱呈三重峰。这三个峰是对称分布的,各峰的面积比是 1:2:1。

　　同样 —CH— 的质子也出现两种取向,产生 $H_0 + H$ 及 $H_0 - H$ 两种不同的磁场,使 —CH$_2$—的质子峰发生分裂,呈现面积比为 1:1 的二重峰,如图 19-3 所示。

　　在同一分子中,这种核自旋与核自旋间相互作用的现象叫"自旋—自旋耦合"。由自旋—自旋耦合产生谱线分裂的现象叫"自旋—自旋裂分"。由自旋耦合产生的分裂的谱线间距叫耦合常数,用 J 表示,单位为 Hz。耦合常数是核自旋分裂强度的量度。它只是化合物分子结构的属性,即只随磁核的环境不同而有不同的数值。

　　谱线分裂的数目 N 与邻近核的自旋量子数 I 及核的数目 n 有如下关系:

$$N = 2n \cdot I + 1 \tag{19-13}$$

当 $I = 1/2$ 时,$N = n + 1$,称为"$n+1$"规律。这仅适用于一级自旋系统光谱谱形的分裂。所谓一级光谱,即相互耦合的质子的化学位移差 Δv 至少是耦合常数 J 的 6 倍,即 $\Delta v/J \geqslant 6$。例如乙醇的甲基质子和亚甲基质子的化学位移差为 146 Hz(用 60 MHz 的仪器测量),其耦合常数 J 为 7 Hz。谱线的强度之比遵循二项式 $(a+b)^n$ 的系统规则,n 为体系中核的数目。

　　耦合作用是通过成键的电子对间接传递的,而不是通过空间磁场传递的,因此耦合的传递程度是有限的。在饱和烃化合物中,自旋—自旋耦合效应一般只传递到第三个单键。在共轭体系化合物中,耦合作用可沿共轭链传递到第四个键以上。

　　耦合常数一般分三类,即同碳耦合(C),用 ^2J 或 J_{gem} 表示;邻碳耦合(H—C—C—H),用 ^3J 或 J_{vic} 表示;远程耦合常数。

　　高级光谱的分析比较复杂,可用一些辅助实验手段进行简化,常用的方法如下。

　　(1)双照射去耦技术　所谓双照射去耦技术,就是在 NMR"扫频法"实验中除了使用一个连续变化的射频场扫描样品之外,还同时使用第二个较强的固定射频场照射样品。若要观察分子内的特定磁核与哪些磁核耦合,就调整固定射频场的频率,使之等于特定磁核的共振频率。由于固定射频场比较强,特定质子受其照射后迅速跃迁达到饱和,不再与其他磁核耦合,得到的是消除该种磁核与其他磁核耦合的去耦谱。对照去耦前后的谱图,就能找出与该磁核有耦合关系的全部磁核。在双照射技术中,去耦磁核与测定磁核相同时,称为同核去耦,质子—质子去耦就属于这一类;去耦磁核与测定磁核不同时,称为异核去耦。

　　(2)位移试剂　位移试剂主要用于分开重叠的谱线,常用的位移试剂为铕的配合物或镨的配合物。它们具有磁各向异性,对样品分子内的各个基团有不同的磁场作用,使各基团化学位移发生变化,从而使本来重叠的谱线分开。

　　(3)重氢交换　在样品溶液中加入几滴重水(D_2O),振摇数次之后,分子中与杂原子连接的活泼氢就能与重氢发生交换。交换后的氢谱不再出现活泼氢的信号,不过在 $\delta = 4.5 \sim$

5.0 ppm 的范围内,却可看到 HOD 中质子所产生的单峰。倘若活泼氢与相邻的质子耦合,交换后的图谱中上述耦合裂分现象将消失,使图谱得以简化。

(4) 核 Overhauser 效应　在双照射实验中,如果用固定干扰射频场对分子中的 A 核进行照射,则分子内距离 A 核很近的 B 核的共振信号峰面积将增大。这种现象称为磁核的 Overhauser 效应,常用 NOE(Nuclear Overhauser Effect)表示。若两磁核的空间距离为 r,则 NOE 与 r^{-6} 成线性关系。对于质子来说,只有 $r < 3.5$ nm 时才能明显地观察到 NOE,磁核的信号峰面积最大可以增大到原来的 1.5 倍,因此 NOE 可以提供分子内磁核间的几何关系,在高分子构型及构象分析中非常有用。

此外,还有 INDOR(Internuclear Double Resonance)和自旋微扰,它们使用的干扰场强度低,用来确定耦合常数的相对符号,发现隐藏的信号等。

19.4　核磁共振氢谱(^{1}H NMR)

^{1}H 是有机化合物中最常见的同位素,旋磁比 γ 较大,天然丰度接近 100%,核磁共振测定的绝对灵敏度是所有磁核中最大的。核磁共振氢谱(^{1}H NMR)也称为质子磁共振谱,是发展最早、研究最多、应用最为广泛的核磁共振波谱,是有机物结构解析中最有用的核磁共振谱之一。

19.4.1　氢的化学位移

在核的各种磁屏蔽当中,原子的屏蔽主要影响不同种类磁核的化学位移范围。通常将原子的屏蔽分成两项,表示为

$$\sigma_A = \sigma_A^D + \sigma_A^P \tag{19-14}$$

式中:σ_A^D 为抗磁项;σ_A^P 为顺磁项。不同轨道的电子对这两项的贡献不一样。由 Lamb 公式与分子抗磁项可知,对 ^{1}H 而言,核外电子所产生的抗磁屏蔽在各种屏蔽因素中起主导作用。其抗磁屏蔽可近似写为

$$\sigma_{HH}^D = 20 \times 10^{-6} \lambda \tag{19-15}$$

式中:λ 为氢的 1s 轨道上的有效电子数。完全屏蔽的氢原子 λ 接近 1。所以氢的局部抗磁屏蔽常数在 20×10^{-6} 的范围内。

19.4.2　影响化学位移的因素

1. 诱导效应

核外电子云的抗磁性屏蔽是影响质子的化学位移的主要因素。一个电负性强的原子或者基团键合于邻近的磁核上,由于吸电子效应,磁核上的有效电荷值 λ 下降,从而产生去屏蔽效应,使核的共振移向低场,化学位移 δ 值就增大;反之 δ 值就减小,如表 19-2 所示。

表 19-2　化合物中原子电负性对化学位移的影响

化合物	CH_3F	CH_3Cl	CH_3Br	CH_3I
δ	4.16	3.05	2.68	2.16
电负性	4.0	3.0	2.8	2.5
化合物	CH_3X	CH_3O	CH_3N	CH_3C
δ	2.2~4.3	3.3~4.1	2.2~3.0	0.85~1.2
电负性	2.5~4.0	3.5	3.0	2.5

随着甲基取代基电负性的减弱（F→I，F→C），甲基质子的化学位移也逐渐减小。取代基的共轭效应分为拉电子和推电子两种，前一种使 δ 增大，后一种使 δ 减小。这种现象主要发生在含 π 键的取代衍生物中。

由于—OH 和—OCH$_3$为供电子基团，氧原子可通过共轭向外推 p 电子，使得邻位碳上的电子云密度增大，屏蔽效应增强，化学位移向高场移动，δ 值减小。而—CHO、CH$_3$CO—为吸电子基团，使得邻位碳上的氢表现为顺磁去屏蔽，化学位移向低场移动，δ 值增大。

2. 共轭效应

共轭效应是由于原子间电负性不同，引起分子中电子密度分布不均衡，通过共轭 π 键传递，而且不论距离远近，作用贯穿整个共轭体系的一种电子密度效应。共轭效应可以一直沿着共轭键传递而不会明显削弱，不像诱导效应削弱得那么快，取代基相对距离的影响不明显。在共轭效应中，推电子基使 δ 减小，拉电子基使 δ 增大。

例如，在单取代烯烃中，大部分取代基特别是具有正共轭（供电子）效应的推电子取代基如羟基、醚基、氨基使同碳质子的位移值大于邻碳质子。而一些具有负共轭（吸电子）效应的拉电子取代基如羧基、硝基、氰基的影响相反，如图 19-4 所示。

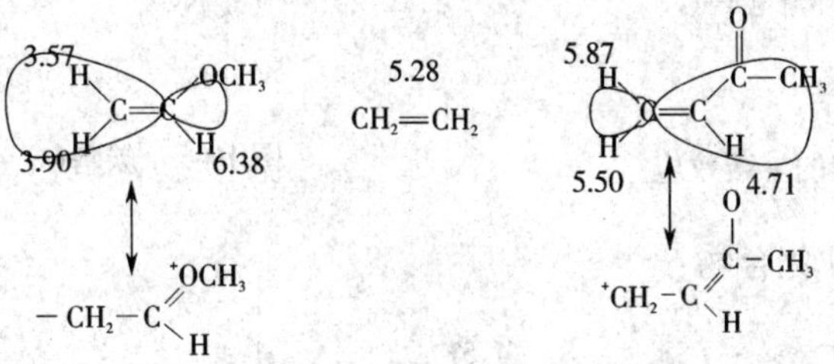

图 19-4　共轭效应

3. 轨道杂化效应

有机结构中碳原子的轨道杂化方式会对质子的化学位移造成影响。碳碳单键是碳原子的 sp^3 杂化轨道重叠而成的，而碳碳双键和三键分别是由 sp^2 和 sp 杂化轨道形成的。s 电子是球形对称的，离碳原子近，而离氢原子较远。杂化轨道中 s 成分越多，成键电子越靠近碳核，离质子越远，对质子的屏蔽作用越小。

sp^3、sp^2 和 sp 杂化轨道中的 s 成分依次增加，成键电子对质子的屏蔽作用依次减小，δ 值应依次增大。实际测得乙烷、乙烯和乙炔的质子 δ 值分别为 0.88、5.26 和 1.88。乙烯与乙炔的次序颠倒了。这是因为下面将要讨论的非球形对称的电子云产生的各向异性效应，它比杂化轨道对质子化学位移的影响更大。

4. 磁各向异性效应

在分子中，质子与某一基团的空间关系有时会影响质子的化学位移，这种效应称为各向异性效应。它是通过空间而起作用的，其特征是有方向性。在含有芳环、双键、三键、醛基等基团的化合物中，常由于各向异性效应的影响而产生不同的屏蔽效应。其他烃类、酮类、酯类、羧酸和肟类化合物也会出现不同程度的各向异性效应的影响。

1）乙炔

炔类氢比较特殊（乙炔的化学位移 $\delta = 1.88$），它的化学位移介于烷烃氢和烯烃氢之间。乙炔是直线形构型，三键上的 π 电子云绕轴线对称。如果此轴的方向与外加磁场的方向相同，则键上的 π 电子垂直于外加磁场循环，因而感应磁场的方向与外加磁场相反。而乙炔质子是沿着磁场的轴方向排列的,所以由循环的 π 电子感应出的磁场线起着抗磁屏蔽的作用(见图 19-5)。因此乙炔氢的吸收峰出现在高场。含有—C≡N基的化合物在外加磁场的作用下也产生同样的效应。

2)双键

烯烃的氢的化学位移出现在低场,一般 $\delta = 4.5 \sim 8.0$。双键的 π 电子云垂直于双键平面,在外磁场的作用下,π 电子云产生各向异性的感应磁场。所以处在双键平面上、下的氢受到抗磁屏蔽效应的影响,在较高的磁场发生共振;而处于双键平面内的氢受到顺磁去屏蔽效应的影响,在较低的磁场发生共振。羰基(C═O)的屏蔽效应如图 19-6 所示。

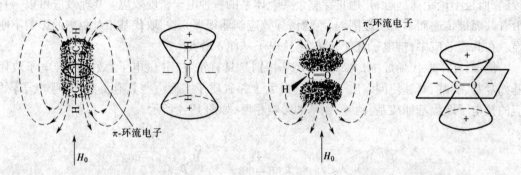

图 19-5　炔键的屏蔽效应　　　　　　　图 19-6　羰基(C═O)的屏蔽效应

例如,对以下两种化合物:

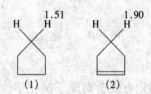

化合物(2)中的—CH₂—刚好坐落在双键平面上,处于顺磁去屏蔽区,所以比化合物(1)在较低的磁场共振,δ 值较大。

羰基 —C═O 所引起的各向异性效应的情况和双键类似。电子在分子平面两侧环流,造成平面上、下两个屏蔽增强的圆锥区域。圆锥区域以外都是去屏蔽区,圆锥角以内的区域处于抗磁屏蔽区。醛基质子在去屏蔽区,所以化学位移处于低场($\delta = 7.8 \sim 10.5$)。

除了上述的链烯和醛基以外,酮、酯、羧基和肟等都会产生各向异性效应。在图 19-6 中(+)领域的质子受到抗磁屏蔽效应,因此 δ 值较小,而在(−)领域的质子受到顺磁去屏蔽效应,因此 δ 值较大。

3)单键

碳—碳单键的价电子是 σ 电子,也能产生各向异性效应,但与 π 电子云环流所产生的各向异性效应相比,要弱得多。碳—碳键的键轴就是去屏蔽圆锥体的轴,见图 19-7。因此当碳上的氢逐个被烷基取代后,剩下的氢受到越来越强的去屏蔽效应,而使共振信号移向低场。

环己烷的平展氢和直立氢受环上的碳—碳单键各向异性的影响并不完全相同。如图 19-8 所示,C_1 上的平展氢和直立氢受 C_1—C_6 和 C_1—C_2 键的影响是相同的,但受 C_2—C_3 和

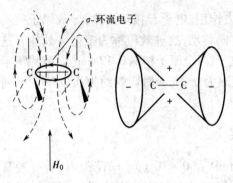

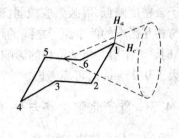

图 19-7　碳—碳单键的屏蔽效应　　　　图 19-8　碳—碳单键的屏蔽效应对
　　　　　　　　　　　　　　　　　　　　　　直立氢与平展氢的影响

C_5—C_6 键的影响却是不同的。平展氢处在去屏蔽区，化学位移在低场，$\delta = 1.6$。而直立氢处在屏蔽区，化学位移移向高场，$\delta = 1.15$。环上每个碳都有这两种氢，情况完全一样，所以按理应该出现两组质子的共振信号。但在室温下，由于构象的快速互变，使每个氢在平展位置和直立位置两种状态之间快速变更，实际上得到的是平均值 $\delta = 1.37$ 的单峰。当温度降得很低（例如 -89 ℃），使两种构象互变的速度远低于两峰应有的间距（~ 1 Hz）时，谱图上才出现两个单峰。平展氢 $\delta = 1.6$，直立氢 $\delta = 1.15$。随着温度逐渐上升，两个峰逐渐接近，最后在 -66.3 ℃合并成单峰。因此，在一般情况下，非固定架环己烷上质子的共振信号是两个信号平均的结果。固定架环己烷中（互变受阻），同碳上的平展氢与直立氢之间一般相差 $0.1 \sim 0.7$ ppm。

　　4）芳环

　　芳香分子上的 π 电子可以在碳环平面内的回路上自由运动。当外磁场与芳香平面垂直时，π 电子便绕磁场方向以拉莫进动频率旋进，每个电子产生的电流是 $i = e\omega/(2\pi)$。芳环上有六个 π 电子，所以原子间的总电流 $I = 3e^2 H/(2\pi m_e)$。假定电流在一个圆形电路中流动，圆形电路的半径等于 C—C 键长 a，这个电流的磁效应等于圆中心的磁矩，大小为

$$\mu = 3e \cdot H \cdot a^2/(2m \cdot c^2) \tag{19-16}$$

　　图 19-9 可定性地表示这种环形电流的屏蔽作用。磁矩的方向与外磁场的方向相反，所以环中心处的感应磁场与外磁场相反，环的上、下方为屏蔽区（以正号表示），其他区域为去屏蔽区（以负号表示），二者交界处屏蔽作用为零。这一点可以说明为什么苯环氢的 δ 值（7.25）比乙烯氢的 δ 值（4.60）大。

5. 氢键和范德华效应

　　氢键能使质子在较低场发生共振，例如：酚和酸类的质子 δ 值在 10 以上。由于分子间氢键的形成与样品的浓度、溶剂的性质有关，所以氢键质子的化学位移可在一个相当大的范围内变动。关于氢键的理论研究目前仍在发展之中，但现有实验结果证明，无论是在分子内还是在分子间形成的氢键都使氢核受到去屏蔽作用而向低

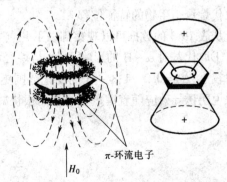

图 19-9　苯环的屏蔽效应

场移动。

当两个原子相互靠近时,由于受到范德华力作用,电子云相互排斥,导致原子核周围的电子云密度降低,屏蔽效应减弱,谱线向低场方向移动,这种效应称为范德华效应。这种效应与相互影响的两个原子之间的距离密切相关,当两个原子相隔 0.17 nm(即范德华半径之和)时,该作用对化学位移的影响约为 0.5,距离为 0.2 nm 时影响约为 0.2,当原子间的距离大于 0.25 nm 时可不考虑。

19.4.3 质子化学位移与分子结构的关系

在有机化合物中,95% 以上的质子的化学位移在 0 ~ 10 ppm 的范围内,当有羟基存在时,往往可形成稳定的分子内氢键,使羟基的信号超过 $\delta = 10$,甚至达到 $\delta = 18$,顺磁环电流产生的负屏蔽效应则使被影响质子的化学位移大于 $\delta = 20$。此外,一些化合物中个别基团的质子处于芳香大环体系的正屏蔽区,共振位移高于 TMS($\delta < 0$)。

利用图 19-10 可估计各种化学环境质子的特征化学位移。其中以饱和烷烃和硅烷烃类共振吸收最高,取代烷烃随着取代基电负性的增强逐渐向低场移动,双键和芳香质子的吸收更低,熟记这些基团的化学位移的大致范围有助于对图谱的解析和对未知化合物结构的确证。

1. 键合在非环 sp^3 杂化碳原子上的质子

开链化合物中存在旋转构象的高速平均化,使远程屏蔽对这些基团的影响很小,主要是诱导效应和杂化轨道的影响。

由图 19-10 可知,烷烃类化合物的化学位移范围为 $\delta = 0.23 ~ 1.5$,以甲烷为最高($\delta = 0.23$),随着甲烷氢被烷基取代,吸收往低场移动($\delta_{CH_2} = 0.85 ~ 0.95$,$\delta_{CH_2,CH} = 1.20 ~ 1.40$)。长碳链大分子烷烃类化合物的端位甲基共振磁场最高($\delta < 1$),其余的亚甲基和次甲基集中在 $\delta = 1.25$ 附近,甲基和 β - 亚甲基的虚假耦合使得前者变为变形的三重峰,通过积分比值能粗略地估计分子链长。烷烃中分支的存在增强了甲基的信号,在 $\delta < 1$ 处重叠产生分辨率较差的峰包,根据甲基及亚甲基、次甲基的积分比值,可以获得分支的信息。如果支链是甲基,则应在 $\delta < 1$ 处产生二重峰($J = 7 ~ 8$)。叔丁基是 9 个质子的强单峰。核磁共振是确定各种异构长链烷烃(以及长链烷基衍生物)结构的简单实用的方法之一。

烷烃质子被各种基团取代后,化学位移变化较大,主要取决于取代基的电负性。

1)单取代直链烷烃

一元取代的甲基、乙基、正丙基、异丙基、叔丁基的化学位移列于表 19-3。它包含了常见单取代烷烃衍生物的特征位移。

从表 19-3 的数据可以观察到以下几点规律。

①取代基对 α - H 的影响很大,与烷烃相比,化学位移变化达 0.5 ~ 4 ppm;β - H 变化相对较小,$\Delta\delta = 0.2 ~ 1$;γ - H 的变化范围更小,$\Delta\delta = 0.05 ~ 0.3$;$\delta$ - H 基本不受影响。这个现象说明诱导效应随着键数的增加而很快减弱。

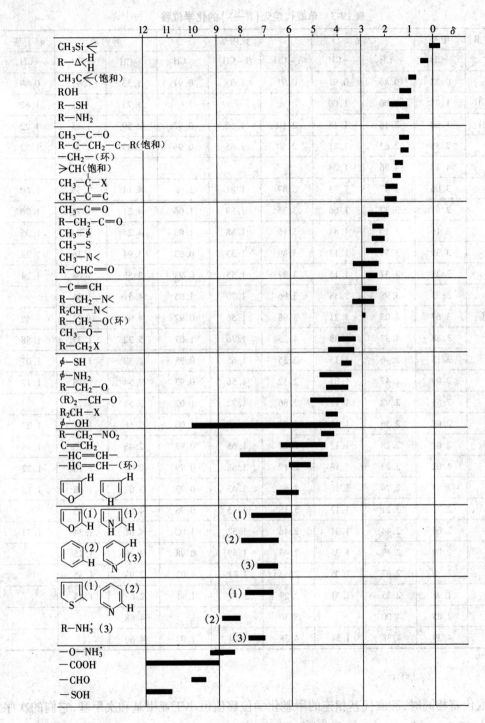

图 19-10 质子化学位移棒状图

表 19-3　单取代烷烃(R—X)的化学位移

B〈X	甲基	乙基		正丙基			异丙基		叔丁基
	—CH₃	—CH₂	—CH₃	α-CH₂	β-CH₂	—CH₃	—CH	—CH₃	—CH₃
H	0.23	0.86	0.91	0.91	1.33	0.91	1.33	0.91	0.89
—CH=CH₂	1.71	2.00	1.00				1.73		1.62
—C≡CH	1.80	2.16	1.15	2.10	1.50	0.97	2.59	1.15	1.22
—Ph	2.35	2.63	1.21	2.50	1.65	0.95	2.89	1.25	1.32
—F	4.27	4.36	1.24						
—Cl	3.06	3.47	1.33	3.47	1.81	1.06	4.14	1.55	1.60
—Br	2.69	3.37	1.66	3.35	1.89	1.06	4.21	1.73	1.76
—I	2.16	3.16	1.88	3.16	1.88	1.03	4.24	1.89	1.95
—OH	3.39	3.59	1.13	3.49	1.53	0.93	3.94	1.16	1.22
—O—	3.24	3.37	1.15	3.27	1.55	0.93	3.55	1.08	1.24
—OPh	3.73	3.98	1.38	3.86	1.70	1.05	4.51	1.31	
—OCOCH₃	3.67	4.05	1.21	3.98	1.56	0.97	4.94	1.22	1.45
—OCOPh	3.88	4.37	1.38	4.25	1.76	1.07	5.22	1.37	1.58
—COH	2.18	2.46	1.13	2.35	1.65	0.98	2.39	1.13	1.07
—COCH₃	2.09	2.47	1.05	2.32	1.56	0.93	2.54	1.08	1.12
—COPh	2.55	2.92	1.13	2.86	1.72	1.02	3.58	1.22	
—COOH	2.08	2.36	1.16	2.31	1.68	1.00	2.56	1.21	1.23
—COOCH₃	2.01	2.28	1.12	2.22	1.65	0.98	2.48	1.15	1.16
—CONH₂	2.02	2.23	1.18	2.19	1.68	0.99	2.44	1.18	1.22
—NH₂	2.47	2.74	1.10	2.61	1.43	0.93	3.07	1.03	1.15
—NHCOCH₃	2.71	3.21	1.12	3.18	1.55	0.96	4.01	1.13	
—SH	2.00	2.44	1.31	2.46	1.57	1.02	4.01	1.34	1.43
—S—	2.09	2.49	1.25	2.43	1.59	0.98	3.16	1.25	
—S—S—	2.30	2.67	1.35	2.63	1.71	1.03	2.93	1.35	
—CN	1.98	2.35	1.31	2.29	1.71	1.11	2.67	1.45	
—NC	2.85	4.00		3.30			4.88		
—NO₂	4.29	4.38	1.58	4.28	2.01	1.03	4.60		

②取代基相同时,和取代基相连的甲基化学位移值恒小于亚甲基和次甲基,它们的次序是 $\delta_{\alpha-CH_3} < \delta_{\alpha-CH_2} < \delta_{\alpha-CH}$。

甲基同取代基特别是电负性大的取代基相连时,共振磁场明显降低(δ 增大),在很多谱中,呈现出一个不裂分的尖锐强峰,因而很易识别。如果是 β 位取代,位移可参考表 19-4,γ 位取代对甲基的影响很小。化学位移值结合有关峰裂分的状况和耦合常数值,不但能鉴别出甲基的存在,还能获得邻碳上质子的信息。

表 19-4　烷烃质子化学位移范围

化合物	δ/ppm	化合物	δ/ppm
CH_3—Si	$0 \sim 0.6$	CH_3—O—C<	$3.2 \sim 3.5$
CH_3—X	$2.2 \sim 4.3$	—O—Ph	$3.5 \sim 3.9$
(X:F,Cl,Br,I)		—OC═O	$3.5 \sim 3.9$
CH_3—C═C	$1.6 \sim 2.1$	CH_3—C—C<	$0.8 \sim 1.1$
—C≡C	$1.8 \sim 2.1$		
—Ph	$2.1 \sim 2.8$	—C—N<	$0.9 \sim 1.2$
CH_3—S—	$2.0 \sim 2.6$	—C—C═O	$1.05 \sim 1.25$
—N—C<	$2.1 \sim 2.4$	—C—Ph	$1.0 \sim 1.3$
—N—Ph	$2.7 \sim 3.1$	—C—O—	$1.0 \sim 1.5$
—N—C═O	$2.7 \sim 3.1$	—C—S—	$1.2 \sim 1.6$
CH_3—C═O	$1.9 \sim 2.7$	—C—X	$1.5 \sim 1.9$
—COO—	$1.9 \sim 2.15$	(X:F,Cl,Br,I)	
—CO	$1.9 \sim 2.45$	—C—C≡CR_2	$0.9 \sim 1.1$
—COPh	$2.5 \sim 2.8$	—C—C≡CR	$1.1 \sim 1.3$

下面简述几种常见甲基、亚甲基和次甲基的化学位移。

(1)与双键相连　烯丙基的甲基共振范围为 $\delta = 1.5 \sim 2.3$,大部分在 $\delta = 1.7$ 左右,确切数值随双键的取代情况而异。通常它同双键上的烯烃质子存在烯丙基远程耦合,使甲基信号成为变宽的单峰或是裂分很小的多重峰。烯烃质子也因耦合而变为宽峰或是裂分很小的四重峰。和双键相连的亚甲基、次甲基的共振范围为 $\delta = 1.9 \sim 2.9$,多重耦合使峰形很复杂,往往和其他信号重叠交错,一般难以确证。

(2)与氧相连　氧原子的电负性使 α-C 上的电子云密度大为降低,增大了 α-H 的化学位移,甲醇 $\delta_{CH_3} = 3.40$,其他甲氧基吸收视氧原子另一端所接的基团而定。一般同氧相连的烷基的 α-H 化学位移范围为 $\delta = 3.2 \sim 5.5$,在此范围内其他信号较少。

醇的 α-H $\delta = 3.3 \sim 4.5$,由峰形的裂分状况和积分比值可以估计醇的级别。醇的酰化能引起 α-H 特征的低场位移,这种现象称为"酰化位移",常用以进一步确证醇的级别。通常羟基经酰化后,在 $\delta \approx 2$ 处增加了特征的乙酰基尖峰,叔醇虽然没有 α-H,但可以由乙酰化后乙酰基信号的增强来确定羟基的存在。羟基的乙酰化要在样品管外进行,并且需要一定的反应条件,有时可在样品无水的情况下直接往样品管内滴加三氟醋酸酐,使羟基三氟乙酰化,此时 α-H 的低场位移更大。

(3)与氮相连　在胺类化合物中,氮原子的电负性较氧弱,因此同相应的含氧化合物相比,一般共振在较高磁场。由于受分子中不同化学环境的影响,二者的信号可能交叉出现。胺类成盐后,荷正电的质子化氮降低了对 α-H 的屏蔽,使它往低场位移,正离子对 β-H 的影响很小。这种位移称酸化位移,这一数值可在溶剂从氘代氯仿变为氘醋酸或者三氟醋酸的图谱上求得,比较简单的方法是用氘代氯仿作溶剂后,在样品管内滴加 $1 \sim 2$ 滴三氟醋酸,然后再进行测定。这个方法常用以肯定氨基的存在。(苯甲基和甲氧基酸的影响很小)此外,在强酸性条件下,—NH 的交换速度大大减慢,常可观察到它同 α-H 的耦合,由此可能根据裂分峰形定出胺的级别。

(4)与芳环相连　苯上的甲基 $\delta = 2.3 \sim 2.9$,杂芳环上的甲基的吸收范围还要宽。芳环上的甲基位于芳环远程屏蔽的去屏蔽区,它的吸收总是低于和双键相连的甲基,它和邻位芳香质子有远程耦合,因而是一稍变宽的单峰。甲苯 $\delta_{CH_3}=2.34$,苯环上还有其他取代基时,甲基的位移将发生变化,这个变化取决于苯环上取代基的磁各向异性以及此取代基对苯环 π 电流的影响。在很多情况下,共轭效应对 π 电流的影响起主要作用。由于这一影响不大,也缺乏特征性,因此苯环上甲基与取代基间的相对位置主要由芳香质子信号的位置和裂分情况决定。

当亚甲基、次甲基同苯环相连时,它们的共振信号较甲基往低场位移 0.2~0.5 ppm。

(5)与羰基相连　在开链分子中,同—COX(X = H, R, OH, OR 和 NH$_2$)相连的甲基化学位移范围很窄,一般 $\delta=2.0~2.2$。当 X 为芳环时,稍往低场位移,可达 $\delta\approx2.5$。X 为卤素时,$\delta\approx2.8$。分子中有远程屏蔽影响时,吸收范围更宽。这些甲基的信号是含有三个质子的尖峰。在红外谱图肯定了羰基存在后,核磁共振谱上这一信号的归属将更为明确。

同—COX 相连的亚甲基和次甲基信号相应往低场移 0.3~0.5 ppm。

2)二取代及三取代直链烷烃

多取代烷烃中,多个取代基的同时影响造成亚甲基和次甲基化学位移有很大的变化幅度。在非光学活性分子中,可自由旋转的亚甲基上 X、Y 的取代基不含质子时,此亚甲基的信号是包含两个质子的单峰。

Shoorlery 总结出了适用于二元取代 X—CH$_2$—Y 中亚甲基和三元取代 X—CZH—Y 中次甲基的经验计算公式。同实验值相比,前者误差较小,大多在 0.1~0.3 ppm 的范围内,后者误差较大,在 0.5 ppm 左右,个别甚至高达 1 ppm。尽管如此,在很多情况下三元取代的次甲基的信号是只有一个质子的单峰,因而在确定谱线的归属时,计算值仍有一定的参考价值。

Shoorlery 把甲烷($\delta=0.23$)质子被各种基团连续取代引起的平均位移定为 i 取代基有效屏蔽常数 σ_i^{eff},经过多次修正后用下列公式表达,即

$$\delta=0.23+\sum\delta_i^{eff}\tag{19-17}$$

各种取代基的有效屏蔽常数列于表 19-5。

表 19-5　各种取代基的有效屏蔽常数

X 或 Y	δ^{eff}	X 或 Y	δ^{eff}
—Br	2.33	—C≡C	1.44
—Cl	2.53	—C≡C—Ph	1.65
—I	1.82	—C≡C—C≡C—R	1.65
—NR$_2$	1.57	—Ph	1.85
—NHCR(∥O)	2.27	—CN	1.70
—N$_2$	1.97	—COR	1.70
—OH	2.56	—COPh	1.84
—OPh	3.23	—COOR	1.55
—OCOR	3.13	—CONR$_2$	1.59
—OS(∥O,∥O)—R	3.13	—CF$_2$	1.21

续表

X 或 Y	δ^{eff}	X 或 Y	δ^{eff}
—SR	1.64	—CF$_3$	1.14
—SCN	2.30	—NCS	2.86
—CH$_3$（或 R）	0.47	—NO$_2$	2.46
—C≡C	1.32		

2. 键合在非芳环 sp^2 碳原子上的质子

1）烯烃

随着碳原子杂化轨道中 s 成分的增加,同碳相连的质子的屏蔽效应相应减弱,另一方面烯氢处于双键远程屏蔽的去屏蔽区,这些因素造成烯烃质子的共振磁场（$\delta_{CH_2=CH_2} = 5.28$）大大低于相应的烷烃质子。双键上有简单取代基时,一般都和烯氢处于同一平面,对于后者的影响较简单,只与取代基本身的性质以及它们间的相对位置有关。取代烯烃中质子化学位移 $\delta = 4.5 \sim 6.5$,个别化合物可达 7 以上。在此共振范围内除芳烃质子外,其他信号较少。表 19-6 给出了一般烯氢的化学位移范围。

表 19-6 烯氢的化学位移范围

结构类型	化学位移范围
环外双键	4.4 ~ 4.9
末端双键	4.5 ~ 5.2
开链双键	5.3 ~ 5.8
环内双键	5.3 ~ 5.9
末端连烯	4.4
一般连烯	4.8
α,β - 不饱和酮	α - H 5.3 ~ 5.6 β - H 6.5 ~ 7

2）甲酰

键合在羰基上的质子处于羰基远程屏蔽的去屏蔽区,加上氧的吸电子效应,因此共振磁场特别低。醛基的化学位移范围很窄,δ 为 9.3 ~ 10.1,甲醛的 δ 为 9.61,RCH$_2$CHO（R 是直链或支链烷基）δ 为 9.71 ± 0.02。同其他化合物相反,双键的引入和羰基共轭会产生高场位移。这是由于 sp^2 杂化碳原子电负性竞争,导致电子从双键移出,增强了羰基的屏蔽效应。

醛基的邻近处有苯环或炔基时,芳环可减弱对醛基的屏蔽,使它的位置接近甚至超过 $\delta = 10$,而炔基影响相反,能增强屏蔽,使 $\delta < 9.5$。

甲酸酯和甲酰胺的吸收范围很窄,大部分在 $\delta = 7.8 \sim 8.2$ 之间,远程耦合使甲酸酯的信号呈很小的裂分（$J \approx 1$）或是变宽的单峰。甲酰伯胺或仲胺的质子信号是 $J \approx 7$ 的三重或二重峰,加重水后,氨基质子被氘交换消失,甲酰基也变为单峰。

3. 键合在芳环和杂芳环 sp^2 碳原子上的质子

芳环和杂芳环上质子的化学位移主要受以下三个因素的影响:①环电流效应产生的各向异性;②所在碳原子上的电荷密度;③取代基或杂原子的远程屏蔽。取代基总是要影响 π

电子云密度,且通过共轭效应使这一影响通过四根以上的键。取代基对邻位质子的影响最大。若取代基多于一个,还有立体位阻效应影响化学位移值。

要获得芳香化合物质子的确切化学位移是困难的,一方面取代基的引入形成了多旋体系从而引起了多重峰的复杂化,另一方面芳香质子的吸收位置常随溶液浓度而变。以下是芳香质子化学位移的一般规律:①芳香质子化学位移取决于此环的芳香性,随着所在环芳香性的增加,信号往低场移动;②稠芳环质子信号低于单芳环信号,特别是同时与若干环相邻的质子,化学位移更向低场移动;③电负性取代基的引入或环上的碳被电负性杂原子取代,都将引起低场位移,其中靠近取代基的质子以及同取代基或杂原子共轭的碳上的质子受到的影响最大,供电子取代基对环上质子的影响较小。

苯上的质子被取代后,衍生物的芳氢 $\delta = 6.0 \sim 8.5$。取代基的引入会使邻、对、间位质子各产生特征的化学位移变化。通常,供电子取代基如烷基、羟基、醚基、氨基等,对各个位置的影响相近,增大了它们的电子云密度,芳氢信号近似为一单峰。吸电子取代基的影响不同,羰基、硝基、三氯甲基等对各质子产生不同的屏蔽影响:邻位质子间共振影响最小,间位质子间共振影响最大,产生了 $AA'BB'C$ 体系的复杂图谱,要完全解析十分困难。

取代基对芳香质子的影响具有加和性。取代基 X 对单取代苯中芳香质子相对于苯($\delta = 7.28$)的位移的影响分别用 S_{oX}、S_{mX} 及 S_{pX} 表示,列于表 19-5 中。各种二取代苯上质子的化学位移可用下列各式计算。

①对位二取代苯

$$\delta_{H_2} = 7.28 + S_{oX} + S_{mY}; \delta_{H_3} = 7.28 + S_{mX} + S_{oY}$$

②间位二取代苯

$$\delta_{H_2} = 7.28 + S_{oX} + S_{oY};$$

$$\delta_{H_4} = 7.28 + S_{oY} + S_{pX}; \delta_{H_5} = 7.28 + S_{mX} + S_{mY}; \delta_{H_6} = 7.28 + S_{oX} + S_{pY}$$

③邻位二取代苯

$$\delta_{H_3} = 7.28 + S_{mX} + S_{oY}; \delta_{H_4} = 7.28 + S_{mX} + S_{pY}; \delta_{H_5} = 7.28 + S_{mY} + S_{pX}; \delta_{H_6} = 7.28 + S_{oX} + S_{mY}$$

大多数化合物对位和间位二取代苯的计算值与实验值仅相差 0.1 ppm,邻位二取代苯偏离常较大,这是相邻取代基的立体相互作用所致。基于相同的原因,此加和性用于三取代苯偏离更大。虽然如此,利用取代常数的加和性,结合分裂图像和耦合常数,在指定多取代苯上质子的归属时很有用处。

4. 键合在 sp 碳原子上的质子

碳—碳三键的磁各向异性效应使炔基质子有特别高的共振磁场。乙炔 $\delta = 1.80$,炔氢被取代后分别得到下列值:

$$R{-}C{\equiv}C{-}H \qquad \delta = 1.73 \sim 1.88$$
$$Ar{-}C{\equiv}C{-}H \qquad \delta = 2.71 \sim 3.37$$

电负性基团的吸电子效应可通过三键传递,使炔基质子往低场移动:

$$X{-}CH_2{-}C{\equiv}C{-}H \text{(X 为卤素、—N ≡、—S—、—O—)} \qquad \delta = 2.0 \sim 2.4$$

炔基质子的信号常和亚甲基、次甲基的信号重叠,但它一般是尖锐的单峰或裂距很小的重峰(远程耦合所致),能够和其他质子加以区别。

5. 与 O、S、N 等杂原子相连的质子

这类质子包括醇、酚、烯醇、羧酸、胺、酰胺、硫醇等化合物中的 —OH、—SH、—NH 基团,它们都很活泼,不断进行着分子间或分子内的交换,处于动态平衡过程。这些基团的核磁共

振信号有以下两个特点。

①这些质子的峰形和化学位移值受到交换速度和氢键强弱的影响。样品测试的外界条件如溶剂、温度、浓度及杂质,都将影响系统的交换速度和热力学平衡状态,因而将影响活泼氢的共振位置及峰形。

②由于这些质子活泼而易于彼此交换的特性,它们容易和重水交换生成 OD、ND 和 SD 基,使原来的信号消失。

简单羧酸在非极性溶剂中通过氢键以二聚体形式存在,羧酸氢的吸收范围很窄($\delta = 10 \sim 13$),受浓度影响很小。极性溶剂会部分破坏二聚体,羧基和水及醇的交换很快,能获得尖锐的单峰,吸收位置取决于浓度,利用这一特性可在样品管内滴加三氟醋酸以移动水信号,排除干扰。在 DMSO 溶液中,羧基的交换减慢造成峰形平坦,往往淹没在噪声之中而观察不到。

各种类型的羟基峰形和吸收位置变化很大,从核磁共振谱上鉴别一个复杂化合物中的羟基信号往往比较困难。对于多羟基化合物更是如此,有时甚至会得出错误的结论,在解析时需要注意。

19.4.4 氢谱的定量分析原理

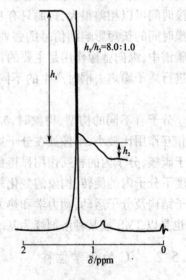

^{1}H—NMR 谱上信号峰的强度正比于峰面积,在 NMR 谱上可以用积分线的高度反映出信号强度,各信号的峰强度之比等于相应的质子数之比。^{1}H—NMR 谱的这一特征有利于对所测聚合物直接进行定量分析,而不必像其他光谱方法一样作标准曲线或标定操作。

CH_3—$(CH_2)_n$—CH_3 的 ^{1}H—NMR 谱如图 19-11 所示,利用其可以计算得到分子式中的 n 值。图中化学位移为 1.2 ppm 的峰为亚甲基上的质子峰,化学位移为 0.9 ppm 的峰为端甲基上的质子峰。图中两种质子峰积分线的高度比为 8:1。由于每一根分子链含有两个端甲基,即每一根链含有 6 个甲基质子,因此每根分子链含有 48 个亚甲基质子,分子式可写作 CH_3—$(CH_2)_{24}$—CH_3,由此可以计算得到其相对分子质量。

图 19-11 用 ^{1}H—NMR 积分线的高度测定低分子聚乙烯的相对分子质量

19.5 ^{13}C – 核磁共振谱

自然界存在着两种碳的同位素,^{12}C 和 ^{13}C。^{12}C($I = 0$)没有核磁共振现象,^{13}C($I = 1/2$)同氢核一样,有核磁共振现象,并可提供有用的核磁共振信息。但 ^{13}C 在自然界的丰度仅为 1.1%,磁旋比只有 ^{1}H 的 1/4,在 NMR 谱中,^{13}C 的信号强度还不到 ^{1}H 的 1/5 700,所以长时间以来,无法用测定氢谱的方法满意地测定和利用碳谱。自从博里叶变换技术应用于 ^{13}C 核磁共振信号的测定以来,碳谱的研究和应用才迅速发展起来。如今碳谱已成为有机高分子化合物结构分析中最常用的工具之一。尤其在检测无氢官能团,如羧基、氰基、季碳等以及研究高分子链的结构、形态、构象与构型等方面,碳谱更具有氢谱所无法比拟的优点。

19.5.1　碳谱的谱图特点

在核的各种磁屏蔽当中,原子的屏蔽主要影响不同种类磁核的化学位移范围。与 ^1H 不同,对于 ^{13}C, ^{19}F, ^{31}P 等核,原子的屏蔽中顺磁项是主要的,其与原子序数的关系如下:

$$\sigma_A = 3.19 \times 10^{-5} Z^{4/3} \tag{19-18}$$

从上式可知,原子序数越大, σ_A 越大,化学位移范围越宽。例如: ^{13}C, ^{19}F 和 ^{31}P 的化学位移比 ^1H 大 1~2 个数量级。因此碳的化学位移范围较宽,对化学环境有微小差异的核也能区别,这对鉴定分子结构更为有利。

在分子结构中,碳原子通常与氢原子连接,它们可以互相耦合,这种 $^{13}C - ^1H$ 键耦合常数的数值很大,一般在 125~250 Hz。因为 ^{13}C 天然丰度很低,这种耦合并不影响 ^1H 谱,但在碳谱中是主要的。为将 ^{13}C 与 ^1H 间的耦合全部去除,通常采用质子噪声去耦技术,即在测碳谱时,以一相当宽的频带(包括样品中所有氢核的共振频带)照射样品,则每个碳原子仅出现一条共振谱线,因此最常见的碳谱均属于宽带全去耦谱。在去耦的同时,有核 NOE 效应,能使去耦磁核共振峰的强度增强三倍。此外,在 ^{13}C 核磁共振谱中,随结构的不同,磁核的弛豫时间可以相差很大,短的只有几毫秒,长的可以到几百秒。用 FT 技术测定碳谱时, ^{13}C 弛豫时间的长短影响到信号的强弱。因此 ^{13}C 的弛豫时间可以用来分析有机分子的结构。在碳谱中,纵向弛豫作用是主要的,不同碳原子的 T_1 互不相同,故对峰高的影响不一样;加之进行质子噪声去耦时产生的不同核的 NOE 也不同,因此峰高不能定量地反映碳原子数量。

分子有不同的构型、构象时, δ_C 比 δ_H 更为敏感。碳原子是分子的骨架,分子间的碳核的相互作用比较小,不像处在分子边缘上的氢原子,分子间的氢核的相互作用比较大。所以对于碳核,分子内的相互作用显得更为重要,如分子的立体异构、链节运动、序列分布、不同温度下分子内的旋转、构象的变化等,在碳谱的 δ_C 值及谱线形状上常有所反映,这对于研究分子结构及分子运动、动力学和热力学过程都有重要的意义。和氢谱一样,碳谱的化学位移 δ_C 也是以 TMS 或某种溶剂峰为基准的。

19.5.2　 ^{13}C 的化学位移

影响 ^1H 化学位移的各种结构因素基本上也影响 ^{13}C 的化学位移。但因为 ^{13}C 核外有 p 电子,p 电子云的非球状对称性质,使 ^{13}C 的化学位移主要受顺磁屏蔽的影响。顺磁屏蔽的强弱取决于碳的最低电子激发态与电子基态的能量差,差值愈小,顺磁屏蔽项愈大, ^{13}C 的化学位移值也愈大。此外,就取代基的影响而言,任何取代基对 ^{13}C 化学位移的影响并不只限于与之直接相连的碳原子,而要延伸好几个碳原子。顺磁屏蔽的存在使得以理论上解释化学位移更趋复杂。但从应用的角度来看,各种类型的 ^1H 和 ^{13}C 的化学位移值从高场到低场基本上是平行的(卤代烃除外)。图 19-12 为各类含碳官能团中, ^{13}C 的化学位移。

1. 开链烷烃 ^{13}C 化学位移的经验公式

线性与分支的开链烷烃的化学位移可用 Lindoman Adams 经验公式来计算。如对于具有下列结构的分子

$$\cdots \overset{\kappa}{CH_n} - \overset{\alpha}{CH_m} - \overset{\beta}{C} - \overset{\gamma}{C} - \overset{\delta}{C} -$$

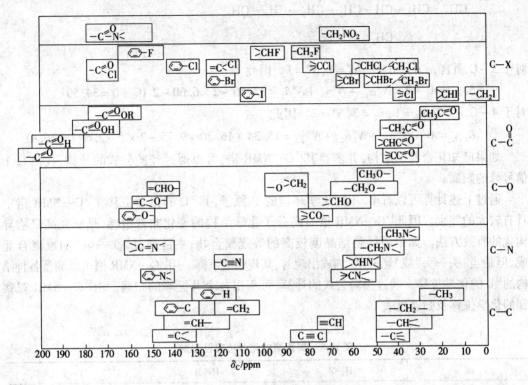

图 19-12 ^{13}C 的化学位移

κ 碳的化学位移为

$$\delta C(\kappa) = A_n + \sum_{m=0}^{2} N_m^{\alpha} \alpha_{nm} + N^{\gamma} \gamma_n + N^{\delta} \delta_n \tag{19-19}$$

式中:N 为 κ 碳上氢的个数,m 为 α 碳上氢的个数,N_m^{α} 为 α 位置上 CH_m 基团的个数($m = 0$,1,2;$\alpha - CH_3$ 不计算),N^{γ} 为 γ 碳的个数,N^{δ} 为 δ 碳的个数,A_n 为经验参数。上述公式中的参数值由表 19-7 给出。

表 19-7   计算烷烃 ^{13}C 化学位移的经验参数

N	A_n	m	α_{nm}	γ_n	δ_n
3	6.80	2	9.56	-2.99	0.49
		1	17.83		
		0	25.48		
2	15.34	2	9.75	-2.69	0.25
		1	16.70		
		0	21.43		
1	23.46	2	6.60	-2.07	0
		1	11.14		
		0	14.70		
0	27.77	2	2.26	0.86	0
		1	3.96		
		0	7.35		

例如:计算下面化合物 $3 - C$ 和 $4 - C$ 的化学位移。

$$
\begin{array}{ccccccc}
\overset{1}{CH_3}-\overset{2}{CH_2}-\overset{3}{CH}-\overset{4}{CH_2}-\overset{5}{CH_2}-\overset{6}{CH_2}-\overset{7}{CH_3} \\
| \\
\underset{8}{CH_3}
\end{array}
$$

对于 3 - C 而言，$n=1, m=2, N^{\gamma}=1, N^{\delta}=1$。因此

$$\delta_{3-C} = A_1 + 2 \times N_2^{\alpha}\alpha_{12} + N^{\gamma}\gamma_1 + N^{\delta}\delta_1 = 23.46 + 2 \times 6.60 - 2.07 + 0 = 34.59$$

对于 4 - C，$n=2, m_1=1, m_2=2, N^{\gamma}=2$。因此

$$\delta_{4-C} = A_2 + N_1^{\alpha}\alpha_{21} + N_2^{\alpha}\alpha_{22} + N^{\gamma}\gamma_2 = 15.34 + 16.70 + 9.75 + 2 \times (-2.69) = 36.41$$

如果已知化合物的结构，并测得其 ^{13}C—NMR 谱，可以通过经验公式的计算，找出每个信号峰的归属。

通过上述计算可以看出，不同化学环境的 C 原子，其 ^{13}C 的化学位移在 ^{13}C—NMR 谱中具有较大的差别。因此 ^{13}C—NMR 谱对高分子化学结构的变化非常敏感，是研究高聚物异构化的有效方法。如聚丙烯是结晶度较高的等规聚合物，主链通过"头—尾"加成聚合而成，但是当"头—头"或"尾—尾"加成出现时，其规整度下降。用 ^{13}C—NMR 谱可以测量各种结构的 ^{13}C 的化学位移。通过经验公式的计算，可得出各个共振峰的归属。由 ^{13}C—NMR 观察到的化学位移及归属见表 19-8。

表 19-8　聚丙烯的化学位移及归属

碳	H—T	H—H	T—T
CH	28.5	37.0	—
CH$_2$	46.0	—	31.3
CH$_3$	20.5	15.0	—

聚丙烯的"头—尾"加成物(H—T)：

$$
\begin{array}{cccccc}
-C-C-C-C-C-C- \\
|\quad\ |\quad\ |\ \\
C\quad C\quad C
\end{array}
$$

聚丙烯的"头—头"及"尾—尾"加成物[(H—H)及(T—T)]：

$$
\begin{array}{cccccccccc}
-C-C-C-C-C-C-C-C-C-C- \\
|\ |\qquad\ |\ |\qquad\ |\ |\ \\
C\ C\qquad C\ C\qquad C\ C
\end{array}
$$

当烷基中的 H 被其他基团 X 取代后，碳原子的化学位移可由式(19-19)的计算值加上表 19-9 中的经验参数得到。

例如：3 - 戊醇

$$
\begin{array}{ccccc}
\overset{\gamma}{CH_3}-\overset{\beta}{CH_2}-\overset{\alpha}{CH}-\overset{\beta}{CH_2}-\overset{\gamma}{CH_3} \\
| \\
OH
\end{array}
$$

计算时，由表 19-7 得到不同碳的化学位移，再加上表 19-9 中 H 被 OH 取代后的不同增加位移变化值，计算结果如下：

$$\delta_{\alpha-C} = A_2 + 2 \times N_2^{\alpha}\alpha_{22} + Z_{iso-\alpha} = 15.34 + 2 \times 9.75 + 41 = 75.84 \text{（实测值为 73.8）}$$

$$\delta_{\beta-C} = A_2 + N_2^{\alpha}\alpha_{22} + \gamma_2 + Z_{iso-\beta} = 15.34 + 9.75 - 2.69 + 8 = 30.4 \text{（实测值为 29.7）}$$

$$\delta_{\gamma-C} = A_3 + N_3^{\alpha}\alpha_{32} + \gamma_3 + \delta_3 + Z_{\gamma} = 6.80 + 9.56 - 2.99 + 0.49 - 6 = 7.86 \text{（实测值为}$$

9.8)

表 19-9　线性及支链烃中 H 被 OH 取代后的取代效应（对 ^{13}C 而言）

—R	Z_α		Z_β		Z_γ	Z_δ	Z_ε
	n	iso	n	iso			
—F	70	63	8	6	−7	0	0
—Cl	31	32	10	10	−5	−0.5	0
—Br	20	26	10	10	−4	−0.5	0
—I	−7	4	11	12	−1.5	−1	0
—O—	57	51	7	5	−5	−0.5	0
—OCOCH$_3$	52	45	6.5	5	−4	0	0
—OH	49	41	10	8	−6	0	0
—SCH$_3$	20.5		6.5		−2.5	0	0
—S—	10.5		10.5		−3.5	−0.5	0
—NH$_2$	28.5	24	28.5	24	−5	0	0
—NHR	36.5	30	36.5	30	−4.5	−0.5	−0.5
—NR$_2$	40.5		40.5		−4.5	−0.5	0
—NH$_3$	26	24	26	24	−4.5	0	0
—NR$_3$	30.5		30.5		−7	−0.5	−0.5
—NO$_2$	61.5	57	61.5	57	−4.5	−1	−0.5
—NC	27.5		27.5		−4.5	0	0
—CN	3	1	3	1	−3	−0.5	0
—CHO	30		−0.5		−2.5	0	0
＼C=O	23		3		−3	0	0
—COCH$_3$	29	23	3	1	−3.5	0	0
—COCl	33	28	2	2	−3.5	0	0
—COO$^-$	24.5	20	3.5	3	−2.5	0	0
—COOCH$_3$ ⎱ —COOCH$_2$CH$_3$ ⎰	22.5	17	2.5	2	−3	0	0
—CONH$_2$	22		2.5		−3	−0.5	0
—COOH	20	16	2	2	−3	0	0
⌬	23	17	9	7	−2	0	0
—CH=CH$_2$	20		6		−0.5	0	0
—C≡CH	4.5		5.5		−3.5	0.5	0

2. 计算烯烃 ^{13}C 化学位移的经验公式

计算烯烃 ^{13}C 化学位移的经验公式为

$$\delta C(k) = 123.3 + \sum_i A_{ki}(R_i) + \sum_{i'} A_{ki'}(R_{i'}) + 修正值 \tag{19-20}$$

式中：$A_{ki}(R_i)$ 和 $A_{ki'}(R_{i'})$ 分别为 i 和 i' 取代基对 k 碳化学位移的增量。i' 说明是在双键的另一侧的位置。A_{ki} 和 $A_{ki'}$ 的值和修正值列于表 19-10。

表 19-10　烯碳化学位移的经验常数

$$\overset{\gamma'\ \ \beta'\ \ \alpha'\ \ k'\ \ k\ \ \alpha\ \ \beta\ \ \gamma}{C-C-C-C=C-C-C-C}$$

R_i	γ'	β'	α'	α	β	γ
—C	1.5	−1.8	−7.9	10.6	7.2	−1.5
—OH		−1	–	–	6	
—OR		−1	−39	29	2	
—OCH$_2$CH$_3$			−27	18		
—COCH$_3$			6	15		
—CHO			13	13		
—COOH			9	4		
—COOR			7	6		
—CN			15	−16		
—Cl		2	−6	3	−1	
—Br		2	−1	−8	~0	
—I			7	−38		
⬡			−11	12		

校　　正　　项				
$\alpha\alpha'$(反式)	0	$\alpha'\alpha'$		2.5
$\alpha\alpha'$(顺式)	−1.1	$\beta\beta$		2.3
$\alpha\alpha$	−4.8	所有其他相互作用		~0

3. 取代苯的经验公式

计算取代苯的经验公式为

$$\delta C(k) = 128.5 + \sum_i A_i(R) \tag{19-21}$$

式中: $A_i(R)$ 代表取代基在第 R 位置上对 k 碳的位移增量。一般取代基的参量 A_i 见表 19-11。

表 19-11　取代基对苯[13]C 化学位移的影响

R	A_i C-1	A_i 邻	A_i 间	A_i 对	R	A_i C-1	A_i 邻	A_i 间	A_i 对
—CH$_3$	9.3	0.8	0	−2.9	—COC$_6$H$_5$	9.4	1.7	−0.2	3.6
—CH$_2$CH$_3$	15.6	−0.4	0	−2.6	—CN	−15.4	3.6	0.6	3.9
—CH(CH$_3$)$_2$	20.2	−2.5	0.1	−2.4	—OH	26.9	−12.7	1.4	−7.3
—C(CH$_3$)$_3$	22.4	−3.1	−0.1	−2.9	—OCH$_3$	31.4	−14.4	1.0	−7.7
—CF$_3$	−9	−2.2	0.3	3.2	—OCOCH$_3$	23	−6	1	−2
⬡	13	−1	0.4	−1	—OC$_6$H$_5$	29	−9	2	−5
—CH=CH$_2$	9.5	−2	0.2	−0.5	—NH$_2$	18	−13.3	0.9	−9.8
—CH$_2$OH	12	−1	0	−1	—N(CH$_3$)$_2$	23	−16	1	−12

R	A_i	A_i	A_i	A_i	R	A_i	A_i	A_i	A_i
	$C-1$	邻	间	对		$C-1$	邻	间	对
—COOH	2.1	1.5	0	5.1	—N(C_6H_5)$_2$	19	-4	1	-6
—COO$^-$	8	1	0	3	—NHCOCH$_3$	11	-10	0	-6
—COOCH$_3$	2.1	1.1	0.1	4.5	—NO$_2$	20	-4.8	0.9	5.8
—COCl	5	3	1	7	—NCO	5.7	-3.6	1.2	-2.8
—CHO	8.6	1.3	0.6	5.5	—F	34.8	-12.9	1.4	-4.5
—COCH$_3$	9.1	0.1	0	4.2	—Cl	6.2	0.4	1.3	-1.9
—COCF$_3$	-5.6	1.8	0.7	6.7	—Br	-5.5	3.4	1.7	-1.6

4. 羰基化合物的化学位移

羰基化合物的 δ_C 在很低场，因此很容易识别。用中介效应可以解释：

$$\diagdown \atop \diagup C{=}O \Longleftrightarrow \diagdown \atop \diagup C{\overset{-}{-}}O \atop +$$

一般饱和醛和酮的羰基 $\delta_C > 195$ ppm。如羰基与杂原子（具有孤对电子对的原子）或不饱和基团相连，羰基的电子短缺得以缓和，因此共振移向高场方向。酰氯、酰胺、酯、酸酐、酸因中介效应，一般 $\delta_C < 185$ ppm。

19.5.3　核磁共振谱的解析

1. 氢核磁共振谱的解析

在解析核磁共振谱图时要具体分析和综合利用化学位移值 δ、自旋耦合与裂分、各峰面积之比这三种信息来推测化合物中所含的基团以及基团之间的连接顺序、空间排布等，最后提出分子的可能结构并加以验证。具体解析步骤如下。

①根据分子式计算化合物的不饱和度。

②测量曲线信号峰的积分面积，进而确定各峰组对应的质子数目。

③根据每一个峰组的化学位移值、质子数目以及峰组裂分的情况推测出对应的结构单元。

④计算剩余的结构单元和不饱和度。

⑤将结构单元组合成可能的结构式。

⑥对所有可能的结构进行指认，排除不合理的结构。

⑦如果依然不能得出明确的结论，则需借助其他波谱分析方法，如紫外或红外光谱以及核磁共振碳谱等。

另外，在解析谱图时要注意将杂质峰、溶剂峰和旋转边带等非样品峰区分出来。注意分子中 OH、NH、SH 等活泼氢产生的信号，它们多数能形成氢键，化学位移值不固定，随测定条件在一定区域内变动；在溶液中亦会发生交换反应，尤其可与重水中的氘快速交换，使原来由活泼氢产生的吸收峰消失。解谱时还要注意不符合一级谱图的情况，在许多情况下，由于相互耦合的两种质子化学位移值相差很小，不能满足 $\Delta v/J > 6$ 的条件，因此裂分峰形不完全符合 $n+1$ 规律。

2. 碳核磁共振谱的解析

碳谱在解析时有其特殊性,由于碳谱通常都为质子噪声去耦谱,因此化学位移值 δ 对碳谱的解析至关重要。另外,可充分利用碳谱近似计算公式辅助解谱。解析步骤如下。

①按化学位移值分区确定碳原子类型。碳谱按化学位移值一般可分为下列三个区,根据这三个区域可大致归属谱图中各谱线的碳原子类型。

饱和碳原子区($\delta < 100$):饱和碳原子若不直接和杂原子(O、S、N、F 等)相连,其化学位移值一般小于 55。

不饱和碳原子区($\delta = 90 \sim 160$):烯碳原子和芳碳原子在这个区域出峰。当其直接与杂原子相连时,化学位移值可能会大于 160。叠烯的中央碳原子出峰位置也大于 160。炔碳原子在其他区域出峰,其化学位移值范围为 $70 \sim 100$。

羰基或叠烯区($\delta > 150$):该区域的基团中碳原子的 δ 值一般大于 160。其中酸、酯和酸酐的羰基碳原子在 $160 \sim 180$ 出峰,酮和醛在 200 以上出峰。

②对碳谱的各谱线进行归属。通过上一步骤,可确定各谱线所属的碳原子的类型,为进一步明确各谱线的归属和判断分子的结构,可采用碳谱的近似计算公式(尤其适用于分子中含有较为接近的基团或骨架的情况),在必要时还可以采用参照氢谱辅助解析的方法。

19.5.4 核磁共振技术

1. 核磁共振谱仪

高分辨核磁共振谱仪的基本结构如图 19-13 所示。仪器主要由以下部件组成:磁铁、射频发生器、探头、射频接收器、积分器、扫描单元、场频联锁、仪器接收与记录系统等。实验时要求样品管磁极的中心不管采用哪种磁铁都能产生非常均匀的磁场。但实际上磁铁的磁场不可能很均匀,因此需要使样品管以一定速度旋转,以克服磁场不均匀引起的信号峰加宽。

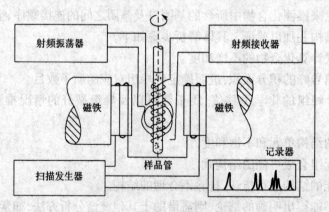

图 19-13　核磁共振谱仪示意

磁铁可用永久磁铁(90 MHz 以下的磁场),这种磁场不需要磁铁电源和冷却系统,运转费用较低,而且具有优良的长期稳定性,但磁场固定,不能在宽范围内改变磁场,受温度的影响较大。100 MHz 以下也可用电磁铁,其优点是通过改变励磁电流可在较广范围内改变磁场,但为了保证电磁铁的稳定性和均匀度,室温变化需要控制在 1 ℃ 以内。近年来采用超导磁铁,磁场强度可大幅度提高,最高可达到 800 MHz。由于超导磁铁的磁场强,所以灵敏度和分辨率都非常高,由于采用闭合低温杜瓦,液氦的使用期也超长。今后超导磁铁将成为

NMR 的主体磁场。

实验时射频振荡器不断向振荡线圈提供能量,向样品发送固定频率的电磁波,该频率与外磁场之间的关系为 $\nu = \gamma H_0 / (2\pi)$。绕在磁铁凸缘上的扫场线圈由扫描发生器提供变化的直流电流,使样品除受到磁铁所提供的强磁场作用之外,还受到一个可变的附加磁场作用。这个小的附加磁场由弱到强连续变化,称为扫场(即场扫描)。在扫描过程中,样品中不同化学环境的磁核相继满足共振条件,在接收线圈中就会感应出共振信号,并将它送入射频接收器,经放大后输入记录器,自动记录下 NMR 谱。另一种扫频方法是采用固定磁场,用变化的射频扫描,也可得到完全一样的 NMR 谱。

2. 溶剂与样品

样品管为 $\phi = 5$、8 或 10 mm 的玻璃管。为保持旋转均匀及良好的分辨率,要求管壁内外均匀、平直,为防止溶剂挥发,尚需带上塑料管帽。

(1)样品的体积与浓度 样品最小充满高度为 25 mm,体积为 0.3 mL。为获得良好的信噪比,样品浓度为 5% ~ 10%。^{1}H 谱只需样品 1 mg 左右,^{13}C 谱需要几到几十毫克。样品黏度应较低,否则分辨率较低。

(2)溶剂 在制备 NMR 样品时,最主要的是选择适当的溶剂。氘代氯仿 CDCl$_3$ 是最常用的溶剂,除极性强的样品均可适用。极性大的样品可用氘代丙酮、重水、氘代乙腈、氘代二甲亚砜等。采用不同溶剂测得的 δ 值有一定的差异。

(3)参考物质 一般采用内标,加入 1% 的四甲基硅(TMS)。有时也用溶剂作内标。(如果溶剂和溶质之间存在相互作用,折算时会产生一定误差)外标是将参考物放在特制的同心管内。

常见溶剂的 δ_C 和 δ_H 值见表 19-12。

表 19-12 常用溶剂的 δ_C 和 δ_H 值

溶剂英文名称	分子式	δ_H[①]/ppm	δ_C/ppm
Carbon tetrachloride	CCl$_4$	—	96.0
Carbon disulphide	CS$_2$	—	192.8
Chloroform	CDCl$_3$	7.28	77.0
Acetone	CD$_3$OCD$_3$	2.07	29.8
Dimethyl sulphoxide	CD$_3$SOCD$_3$	2.50	39.5
Methanol	CD$_3$OD	3.34(4.11)	49.0
Pyridine	C$_5$D$_5$N	7.2 ~ 8.6	123.5
Benzene	C$_6$D$_9$	7.24	128.0
Toluene	C$_6$D$_5$CD$_3$	2.3;7.1	21.3;125 ~ 137
Acetic acid	CD$_3$CO$_2$D	2.06(12)	20.0;178.4
Trifluoroacetic acid	CF$_3$CO$_2$H	(12)	115.0;163.0
Deuterium oxide	D$_2$O	(4.61)	

①表示残留质子的化学位移。括号中的数值表示与浓度及氢键有重要关系。

19.5.5 核磁共振技术在材料研究中的应用

1. 结构定性分析

1)单体结构与聚合反应分析

聚丙烯酸茚满酯的合成路线如下。

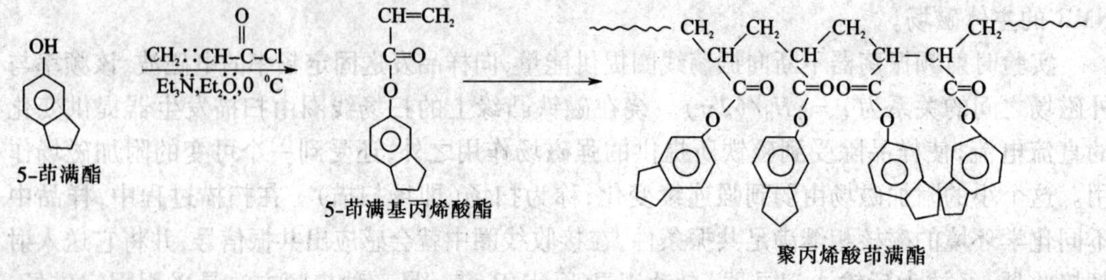

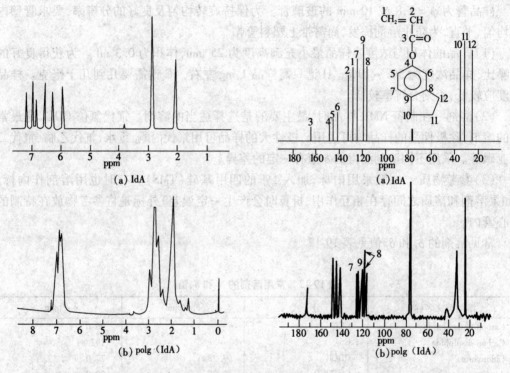

5-茚满酯

5-茚满基丙烯酸酯

聚丙烯酸茚满酯

合成单体丙烯酸茚满酯(IdA)及其均聚物(poly(IdA))的^{1}H NMR 谱与^{13}C NMR 谱分别如图 19-14 和 19-15 所示。

图 19-14　IdA 和 poly(IdA)的^{1}H NMR 谱

图 19-15　IdA 和 poly(IdA)的^{13}C NMR 谱

IdA 的双键质子特征吸收峰在^{1}H NMR 谱中出现在 5.8 ~ 6.5 ppm,双键 C 原子在^{13}C NMR 谱中的特征振动吸收峰出现于 127.8 和 132.1 ppm。IdA 均聚后双键加成为聚丙烯酸主链结构,在聚合物的^{1}H NMR 谱和^{13}C NMR 谱中双键质子和 C 原子的特征吸收峰消失,形成的聚丙烯酸主链结构中的质子特征吸收出现于 1.0 ~ 3.4 ppm,C 原子的特征吸收出现在 30 ~ 40 ppm 和 110 ~ 130 ppm。通过特征基团吸收峰的出现和消失,可以判断聚合反应的机理和过程。由于羰基限制了侧基的自由旋转,使大分子链显示出立体异构,^{13}C NMR 中 C - 7,C - 8 和 C - 9 振动吸收峰出现裂分。

2)聚合物类型的鉴定

图 19-16 为聚乙烯 - 1 - 己烯共聚物、聚乙烯 - 1 - 丁烯共聚物和聚乙烯 - 1 - 丙烯共聚物的^{13}C NMR 谱。这些结构含有相似的基团,只是侧基结构不同,用红外光谱很难准确区分三个共聚物,而利用^{13}C NMR 谱对结构变化敏感的特点,很容易区分三种共聚物。

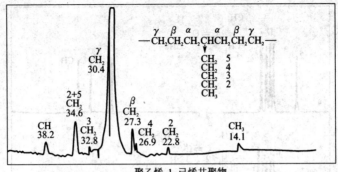

聚乙烯-1-己烯共聚物

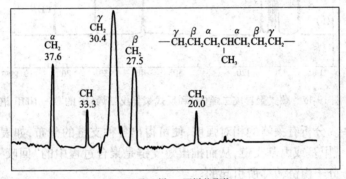

聚乙烯-1-丙烯共聚物

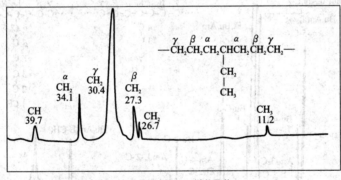

聚乙烯-1-丁烯共聚物

图 19-16　聚乙烯-1-己烯共聚物、聚乙烯-1-丙烯共聚物和聚乙烯-1-丁烯共聚物的^{13}C NMR 谱

3）聚合物异构体

图 19-17 为聚异戊二烯的两种几何异构体的^{13}C NMR 谱，测试条件为溶剂 C_6D_6，浓度 10%，温度 60 ℃，50.3 MHz。由图可见，甲基碳及亚甲基 C-1 的共振峰对几何异构是非常敏感的，而亚甲基 C-4 对双键取代基的异构体很不敏感。

4）聚合物的支化

在第 18 章中曾提到，红外光谱测得的低密度聚乙烯的支化度为一平均值，用红外光谱难以测定支链的长度与其分布。而用 NMR 谱则可很好地解决这一问题。由式（19-19）计算可知，不同接枝链长的 C 原子共振峰化学位移存在着差异，事实也确实如此。图 19-18 为低密度聚乙烯的^{13}C NMR 谱。图中 $\delta = 30$ ppm 的主峰对应于聚乙烯分子中的亚甲基。支链上受屏蔽效应较大的是 C-1 及 C-2，其余的支链受^{13}C 屏蔽效应不明显。β 碳比 α 碳受屏

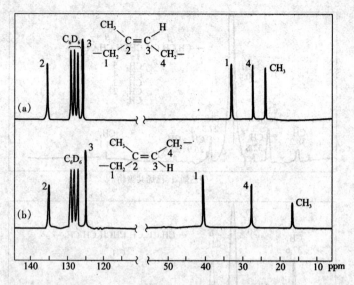

图 19-17　顺式聚异戊二烯(a)和反式聚异戊二烯(b)的^{13}C—NMR 谱

蔽的影响要大些。分析有关峰的相对强度,便可得出各种支链的分布,如表 19-13 所示。图 19-18 中没有发现甲基或丙基支链,从而推出短支链是聚合过程中的"回咬"现象引起的,而长支链则是由于分子内链转移所引起的。

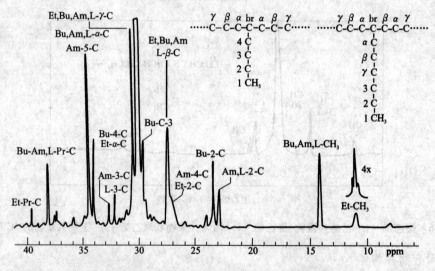

图 19-18　低密度聚乙烯的^{13}C NMR 谱(溶剂 1,2,4 – 三氯苯,浓度 5% ,110 ℃)

表 19-13　低密度聚乙烯的支链分布

支　链　类　型	每 1 000 个主链碳中的支链数
—CH$_3$(Me)	0.0
—CH$_2$CH$_3$(Et)	1.0
—CH$_2$CH$_2$CH$_3$(Pr)	0.0
—CH$_2$CH$_2$CH$_2$CH$_3$(Bu)	9.6
—CH$_2$CH$_2$CH$_2$CH$_2$CH$_3$(Am)	3.6
—hexyl 及长支链(L)	5.6
总　数	19.8

5) 聚烯烃立构规整度及序列结构的研究

聚合物的立构规整度将影响其结晶结构,并最终影响其性能。聚合物的立体异构分为等规立构、间规立构和无规立构。

等规立构的排列以 m(meso) 表示,其相邻的两个链节排列次序为

$$
\begin{array}{c}
RH_A\ R \\
\text{|} \quad \text{|} \quad \text{|} \\
H_B
\end{array}
$$

间规立构的排列以 r(racemic) 表示,其相邻的两个链节排列次序为

$$
\begin{array}{c}
RH_A \\
\text{|} \quad \text{|} \quad \text{|} \\
H_B\ R
\end{array}
$$

在间规结构中,亚甲基上的质子 H_A 与 H_B 所处的化学环境完全一样,在 ${}^1H$ NMR 谱成为单一的共振峰。在等规立构体中,H_A 与 H_B 所处的化学环境不一样,在 ${}^1H$ NMR 谱中出现分裂的峰。

图 19-19 为聚甲基丙烯酸甲酯的 ${}^1H$ NMR 谱。其中图(a)的分子式表示了三元序列中的不同排列方式,图(b)的 NMR 谱表示了各种序列结构中 ${}^1H$ 的化学位移。化学位移在 1.1 ~1.4 ppm 之间的峰对应于 α 甲基。间规立构体的三元序列的亚甲基为一位于约 2 ppm 的单峰(图(b)中(1)),而等规立构体的亚甲基分裂成位于 1.6 ppm 附近及位于 2.3 ppm 附近的四重峰(图(b)中(2))。

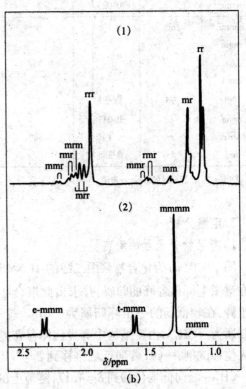

图 19-19 (a)三种立构异构体的排列方式 (b)聚甲基丙烯酸甲酯的 ${}^1H$ NMR 谱
(1)间规立构 (2)等规立构

用^{13}C NMR 谱还可以计算聚甲基丙烯酸甲酯(PMMA)中不同规整度链节长度的比例。表 19-14 列出了 PMMA 的各种δ_C值。表 19-15 列出了 PMMA 的三单元和五单元单体链节的分布。

表 19-14　聚甲基丙烯酸甲酯^{13}C NMR 谱中的δ_C值

构　　型	＼C=O	—CH₂	OCH₃	—C—	CH₃
全同	174.63	52.36	49.36	43.92	16.50
		51.05		44.71	18.24
间同	175.61	52.62			20.86
	174.93	51.26	49.36	43.93	16.50
	175.80	53.30		44.17	18.15
	175.06	52.61		43.93	16.50
无规	174.93	50.61	49.31	44.17	18.06
	175.80	53.34			

表 19-15　聚甲基丙烯酸甲酯的三单元和五单元单体链节的分布

五单元	三单元	羰基	(羰基)	2-甲基	季碳	五单元①	三单元①
mmmm		0.010				0.003	
mmmr	mm	0.018	0.051	0.051	0.060	0.020	0.005
rmmr		0.023				0.032	
mmrm	mr	0.106				0.020	
rmrm						0.064	
			0.367	0.374	0.361		0.359
mmrr						0.064	
rmrr	mr	0.261				0.210	
mrrm		0.037				0.032	
mrrr	rr	0.191	0.582	0.575	0.576	0.210	0.586
rrrr		0.355				0.343	

①当$\rho_m = 0.235$时的积分分布值。

2. 定量分析

1) 高聚物分子量的测定

图 19-20(a)为化合物聚丙二醇的^{1}H NMR 谱,(b)为加弛豫试剂 Eu(DPM)₃后作的图。可在谱图上标出各峰的归属,并求出此聚合物的相对分子质量。图(a)中基本上可以分为两组峰,在较低场的一组峰归属为—CH₂—、—CH—和—OH 基团的吸收,在较高场的一组峰归属为—CH₃。由于结构中有异构体存在,实际上图谱是比较复杂的。在图(b)中,由于加入位移试剂,—OH 峰向低场位移到$\delta = 7.0$,端基上的—CH—峰位移到$\delta = 5.17$,端基上的—CH₂—峰向低场位移到$\delta = 4.17$,链节上的—CH₂—、—CH—基团基本上没有位移,端基上的甲基向低场位移到$\delta = 1.83$,主链上的甲基基本上没有位移。把端基甲基的积分面积 E 和主链上甲基的面积 I 进行比较,很容易得到化合物聚丙二醇的数均分子量 M_n。

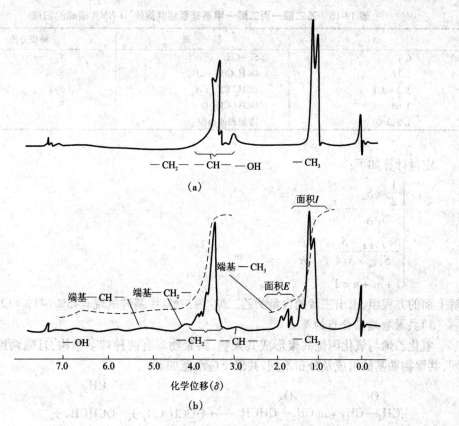

图 19-20　聚丙二醇的^{1}H NMR 谱

（a）聚丙二醇在 CDCl$_3$ 中,60 MHz　（b）聚丙二醇加了 Eu(DPM)$_3$ 试剂后的氢谱

2) 共聚物组成的定量测定

乙二醇—丙二醇—甲基硅氧烷共聚物的结构为

$$\begin{matrix} & & & & CH_3 \\ & & & & | \\ \text{(OCH}_2\text{CH}_2)_i & \text{(OCH}_2\text{CH}_{m} & \text{O}-\text{Si})_n \\ & & | & & | \\ & & CH_3 & & CH_3 \end{matrix}$$

其^{1}H NMR 谱见图 19-21。其三元共聚物的^{1}H NMR 谱峰的归属见表 19-16。

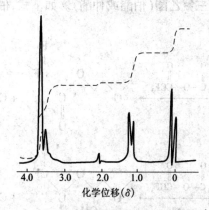

图 19-21　乙二醇—丙二醇—甲基硅氧烷共聚物的^{1}H NMR 谱

表 19-16   乙二醇—丙二醇—甲基硅氧烷共聚物 ^{1}H NMR 谱峰的归属

δ	归　　属	峰积分值
0.1	Si—CH_3	$S_{0.1}$
1.17	OCH_2CH_2—CH_3^*	$S_{1.17}$
3.2~3.8	$OCH_2^* CH_2^* CH_3$	$S_{3.2~3.8}$
3.68	$OCH_2^* CH_2^* O$	$S_{3.68}$
1.3,2.07	添加剂或杂质	

定量计算如下：

$$\begin{cases} \dfrac{\frac{1}{2} \times S_{0.1}}{S_{1.17}} = \dfrac{n}{m} \\[3mm] \dfrac{S_{3.2~3.8} - S_{3.68}}{S_{3.68} \times 3/4} = \dfrac{l}{m} \\[3mm] l + m + n = 1 \end{cases}$$

解上面的方程组，求出三者的含量为乙二醇:丙二醇:甲基硅氧烷 = 45%:43%:12%。

3) 共聚物端基分布的测定

氧化乙烯与氧化丙烯共聚形成共聚物，共聚物具有两种端基结构，且随两组分比例不同，共聚物端基的组成及分布不同，共聚反应示意如下：

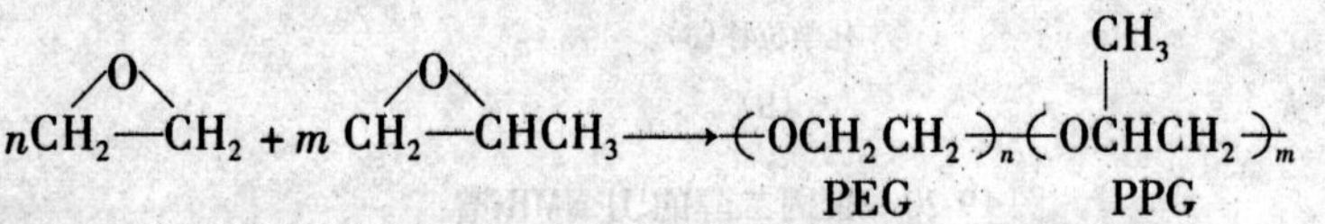

$$n CH_2 - CH_2 \overset{O}{\frown} + m\ CH_2 - CHCH_3 \overset{O}{\frown} \longrightarrow (OCH_2CH_2)_n (OCHCH_2)_m$$
$$\qquad\qquad\qquad\qquad\qquad\qquad\qquad\quad PEG \qquad\quad PPG$$

含有的端基为

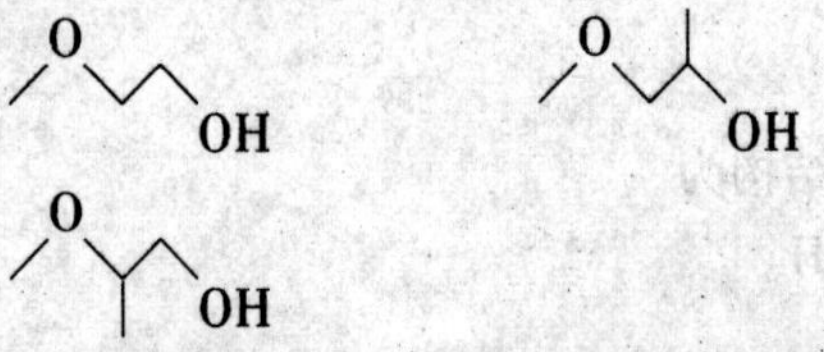

伯醇端基　　　　　　　　仲醇端基

在氧化乙烯与氧化丙烯共聚物的 ^{1}H NMR 谱中，端基的共振峰与主链的共振峰往往重叠在一起，无法分别计算端基的含量。采用三氟乙酐酯化生成三氟乙酯的方法却可以方便地利用 ^{19}F NMR 谱区分两种三氟乙酯（伯酯或仲酯）。如下式，伯醇与仲醇很容易与三氯乙酐反应，生成三氟乙酯。

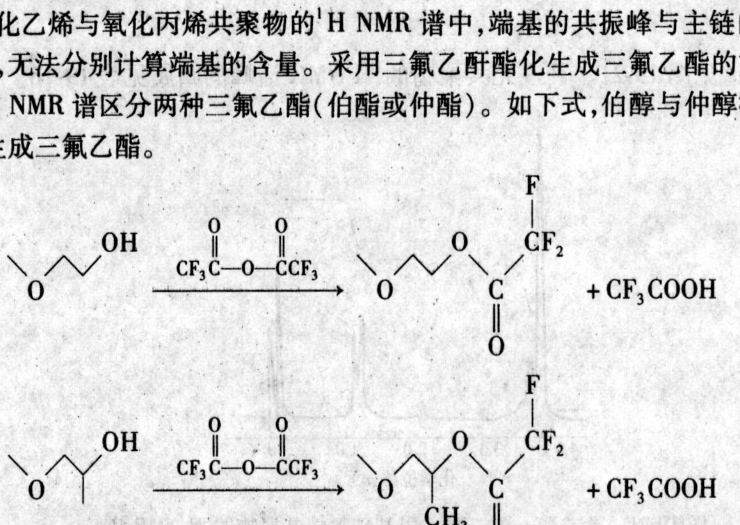

聚醚聚醇的两种三氯乙酯(伯酯及仲酯)可以用 ^{19}F NMR 谱加以区别,如图 19-22 所示。由图可知,与伯醇及仲醇反应后的三氟甲基的 ^{19}F 共振峰被分裂成间隔为 0.5 ppm 的两部分。根据它们的积分强度比,可以算出原来共聚物中伯醇端基占整个端基的比例为

$$伯醇\% = \frac{[I_1]}{[I_1] + [I_2]} \tag{19-22}$$

式中:$[I_1]$ 及 $[I_2]$ 分别为与伯醇及仲醇反应的三氯乙酸乙酯中 ^{19}F 的积分强度。图 19-22 中(a),(b)和(c)三种不同共聚样品的伯醇端基含量分别为 76%、64% 和 20%。在上述样品测试中发现,由共聚物的分子量可以在很宽的范围内得到准确的端基分布计算值。

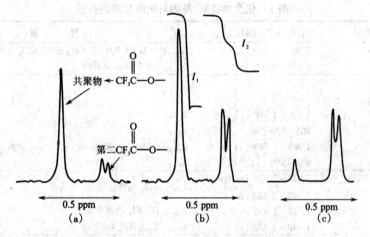

图 19-22　^{19}F NMR 研究共聚物端基含量

(a)76% 共聚物　(b)64% 共聚物　(c)20% 共聚物

附　录

表1　化合物类别、基团与吸收频率的关系

基团或类别	范围/cm^{-1}（强度）	判　属
乙炔基 RC≡C—	3 300 ~ 3 250（m ~ s）	ν_{CH}，R＝H（3 320 – 3 300 cm^{-1}，CCl$_4$ 溶液）
	2 250 ~ 2 100（w）	$\nu_{C≡C}$，共轭使频率升高
酰卤类 R—$\overset{\overset{\text{O}}{\|\|}}{\text{C}}$—R 脂肪的	1 810 ~ 1 790（s）	$\nu_{C=O}$
	965 ~ 920（m）	ν_{C-C}
芳香的	1 785 ~ 1 765（s）	$\nu_{C=O}$［1 750 ~ 1 735 cm^{-1}（w）Fermi 共振］
	890 ~ 850（s）	ν_{C-C}
醛类 R—CHO	2 830 ~ 2 810（m）	ν_{C-O-H}，δ_{C-H} 的泛频，费米共振
	2 740 ~ 2 720（m）	
	1 725 ~ 1 695（vs）	$\nu_{C=O}$，在 CCl$_4$ 溶液中稍高
	1 440 ~ 1 320（s）	$\delta_{H-C=O}$，脂肪醛类
烷基 R—	2 980 ~ 2 850（m）	ν_{C-H}，几条吸收带
	1 470 ~ 1 450（m）	δ_{CH_2}
	1 400 ~ 1 360（m）	δ_{CH_3}
	740 ~ 720（w）	CH$_2$ 平面摇摆
酰胺类 伯酰胺—CONH$_2$	3 540 ~ 3 520（m）	ν_{NH}，稀溶液，位移到 3 360 ~ 3 340，固态时为 3 200 ~ 3 180 cm^{-1}
	3 400 ~ 3 380（m）	
	1 680 ~ 1 610（vs）	$\nu_{C=O}$（酰胺 I）
	1 650 ~ 1 610（m）	δ_{NH_2}，有时为一肩形带（酰胺 II）
	1 420 ~ 1 400（m ~ s）	ν_{C-N}，（酰胺 III）
仲酰胺—CONHR	3 440 ~ 3 420（m）	ν_{NH}，稀溶液，纯液体或固态时位移到 3 280 ~ 3 260 cm^{-1}
	1 680 ~ 1 640（vs）	$\nu_{C=O}$（酰胺 I）
	1 560 ~ 1 530（vs）	ν_{C-N}，（酰胺 III）
	1 310 ~ 1 290（m）	未能确定
	710 ~ 690（m）	未能确定
叔酰胺—CONR$_2$	1 670 ~ 1 640（vs）	$\nu_{C=O}$
胺类 伯　胺—NH$_2$	3 460 ~ 3 280（m）	ν_{N-H_2}，有些结构为宽带
	2 830 ~ 2 810（m）	ν_{C-H}
	1 650 ~ 1 590（s）	δ_{NH_2}
仲　胺 —NHR	3 350 ~ 3 300（vw）	ν_{N-H}
	1 190 ~ 1 130（m）	ν_{C-N}
	740 ~ 700（m）	δ_{N-H}
氢卤化胺 RNH$_3^+$ X$^-$	2 800 ~ 2 300（m ~ s）	ν_{N-H}，几个峰
R'NH$_2$R$^+$ X$^-$	1 600 ~ 1 500（m）	δ_{NH}，1 或 2 条带

基团或类别	范围/cm^{-1}（强度）	判　属
α-氨基酸　$\overset{NH_2}{-\underset{\vert}{C}-COOH}$（或—CNH$_3$$^+COO^-$）	3 200～3 000（s）	氢键的 NH$_2$ 和 OH 伸缩，固态，宽峰
	1 600～1 590（s）	COO$^-$ 非对称伸缩
	1 550～1 480（m～s）	$\delta_{NH_3^+}$
	1 400（w～m）	COO$^-$ 对称伸缩
铵盐 NH$_4$$^+$	3 200（vs）	ν_{N-H}，宽带
	1 430～1 390（s）	δ_{NH_2}，尖峰
酸酐类	1 850～1 780（可变）	$\nu_{asC=O}$
	1 770～1 710（m～s）	$\nu_{sC=O}$
	1 220～1 180（vs）	ν_{C-O-C}（环状酸酐频率更高）
芳香化合物	3 100～3 000（m）	ν_{CH}，几个峰
	2 000～1 660（w）	泛频和合频带
	1 630～1 590（m）及	$\nu_{C=C}$，强度可变
	1 520～1 480（m）	
	900～650（s）	CH 面外变形，1 或 2 条带，与取代有关
叠氮化物　—N—N≡N	2 160～2 120（s）	$\nu_{N=N}$
溴代物 R—Br	700～550（m）	ν_{C-Br}
叔丁基（CH$_3$）$_3$C—	2 980～2 850（m）	ν_{C-H}，几条带
	1 400～1 390（m）	δ_{CH_3}
	1 380～1 360（s）	
碳二亚胺类　=N=C—N—	2 150～2 100（vs）	N=C=N 非对称伸缩
羰　基　C=O	1 870～1 650（vs，br.）	$\nu_{C=O}$
羧　酸 R—COOH	3 550（m）	ν_{OH}（单体，稀溶液）
	3 000～2 400（s，vbr.）	ν_{OH}（固体和液态）
	1 760（vs）	$\nu_{C=O}$（单体，稀溶液）
	1 710～1 680（vs）	$\nu_{C=O}$（固体和液态）
	1 440～1 400（m）	ν_{C-O}/δ_{OH}
	960～910（s）	δ_{COH}
氯代物 R—Cl	850～650（m）	ν_{C-Cl}
重氮盐　—N≡N$^+$	2 300～2 240（s）	$\nu_{N=N}$
酯类 R—CO—O—R	1 765～1 720（vs）	$\nu_{C=O}$
	1 290～1 180（vs）	$\nu_{asC-O-C}$
醚类　—C—O—C—	1 285～1 240（s）	ν_{C-O-C}，烷基芳香醚类
	1 140～1 110（vs）	ν_{C-O-C}，二烷基醚类
	1 275～1 200（vs）及	ν_{C-O-C}，烯基醚类
	1 050～1 020（s）	
	1 250～1 170（s）	ν_{C-O-C}，环醚类
氟代烷基类—CF$_3$，—CF	1 400～1 000（vs）	ν_{C-F}
异氰酸盐　—N=C=O	2 280～2 260（vs，br.）	$\nu_{asC=N=O}$
酮类　C=O	1 725～1 705（vs）	$\nu_{C=O}$，饱和酮
	1 705～1 665（s）及	$\nu_{C=O}$ 及 $\nu_{C=C}$，α，β-不饱和酮
	1 650～1 530（m）	
	1 700～1 650（vs）	$\nu_{C=O}$，芳香酮类

基团或类别	范围/cm^{-1}（强度）	判 属
	1 750 ~ 1 730（vs）	$\nu_{C=O}$,环戊酮类
	1 725 ~ 1 705（vs）	$\nu_{C=O}$,环己酮类
内酰胺类 $\begin{array}{c}CH_2-NH\\\|\\CH_2-C=O\end{array}$	695 ~ 655（m ~ s）	$\delta_{N-C=O}$
内酯类 $\begin{array}{c}CH_2-O\\\|\\CH_2-C=O\end{array}$	1 850 ~ 1 830（s）	$\nu_{C=O}$,β-内酯类
	1 780 ~ 1 770（s）	$\nu_{C=O}$,γ-内酯类
	1 750 ~ 1 730（s）	$\nu_{C=O}$,δ-内酯类
甲基 —CH$_3$	2 970 ~ 2 850（s）	ν_{C-H}（C—CH$_3$）
	2 835 ~ 2 815（s）	ν_{C-H}（O—CH$_3$）
	2 820 ~ 2 780（s）	ν_{C-H}（N—CH$_3$）
	1 385 ~ 1 375（m）	ν_{CH_3}（C—CH$_3$）
	1 400 ~ 1 380（ms）及	ν_{CH_3}（一个 C 上有几个 CH$_3$时）
	1 375 ~ 1 365（m）	
亚甲基 —CH$_2$—	2 940 ~ 2 920（m）及	ν_{C-H}（烷烃）
	2 860 ~ 2 850（m）	
	3 090 ~ 3 070（m）及	ν_{C-H}（烯烃）
	3 020 ~ 2 980（m）	
	1 470 ~ 1 450（m）	δ_{CH_2}
腈类 —C≡N	2 260 ~ 2 240（w）	$\nu_{C≡N}$,脂肪腈
	2 240 ~ 2 220（m）	$\nu_{C≡N}$,芳香腈
硝基 —NO$_2$	1 570 ~ 1 550（vs）及	ν_{N-O},脂肪硝基化合物
	1 380 ~ 1 360（vs）	
	1 480 ~ 1 460（vs）及	ν_{N-O},芳香硝基化合物
	1 360 ~ 1 320（vs）	
	920 ~ 830（m）	ν_{C-N}
肟类 =NOH	3 600 ~ 3 590（vs）	ν_{O-H},（稀溶液）
	3 260 ~ 3 240（vs）	ν_{O-H},（固体）
	1 680 ~ 1 620（w）	$\nu_{C=N}$
苯基 C$_6$H$_5$—	3 100 ~ 3 000（w ~ m）	ν_{C-H}
	2 000 ~ 1 700（w）	在较厚样品时,有 4 条明显吸收带为泛频、合频带
	1 250 ~ 1 025（vs）	δ_{C-H},（面内,5 条带）
	770 ~ 730（vs）	δ_{C-H},（面外）
	710 ~ 690（vs）	环弯曲型
膦类 —PH$_2$,—PH—	2 290 ~ 2 260（m）	ν_{P-H}
	1 100 ~ 1 040（m）	δ_{P-H}
吡啶基 —C$_5$H$_4$N	3 080 ~ 3 020（m）	ν_{C-H}
	1 620 ~ 1 580（vs）及	$\nu_{C=C}$及$\nu_{C=N}$
	1 590 ~ 1 560（vs）	
	840 ~ 720（s）	δ_{C-H}（面外,1 或 2 条,取决于取代基）
硅烷类 —SiH$_3$—,—SiH$_2$—	2 160 ~ 2 110（m）	ν_{Si-H}
	950 ~ 800（s）	δ_{Si-H}
硅烷类（全取代）	1 280 ~ 1 250（m ~ s）	ν_{Si-C}
	1 110 ~ 1 050（vs）	ν_{Si-O-C}（脂肪的）
	840 ~ 800（m）	δ_{Si-O-C}
亚硫酸酯,盐类 R—O—SO$_2$—O—R R—O—SO$_3$—M （M = Na$^+$,K$^+$等）	1 440 ~ 1 350（s）及	$\nu_{S=O}$,共价硫酸酯
	1 230 ~ 1 150（s）	
	1 260 ~ 1 210（vs）	$\nu_{S=O}$,烷基硫酸酯
	810 ~ 770（s）	

基团或类别	范围/cm^{-1}（强度）	判　　属
磺酸类 —SO$_2$OH	1 250 ~ 1 150（vs, br.）	$\nu_{S=O}$
亚砜类 S=O	1 060 ~ 1 030（s, br.）	$\nu_{S=O}$
硫氰酸酯 —S—C≡N	2 175 ~ 2 160（m）	$\nu_{C≡N}$
硫醇 S—H	2 590 ~ 2 560（m）	ν_{S-H}
	700 ~ 550（w）	ν_{C-S}
噻嗪 C$_3$N$_3$Y$_3$—	1 550 ~ 1 510（vs）⎫	环伸缩
（1,3,5 三取代）	1 380 ~ 1 340（vs）⎭	
	820 ~ 800（s）	δ_{C-H}（面外）
乙烯基 CH$_2$=CH—	3 095 ~ 3 080（m）及	ν_{C-H}
	3 010 ~ 2 980（w）	
	1 645 ~ 1 605（m ~ s）	$\nu_{C=C}$
	1 000 ~ 900（s）	δ_{C-H}

表 2　吸收频率与官能团及化合物类别关系表

范围/cm^{-1}	基　团　或　类　别	判属及说明
3 700 ~ 3 600	—OH 醇类（s），酚类（s）	ν_{OH}，稀溶液
3 520 ~ 3 320	—NH$_2$ 芳香胺（s），伯胺（m），胺类（m）	ν_{NH_2}，稀溶液
3 420 ~ 3 250	—OH 醇类（s），酚类（s）	ν_{OH}，液体和固体
3 370 ~ 3 320	伯酰胺	ν_{NH_2}，固体
3 320 ~ 3 250	—NOH 肟类（m），C=C—H（m）	ν_{OH}，$\nu_{≡CH}$（尖峰）
3 300 ~ 3 280	—NHR 仲酰胺（s）	ν_{NH}多肽、蛋白质等
3 260 ~ 3 150	NH$_4$$^+$（胺盐）（s）	$\nu_{NH_4}$$^+$宽带
3 210 ~ 3 150	—NH$_2$伯胺（s）	ν_{NH_2}，固体
3 200 ~ 3 000	—NH$_3$$^+$（氨基酸）（m）	很宽的峰
3 100 ~ 2 400	—COOH（很宽的峰）	宽带或一组弱谱带
3 110 ~ 3 000	芳香的 C—H，=CH$_2$ 及 $\overset{H}{\underset{H}{>}}$C=C$<\overset{H}{}$	均呈中等强度
2 990 ~ 2 850	C—CH$_3$（m）；—CH$_2$—（s）	—CH$_2$—有 2 条谱带
2 850 ~ 2 700	O—CH$_3$（m）；N—CH$_3$；醛类（m）	醛类有 2 条谱带
2 750 ~ 2 350	—NH$_3$$^+X^-$	宽带
2 720 ~ 2 560	—P—O—H（m）带O双键	缔合的—OH 伸缩
2 600 ~ 2 540	S—H 烷基硫醇	在 Raman 光谱中强
2 410 ~ 2 280	P—H（m）膦	尖峰
2 300 ~ 2 240	重氮盐（m）	水溶液
2 280 ~ 2 220	—O—C≡N（s）；—C≡N（可变）	共轭时频率低
2 260 ~ 2 190	—C≡C—（w）	共轭或非末端位置
2 190 ~ 2 130	—CNS（m），—NC（m）	$\nu_{C≡N}$
2 180 ~ 2 100	Si—H（s）；—N=N$^+$=N（m）	硅烷，叠氮化合物
2 160 ~ 2 100	R—C≡C—H（w ~ m）	
2 150 ~ 2 100	N=C=N（vs）	碳化二亚胺
2 000 ~ 1 650	苯基（w）	若干条带（泛频，合频）
1 980 ~ 1 950	—C=C=C—（s）	丙二烯衍生物
1 870 ~ 1 650	C=O	羰基化合物
1 870 ~ 1 830	β-内酯（s）	$\nu_{C=O}$
1 870 ~ 1 790	酸酐（vs）	$\nu_{C=O}$（非对称）

范围/cm^{-1}	基 团 或 类 别	判 属 及 说 明
1 820 ~ 1 800	R—CO—X(s)	R 为芳基时频率低
1 780 ~ 1 760	γ-内酯(s)	$\nu_{C=O}$
1 765 ~ 1 725	酸酐(vs)	$\nu_{C=O}$(对称)
1 750 ~ 1 730	δ-内酯(s)	$\nu_{C=O}$
1 750 ~ 1 740	酯类(vs)	饱和酯类(不饱和低 20 cm^{-1})
1 740 ~ 1 720	醛类(s)	饱和醛类(不饱和醛低 30 cm^{-1})
1 720 ~ 1 700	酮类(s)	饱和酮类(不饱和酮低 20 cm^{-1})
1 710 ~ 1 690	羧酸类(s)	很宽
1 690 ~ 1 640	C=N—(可变)	肟类和亚胺类
1 680 ~ 1 620	伯酰胺类	2 条谱带
1 680 ~ 1 650	亚硝酸酯	$\nu_{N=O}$
1 680 ~ 1 655	C=C—H 三取代	三取代
1 680 ~ 1 660	C=N—(m ~ s)	脂肪族席夫碱
1 670 ~ 1 655	叔胺(s)	芳香胺
1 670 ~ 1 650	苯环—C=O(s)	苯酮衍生物
1 670 ~ 1 640	叔胺(s)	$\nu_{C=O}$
1 670 ~ 1 630	C=C(m ~ s)	单或双取代
1 650 ~ 1 590	脲的衍生物	2 条谱带
1 640 ~ 1 620	C=N—(m ~ s)	芳香席夫碱
1 640 ~ 1 610	亚硝酸酯 R—O—N = O	硝酸酯 R—ONO$_2$ 也存在
1 640 ~ 1 580	—NH$_3^+$(s)	氨基酸两性离子
1 640 ~ 1 530	β-二酮,β-酮酸酯(vs,宽)	螯合化合物
1 620 ~ 1 595	伯胺	δ_{NH_2}
1 615 ~ 1 605	乙烯醚类	$\nu_{C=C}$
1 615 ~ 1 590	苯基(m)	尖峰,有时弱,偶呈双峰
1 615 ~ 1 565	吡啶基	尖的双峰
1 610 ~ 1 580	氨基酸类(w)	δ_{NH_2}
1 610 ~ 1 560	羧酸盐(vs)	—C(=O)O 非对称伸缩
1 590 ~ 1 580	—NH$_2$伯烷基酰胺类(m)	酰胺Ⅱ带,稀溶液
1 575 ~ 1 545	—NO$_2$(vs)	脂肪族硝基化合物
1 565 ~ 1 475	仲酰胺类	δ_{NH_2},酰胺Ⅱ带
1 560 ~ 1 510	三嗪(s,尖峰)	环伸缩
1 550 ~ 1 490	—NO$_2$(s)	芳香基化合物
1 530 ~ 1 490	—NH$_3^+$(s)	氨基酸或盐酸盐
1 515 ~ 1 485	苯基(m)	尖峰,有时弱
1 475 ~ 1 450	—CH$_2$—(vs);CH$_3$(vs)	CH$_2$剪式振动;CH$_3$非对称变形
1 440 ~ 1 400	羧酸(m)	δ_{OH}(面内),$\nu_{C=O}$(二聚体)
1 430 ~ 1 395	NH$_4^+$离子(m ~ s)	δ_{NH}
1 420 ~ 1 400	—CO—NH$_2$	伯酰胺
1 400 ~ 1 370	叔丁基(m)	2 条带

续表

范围/cm⁻¹	基团或类别	判属及说明
1 400 ~ 1 310	羧酸盐类(w)	—C 对称伸缩
1 390 ~ 1 360	—SO₂Cl(s)	S 非对称伸缩
1 380 ~ 1 370	C—CH₃(s)	δ_{CH_3}
1 380 ~ 1 360	C—(CH₃)₂(m)	2 条谱带
1 375 ~ 1 350	—NO₂(s)	脂肪族硝基化合物
1 360 ~ 1 335	—SO₂NH₂	磺酰胺类
1 360 ~ 1 320	—NO₂(vs)	芳香硝基化合物
1 335 ~ 1 295	S(vs)	砜类
1 330 ~ 1 310	—CH₃(vs)	连接在苯环上
1 310 ~ 1 250	—N=N(O)—(s)	氧化偶氮基
1 300 ~ 1 200	N→O(vs)	吡啶 N-氧化物
1 300 ~ 1 175	P=O(vs)	磷氧酸和磷酸酯类
1 300 ~ 1 000	C—F(vs)	脂肪族氟化合物
1 285 ~ 1 240	Ar—O(vs)	烷基芳香醚类
1 280 ~ 1 250	Si—CH₃(vs)	硅烷
1 280 ~ 1 240	C—C(s) O	环氧化物
1 280 ~ 1 180	—C—N—(s)	芳香胺类
1 280 ~ 1 150	—C—O—C—(vs)	酯,内酯
1 255 ~ 1 240	叔丁基(m)	在 1 210 ~ 1 200 cm⁻¹也显吸收
1 245 ~ 1 155	—SO₃H(vs)	磺酸
1 240 ~ 1 070	—C—O—C—(s ~ vs)	脂环化合物
1 230 ~ 1 100	—C—N—(s)	胺类
1 200 ~ 1 165	—SO₂Cl(s)	—SO₂—对称伸缩
1 200 ~ 1 025	C—OH(vs)	醇类
1 190 ~ 1 140	Si—O—C(s)	硅酮,硅烷
1 170 ~ 1 145	—SO₂NH₂	磺酰胺类
1 170 ~ 1 140	—SO₂—	砜
1 170 ~ 1 130	Ar—CF₃(s)	2 条吸收带
1 160 ~ 1 100	C=S(m)	硫羰基化合物
1 150 ~ 1 070	C—O—C(vs)	脂肪醚类
1 140 ~ 1 090	—C—O—H(s)	仲或叔醇类
1 120 ~ 1 030	—C—NH₂(s)	伯脂肪醇类
1 095 ~ 1 015	Si—O—Si(vs); Si—O—C(vs)	硅酮,硅烷
1 080 ~ 1 040	—SO₃H(s)	磺酸
1 075 ~ 1 020	—C—O—C—(s)	乙烯醚类
1 065 ~ 1 015	CH—O—H(s)	环醇类
1 060 ~ 1 025	—CH₂—O—H(vs)	伯醇类

续表

范围/cm⁻¹	基 团 或 类 别	判 属 及 说 明
1 060~1 045	S=O（vs）	烷基亚砜
1 055~915	P—O—C（vs）	脂肪吸收最强,频率最高
1 030~950	环振动（w）	很多环化合物都存在
1 000~970	—CH=CH₂（vs）	δ_{CH}（面外,非对称）
980~960	—CH=CH—（vs）	=C—H(面外变形,反式异构体)
960~910	—COH（可变）	δ_{CH}（面外,羧酸二聚体）
920~910	—CH=CH₂（vs）	δ_{CH}（面外）
900~875	CH₂=C⟨R,R（vs）	δ_{CH}（面外）
890~805	1,2,3-三取代苯（vs）	δ_{CH}（面外,2条谱带）
860~760	R—NH₂（vs, 宽）	NH₂非平面摇摆,伯胺
860~720	—Si—C（vs）	硅化合物
850~830	1,3,5-三取代苯（vs）	δ_{CH}（面外）
850~810	Si—CH₃（vs）	$\nu_{Si—C}$
835~800	—CH=C（m）	δ_{CH}（面外）
830~810	对-二取代苯（vs）	δ_{CH}（面外）
825~805	1,2,4-三取代苯（vs）	δ_{CH}（面外）
820~800	三嗪（s）	δ_{CH}（面外）
810~790	1,2,3,4-四取代苯（vs）	δ_{CH}（面外）
800~690	间-二取代苯（vs）	2条吸收带
785~680	1,2,3-三取代苯类（vs）	2条吸收带
770~690	单取代苯（vs）	2条吸收带
760~740	邻-二取代苯（s）	δ_{CH}
760~510	C—Cl（s）	$\nu_{C—Cl}$
740~720	—（CH₂）ₙ—（w, 强度与 n 有关）	次甲基链的 CH₂平面摇摆
730~675	—CH=CH—（s）	顺式异构体

25] THEOPHANIDES T. Infrared Spectroscopy — Materials Science, Engineering and Tech-
nology InTech[J], 2012, 120-127.

参考文献

[1] 舍英,伊力奇,呼和巴特尔. 现代光学显微镜[M]. 北京:科学出版社,1997.

[2] 孙业英. 光学显微分析[M]. 北京:清华大学出版社,1997.

[3] 左演声,陈文哲,梁伟. 材料现代分析方法[M]. 北京:北京工业大学出版社,2000.

[4] 周玉,武高挥. 材料分析测试技术[M]. 哈尔滨:哈尔滨工业大学出版社,1998.

[5] 李树棠. 金属 X 射线衍射与电子显微分析技术[M]. 北京:冶金工业出版社,1980.

[6] 郭可信,叶恒强,吴玉琨. 电子衍射图在晶体学中的应用[M]. 北京:科学出版社,
1983.

[7] 郭可信,叶恒强. 高分辨电子显微学在固体科学中的应用[M]. 北京:科学出版社,1985.

[8] 朱静,叶恒强,王仁卉,等. 北京:科学出版社[M],1987.

[9] P B HIRSCH, A HOWIE, R B NICHOLSON, et. al. Electron microscopy of thin crystals
[M]. Huntington:Krieger Publishing Company,1977.

[10] 朱淮武. 有机分子结构分析[M]. 北京:化学工业出版社,2005.

[11] 张季爽,申成. 基础结构化学[M]. 北京:科学出版社,2005.

[12] 吴刚. 材料结构表征及应用[M]. 北京:化学工业出版社,2002.

[13] 陈洁,宋启泽. 有机波谱分析[M]. 北京:北京理工大学出版社,1996.

[14] 常建华,董绮功. 波谱原理及解析[M]. 北京:科学出版社,2005.

[15] 张华,彭勤纪,李亚明. 现代有机波谱分析[M]. 北京:化学工业出版社,2005.

[16] DUDLEY H,WILLIAMS IAN FLEMING. 有机化学中的光谱方法[M]. 王剑波,等,译.
北京:北京大学出版社,2001.

[17] 薛奇. 高分子结构研究中的光谱方法[M]. 北京:高等教育出版社 1995.

[18] 谢晶曦. 红外光谱在有机化学与药物化学中的应用[M]. 北京:科学出版社,1987.

[19] J C SANTOS, M M REIS,P H H ARAUJO, et al. Online monitoring of suspension poly-
merization reactions using raman spectroscopy. Ind. Eng. Chem. Res. [J],2004, 43:7282-
7289.

[20] A A VAN APELDOORN, H J VAN MANEN, J M BEZEMER. Raman imaging of PLGA
microsphere degradation inside macrophages. J. AM. CHEM. SOC. [J], 2004, 126:
13226-13227.

[21] 张京伟,沈爱国,魏芸,等. 胃癌和胃正常黏膜拉曼光谱检测. 生物医学工程学杂志
[J]. 2004,21(6):910-912.

[22] A JORIO, M A PIMENTA, A G S FILHO, et al. Characterizing carbon nanotube samples
with resonance Raman scattering. New Journal of Physics[J],2003,5:Art. No. 139.

[23] 中本一雄. 无机化合物的红外和拉曼光谱[M]. 4 版. 北京:化学工业出版社,1991.

[24] RATNER B, HOFFMAN A, SCHOEN F, et al. Biomaterials Scienc. An Introduction to

Materials in Medicine[M]. Second Edition. Academic Press, 2004. 851.

[25] THEOPHANIDES T. Infrared Spectroscopy – Materials Science, Engineering and Technology. InTech[J], 2012. 126 – 127.